破解深度学习

核心篇 模型算法与实现

瞿炜 李力 杨洁 ◎ 著

人民邮电出版社
北京

图书在版编目（CIP）数据

破解深度学习．核心篇 ： 模型算法与实现 / 瞿炜，
李力，杨洁著．-- 北京 ： 人民邮电出版社，2024．
ISBN 978-7-115-65103-7

Ⅰ．TP181

中国国家版本馆 CIP 数据核字第 2024SH1242 号

内 容 提 要

本书旨在采用一种符合读者认知角度且能提升其学习效率的方式来讲解深度学习背后的核心知识、原理和内在逻辑。

经过基础篇的学习，想必你已经对深度学习的总体框架有了初步的了解和认识，掌握了深度神经网络从核心概念、常见问题到典型网络的基本知识。本书为核心篇，将带领读者实现从入门到进阶、从理论到实战的跨越。全书共 7 章，前三章包括复杂 CNN、RNN 和注意力机制网络，深入详解各类主流模型及其变体；第 4 章介绍这三类基础模型的组合体，即概率生成模型；第 5 章和第 6 章着重介绍这些复杂模型在计算机视觉和自然语言处理两大最常见领域的应用；第 7 章讲解生成式大语言模型的内在原理并对其发展趋势予以展望。

本书系统全面，深入浅出，且辅以生活中的案例进行类比，以此降低学习难度，能够帮助读者迅速掌握深度学习的基础知识。本书适合有志于投身人工智能领域的人员阅读，也适合作为高等院校人工智能相关专业的教学用书。

◆ 著　　　瞿　炜　李　力　杨　洁
责任编辑　吴晋瑜
责任印制　王　郁　胡　南

◆ 人民邮电出版社出版发行　　北京市丰台区成寿寺路 11 号
邮编　100164　　电子邮件　315@ptpress.com.cn
网址　https://www.ptpress.com.cn
固安县铭成印刷有限公司印刷

◆ 开本：800×1000　1/16
印张：16.5　　　　2024 年 10 月第 1 版
字数：342 千字　　　　2025 年 7 月河北第 2 次印刷

定价：109.80 元

读者服务热线：(010)81055410　印装质量热线：(010)81055316
反盗版热线：(010)81055315

作者简介

瞿炜，美国伊利诺伊大学人工智能博士，哈佛大学、京都大学客座教授；前中国科学院大学教授、模式识别国家重点实验室客座研究员；国家部委特聘专家、重点实验室学术委员会委员；知名国际期刊编委，多个顶级学术期刊审稿人及国际学术会议委员。

在人工智能业界拥有二十余年的技术积累和实践经验，曾先后在互联网、医疗、安防、教育等行业的多家世界500强企业担任高管。他是北京授业解惑科技有限公司的创始人，以及多家人工智能、金融公司的联合创始人，还是一名天使投资人。

凭借多年的专业积淀和卓越的行业洞察力，瞿炜博士近年来致力于人工智能教育事业的发展。作为知名教育博主，他擅长用通俗易懂的表达方式结合直观生动的模型动画，讲述复杂的人工智能理论与算法；创作的人工智能系列视频和课程在B站（账号：梗直哥丶）/ 知乎 / 公众号 / 视频号（账号：梗直哥丶）等平台深受学生们的欢迎和认可，累计访问量超数千万人次。

李力，人工智能专家，长期致力于计算机视觉和强化学习领域的研究与实践。曾在多家顶尖科技企业担任资深算法工程师，拥有十余年行业经验，具备丰富的技术能力和深厚的理论知识。在职业生涯中，李力参与并领导了众多深度学习和强化学习的核心技术项目，有效地应用先进模型解决图像识别、目标检测、自然语言处理、机器人研发等多个领域的实际问题。

杨洁，人工智能和自然语言处理领域资深应用专家，在自然语言理解、基于知识的智能服务、跨模态语言智能、智能问答系统等技术领域具有深厚的实战背景。她曾在教育、医疗等行业的知名企业担任关键职位，拥有十年以上的行业管理经验，成功领导并实施了多个创新项目，擅长引领团队将复杂的理论转化为实际应用，解决行业中的关键问题。

前言

过去十年，我们见证了深度学习的蓬勃发展，见证了深度学习在自然语言处理、计算机视觉、多模态内容生成、自动驾驶等方向取得的巨大成功，并成为人工智能最热门的领域之一。当前，越来越多的学习者投身于深度学习技术领域，力图提升自己的专业技能，增强自己在就业市场上的竞争力，成为市场上最抢手的人才。

但是，如何在短时间内快速入门并掌握深度学习，是很多读者的困惑——晦涩的数学知识、复杂的算法、烦琐的编程……深度学习虽然使无数读者心怀向往，却也让不少人望而生畏，深感沮丧：时间没少花，却收效甚微。

目前，大多数深度学习的图书在某种程度上都是在“端着”讲，习惯于从专家视角出发，而没有充分考虑初学者的认知程度，这导致读者阅之如看天书，食之如嚼蜡。再者，即使是专业人士，面对领域内的最新进展，也往往苦于找不到难度适宜又系统全面的教材，只能求助于英文学术论文、技术文章和视频网站，由此浪费了大量时间和精力。我们始终觉得，真正的学习不应该让学习者倍感煎熬，而应该是一件让人愉悦，且能带来成就感的事情。深度学习之所以能把人劝退，往往是教者不擅教、学者又不会学导致的。

说了这么多，你肯定好奇，本书有什么与众不同呢？在过去的几年里，我们一直在思考如何才能更好地教授深度学习这门课程。为此，我们在 AI 教育领域进行了积极的探索和创新，积累了一些经验，并赢得了业界和用户的高度认可。这套书[①]就是我们在深度学习领域的探索和实践成果，它最主要的特色有两个：“只说人话”和“突出实战”。具体而言，本书在如下方面有所侧重并作了差异化处理。

- **内容重构、全面细致**

我们根据 ACM 和 IEEE 最新版人工智能体系的 111 个知识点，参考各类优秀资料，对深度学习理论进行了全面梳理，力求用一套书囊括从 20 世纪 90 年代到目前为止的大部分主流模型，让读者一书在手，就能够建立有关深度学习的全局知识框架，而不用再“东奔西走”。对于算法

① 共两册，即《破解深度学习（基础篇）：模型算法与实现》和《破解深度学习（核心篇）：模型算法与实现》

的讲解，我们不会只局限于算法自身，而是会从全局视角分析其中的内在联系和区别。我们会将知识点掰开揉碎讲清楚，充分剖析重点和难点，让它不再难以理解掌握。

- **算法与代码紧密结合**

这套书在引入任何新概念时，都辅之以简单易懂、贴近生活的示例，以期帮助读者降低理解难度，进而知道为什么要学习这个算法、数学公式怎么好记，以及在实际问题中怎么应用。此外，针对多数初学者“一听就会，一写就废”的情况，我们竭力提供详尽的“保姆式”教程，由简及繁，让读者敢动手，会动手，易上手。这套书配有交互式、可视化源代码示例及详尽的说明文档（以 Jupyter Notebook 的形式提供），提供了所有模型的完整实现，可供读者在真实数据上运行，还能亲自动手修改，方便获得直观上的体验。

- **形式生动，只为让你懂**

看过梗直哥视频的读者都知道，形式生动是我们的大特色。很多时候，一图胜千言，而动画比静图更容易让人理解。为此，我们将秉持这一优势和特点，力求让读者彻底学懂！越是复杂的概念，我们越是要把它讲解得深入浅出。

除此之外，为保证学习效果，我们还提供了在线课程和直播课程，把内容知识点切分成 10 ～ 20 分钟一节，共有百节之多；通过在线答疑、直播串讲等交流形式，增强互动感，加快读者的学习速度，提升学习效果。同时，还有学员讨论群，由专业老师随时解决读者的个性化问题，充分做到因材施教。

我们通过这套书对深度学习庞杂的知识点进行了细致梳理，以期带着读者从不同维度视角鸟瞰深度学习的世界。在这套书中，我们专门针对深度学习领域抽象难懂的知识点，利用丰富的行业积淀和独特的领域视角，结合日常生活的实例，将这些高深的内容用简明、有趣的方式呈现，打破认知障碍，帮助读者轻松消化。同时，突出应用为先、实战为重的特点，为每个模型提供详尽完整的手搓代码和调库代码，由易到难层层递进。此外，这套书突破了传统图书单一的文字教学模式，采用图文、动画和视频相结合的方式，使深度学习的原理和应用场景更加直观和生动。

相信这套书能够打破读者对“深度学习学不会、入门难、不见效”的看法，帮助他们破解学习难题，快速掌握相关知识。

读者对象

这套书针对不同的读者群体（初学者、有一定经验的读者和经验丰富的读者），提供了各自对应的教学内容和方法，旨在满足各种背景和认知水平的读者，使他们能够更有效地学习、掌握深度学习技术，并应对实际挑战。

- **初学者群体**

适合对深度学习尚未涉足或经验较少的读者，如学生、转行者或独立学习者。本书从深度学习的基本概念出发，采用通俗易懂的文字和实例，帮助读者迅速入门。同时，我们为你梳理了必要的数学、计算机以及统计学基础知识，并推荐相应的参考资料与工具，以便读者自学和巩固知识。书中内容设计为由浅入深，确保读者能够按部就班地领略深度学习的精髓。

- **中级群体**

针对已具备深度学习基础，并且有一定实践经验的读者，比如从业者或者正在攻读相关硕士或博士学位的学生读者，本书提供了更加深入的理论和技术讲解，整合了最新的研究进展和实践案例，确保你始终走在领域前沿并更好地应对实际挑战。本书重点讲解深度神经网络的核心理念、优化算法和模型设计技巧，同时详细讲解了当下热门的深度学习框架与工具，帮助读者更好地设计、实现和部署深度学习模型。

- **高级群体**

对已有深度学习相关领域研究或工作经验，并对前沿研究和技术保持高度关注的读者，比如研究生、博士后或者专业人士，本书提供了深入的理论和技术分析，帮助你深入挖掘深度学习的内核及其固有规律。本书涉及了深度学习的前沿研究和实践，如深度生成模型、迁移学习和多模态 AI 内容生成等，让你全面了解这些研究方向及其最新技术的应用现状。同时，为了方便你深入研究和探索，我们还提供了相关论文引用和代码示例。

套书特色

- **“只说人话”，破解难题**

深度学习内容常常以概念深奥、公式难懂、算法晦涩著称，与其他图书只侧重知识传授而忽视读者的接受程度不同，我们致力于将这些高深内容转换为通俗易懂的“人话”。在我们深厚的行业经验和独特的领域洞察基础上，我们结合日常生活实例，采用一个个清晰而有趣的视角，帮你突破理解的壁垒，真正实现知识的尽情消化和良好吸收。

- **贴合应用，突出实战**

相比其他深度学习教材，本书将算法与代码紧密结合，“手把手”教读者用深度学习的方法解决实际问题。每章都提供了 Jupyter Notebook 的源代码，以及所有模型的完整实现，可在真实数据上运行，更可亲自动手修改，方便获得直观上的体验。应用为先，实战为重的鲜明特点使得本书成为一本实践性强、易操作的教材，能够真正帮助读者掌握深度学习的核心算法，提升实际问题的解决能力。

- **图文视频，三位一体**

有别于其他图书单一的说教式文字描述，本书不只局限于传统纸质图书的形式，特别注重配图、动画和视频，以更直观的方式展现模型的原理和应用场景。这种多维度的教学方式能够让读者更加深入、轻松地理解深度学习。

- **多元互动，个性辅导**

以本书为主线内容，同时有配套的 GitHub 专栏课程和视频课程（收费），适合不同的读者需求和学习风格。同时，有专业的答疑团队提供在线答疑，与读者进行互动交流，解答读者疑问和提供技术支持，能够根据读者个性化的问题和困难，提供更加有针对性的辅导，加速学习进程，真正实现因材施教。

本书组织结构

本书侧重于深度学习模型算法与实现核心知识的讲解，力求用深入浅出的语言、图例、动画等多种生动的形式让初学者更加容易入门。本书总计 7 章，内容分别如下。

- 第 1 章　复杂卷积神经网络：捕获精细特征——本章主要回顾目前已有的经典卷积神经网络模型。通过学习，读者会对如何实现精细特征的高效捕获有更加全面的认识。
- 第 2 章　复杂循环神经网络：为记忆插上翅膀——针对序列数据处理中长期依赖等典型问题，本章将讲解长短期记忆网络、门控循环单元等经典的循环神经网络结构，以及常用的优化算法和正则化方法，力求帮助读者更好地训练和评价循环神经网络。
- 第 3 章　复杂注意力神经网络：大模型的力量——本章主要介绍的复杂注意力神经网络指大规模预训练模型，包括 BERT、GPT 系列、T5、ViT 等，旨在让读者了解大模型的相关原理和技术，紧跟时代潮流。
- 第 4 章　深度生成模型：不确定性的妙用——本章将介绍更复杂的深度神经网络模型和基于概率统计的建模技术。我们将从常见的近似优化算法讲起，具体讲述变分自编码器、生成对抗网络、扩散模型等多个深度生成模型，让读者了解深度生成模型在内容生成领域的应用。
- 第 5 章　计算机视觉：让智慧可见——本章着重介绍深度学习在计算机视觉领域的应用，并辅以实战案例，深入剖析相关技术实现细节。
- 第 6 章　自然语言处理：人机交互懂你所说——本章着重介绍自然语言处理技术在各领域的应用，阐释人机交互、语义处理等方面的技术原理，并给出了相关数据集及实战案例。
- 第 7 章　多模态生成式人工智能：引领智能新时代——本章探索了 AIGC 方向前沿模型并予以趋势分析，帮助读者洞察人工智能 2.0 的发展方向，勇做时代弄潮儿。

资源与支持

资源获取

本书提供如下资源：

- 本书思维导图；
- 异步社区 7 天 VIP 会员。

要获得以上资源，你可以扫描下方二维码，根据指引领取。

提交勘误

作者和编辑尽最大努力来确保书中内容的准确性，但难免会存在疏漏。欢迎读者将发现的问题反馈给我们，帮助我们提升图书的质量。

当读者发现错误时，请登录异步社区（https://www.epubit.com），按书名搜索，进入本书页面，单击“发表勘误”，输入勘误信息，单击“提交勘误”按钮即可（见右图）。本书的作者和编辑会对读者提交的勘误进行审核，确认并接受后，将赠予读者异步社区 100 积分。积分可用于在异步社区兑换优惠券、样书或奖品。

与我们联系

我们的联系邮箱是 wujinyu@ptpress.com.cn。

如果读者对本书有任何疑问或建议，请你发邮件给我们，并请在邮件标题中注明本书书名，以便我们更高效地做出反馈。

如果读者有兴趣出版图书、录制教学视频，或者参与图书翻译、技术审校等工作，可以发邮件给我们。

如果读者所在的学校、培训机构或企业，想批量购买本书或异步社区出版的其他图书，也可以发邮件给我们。

如果读者在网上发现有针对异步社区出品图书的各种形式的盗版行为，包括对图书全部或部分内容的非授权传播，请将怀疑有侵权行为的链接发邮件给我们。这一举动是对作者权益的保护，也是我们持续为广大读者提供有价值的内容的动力之源。

关于异步社区和异步图书

“异步社区”（www.epubit.com）是由人民邮电出版社创办的 IT 专业图书社区，于 2015 年 8 月上线运营，致力于优质内容的出版和分享，为读者提供高品质的学习内容，为作译者提供专业的出版服务，实现作者与读者在线交流互动，以及传统出版与数字出版的融合发展。

“异步图书”是异步社区策划出版的精品 IT 图书的品牌，依托于人民邮电出版社在计算机图书领域多年来的发展与积淀。异步图书面向 IT 行业以及各行业使用 IT 技术的用户。

目　　录

第 1 章

复杂卷积神经网络：捕获精细特征

在基础卷积神经网络（CNN）的学习中，读者应该对 CNN 的常见操作有了较为深入的理解。我们实现了 CNN 发展历程中重要的一步，也就是 LeNet，并通过使用 MNIST 数据集体验了完整的 CNN 训练流程。然而，在 LeNet 问世后的十多年间，目标识别领域的主流仍然是传统算法，CNN 并未得到大规模的应用，其中一大原因在于计算能力的限制。直到 2012 年，AlexNet 在 ImageNet 挑战赛中取得了胜利，CNN 重新引起了人们的关注，并由此揭开了快速发展和不断创新的序幕。

先来回顾一下经典的 CNN 模型。图 1-1 给出了主流 CNN 模型发展的里程碑。

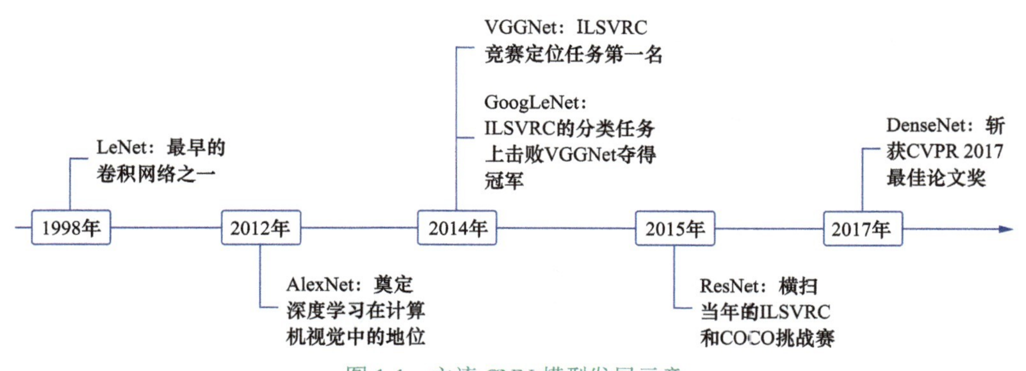

图 1-1　主流 CNN 模型发展示意

- 1998 年由 Yann LeCun 等人提出的 LeNet 作为 CNN 的先驱，是手写数字识别问题的基础模型。
- 2012 年 Alex Krizhevsky 等人的 AlexNet 模型在 ImageNet 图像识别比赛中取得了显著成果，使得 CNN 成为当时最先进的图像识别模型，奠定了深度学习在计算机视觉领域中的地位。
- 2014 年，VGGNet 凭借着更深更宽的网络结构取得 ILSVRC 竞赛定位任务第一名。同年，GoogLeNet 采用了能更高效利用计算资源的 Inception 模块，在 ILSVRC 的分类任务上击败 VGGNet 夺得冠军。

- 2015 年，Kaiming He 等人提出的 ResNet 引入残差模块来解决训练深度神经网络时的网络退化问题，横扫当年的 ILSVRC 和 COCO 挑战赛。
- 2017 年，DenseNet 模型发布，采用了密集连接结构，使得模型更加紧凑并且有更好的鲁棒性，斩获 CVPR 2017 最佳论文奖。

以上是 CNN 发展史上的重要里程碑。在本章，我们将手把手地带大家实现这几个经典论文中的 CNN。

1.1 AlexNet

我们首先从最知名的 AlexNet 开始介绍主流 CNN。AlexNet 是由 Alex Krizhevsky、Ilya Sutskever 和 Geoffrey Hinton 等人共同设计的。到目前为止，这项工作的论文已被引用超过 12 万次，其创新性和影响力深深地推动了深度学习的发展，至今仍对该领域有着深远的启示。

1.1.1 AlexNet简介

AlexNet 模型的设计灵感源于 LeNet，但其规模远超 LeNet，由 5 个卷积层和 3 个全连接层组成。它引入了一些新的技术，比如使用 ReLU 激活函数替代 Sigmoid 激活函数，以及利用 Dropout 进行正则化以防止过拟合等。AlexNet 还是第一个在大规模数据集上训练的 CNN 模型，它在 ImageNet 数据集上获得了优异的成绩，并在计算机视觉领域引发了广泛关注。

AlexNet 模型结构如图 1-2 所示，输入数据是 224×224 的三维图像，模型是一个 8 层的 CNN，其中包括 5 个卷积层和 3 个全连接层。

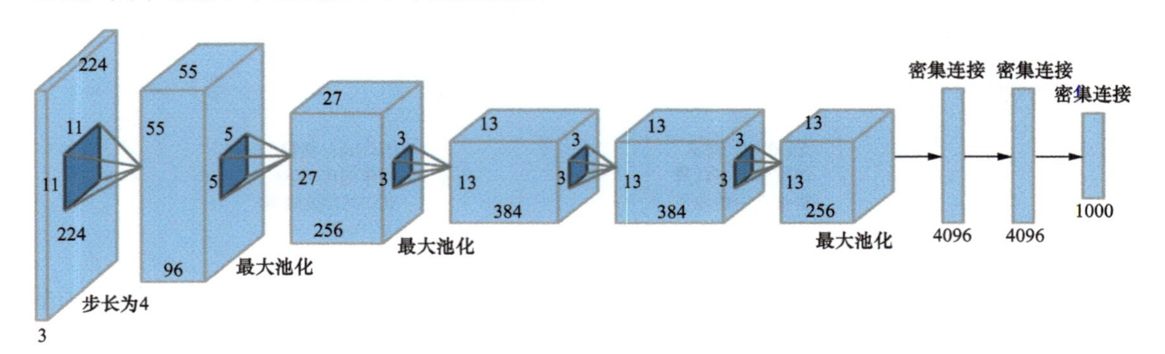

图 1-2　AlexNet 模型结构示意

- 第一层是卷积层，用于提取图像的特征。它包括 96 个步长为 4 的 11×11 卷积核，并使用最大池化。
- 第二层是卷积层，包括 256 个 5×5 的卷积核，并使用最大池化。
- 第三、四、五层也是卷积层，分别包括 384 个 3×3 的卷积核、384 个 3×3 的卷积核和 256 个 3×3 的卷积核。这三层之后使用最大池化。

- 第六层是全连接层，包括 4096 个神经元。
- 第七层是全连接层，包括 4096 个神经元。
- 第八层是输出层，包括 1000 个神经元，用于预测图像在 ImageNet 数据集中的类别。

小　白：AlexNet 看起来就是一个深层 CNN，没什么其他特点，为什么要放到第一个讲呢？

梗老师：AlexNet 本身的网络结构现在看起来确实平淡无奇，这是因为它出现得早，后续的 Inception、ResNet 以及 DenseNet 等都是受到它的启发而出现的，所以我们先来学习它。

1.1.2 代码实现

了解了 AlexNet 模型结构设计之后，接下来看一下如何用代码实现相关网络结构，这样会更直观。先导入 torch、torch.nn 和《破解深度学习（基础篇）：模型算法与实现》中用过的 torchinfo。

```
# 导入必要的库，torchinfo用于查看模型结构
import torch
import torch.nn as nn
from torchinfo import summary
```

下面进行结构定义。

首先用 nn.Sequential() 实现前面 5 个卷积层并定义为 features。这里整体结构不变，但对卷积核略作调整。第一层是 11×11 的卷积层，后接 ReLU+ 最大池化层。第二层是 5×5 的卷积层，后接 ReLU+ 最大池化层。第 3 ～ 5 层均为 3×3 的卷积层，后接 ReLU 激活函数。最后接一个最大池化层。至此，前面 5 个卷积层就定义完成了。

然后是 3 个全连接层 classifer，其实就是两个 Dropout + 全连接 + ReLU 的组合，最后的全连接层降维到指定类别数。

最后定义 forward() 函数。先经过定义好的 features 卷积层，然后调用 flatten() 函数将每个样本张量展平为一维，再经过 classifier 的全连接层即可输出。

至此，我们实现了 AlexNet 的核心结构，对此还有些困惑的读者可以再看看 AlexNet 模型结构图，多多思考其设计思路。当然这里实际代码实现中的卷积层参数是经过优化的，与原始论文以及配图中的参数设置可能略有差异，读者着重了解其设计思路和实现技巧即可，后续不再单独说明。

```
# 定义AlexNet的网络结构
class AlexNet(nn.Module):
    def __init__(self, num_classes=1000, dropout=0.5):
        super().__init__()
        # 定义卷积层
        self.features = nn.Sequential(
            # 卷积+ReLU+最大池化
            nn.Conv2d(3, 64, kernel_size=11, stride=4, padding=2),
            nn.ReLU(inplace=True),
            nn.MaxPool2d(kernel_size=3, stride=2),
            # 卷积+ReLU+最大池化
```

```
            nn.Conv2d(64, 192, kernel_size=5, padding=2),
            nn.ReLU(inplace=True),
            nn.MaxPool2d(kernel_size=3, stride=2),
            # 卷积+ReLU
            nn.Conv2d(192, 384, kernel_size=3, padding=1),
            nn.ReLU(inplace=True),
            # 卷积+ReLU
            nn.Conv2d(384, 256, kernel_size=3, padding=1),
            nn.ReLU(inplace=True),
            # 卷积+ReLU
            nn.Conv2d(256, 256, kernel_size=3, padding=1),
            nn.ReLU(inplace=True),
            # 最大池化
            nn.MaxPool2d(kernel_size=3, stride=2),
        )
        # 定义全连接层
        self.classifier = nn.Sequential(
            # Dropout+全连接层+ReLU
            nn.Dropout(p=dropout),
            nn.Linear(256 * 6 * 6, 4096),
            nn.ReLU(inplace=True),
            # Dropout+全连接层+ReLU
            nn.Dropout(p=dropout),
            nn.Linear(4096, 4096),
            nn.ReLU(inplace=True),
            # 全连接层
            nn.Linear(4096, num_classes),
        )

    # 定义前向传播函数
    def forward(self, x):
        # 先经过features提取特征，flatten()后送入全连接层
        x = self.features(x)
        x = torch.flatten(x, 1)
        x = self.classifier(x)
        return x
```

接下来查看网络结构。调用 torchinfo.summary() 可以看一下刚刚实现的 AlexNet 模型信息。需要稍微注意的是，使用 summary() 方法时传入的 input_size 参数表示示例中输入数据的维度信息，这要与模型可接收的输入数据吻合。

```
# 查看模型结构及参数量，input_size表示示例输入数据的维度信息
summary(AlexNet(), input_size=(1, 3, 224, 224))
=============================================================================================
Layer (type:depth-idx)                    Output Shape              Param #
=============================================================================================
AlexNet                                   [1, 1000]                 --
├─Sequential: 1-1                         [1, 256, 6, 6]            --
│    └─Conv2d: 2-1                        [1, 64, 55, 55]           23,296
│    └─ReLU: 2-2                          [1, 64, 55, 55]           --
│    └─MaxPool2d: 2-3                     [1, 64, 27, 27]           --
│    └─Conv2d: 2-4                        [1, 192, 27, 27]          307,392
│    └─ReLU: 2-5                          [1, 192, 27, 27]          --
│    └─MaxPool2d: 2-6                     [1, 192, 13, 13]          --
```

```
│    └─Conv2d: 2-7                  [1, 384, 13, 13]         663,936
│    └─ReLU: 2-8                    [1, 384, 13, 13]         --
│    └─Conv2d: 2-9                  [1, 256, 13, 13]         884,992
│    └─ReLU: 2-10                   [1, 256, 13, 13]         --
│    └─Conv2d: 2-11                 [1, 256, 13, 13]         590,080
│    └─ReLU: 2-12                   [1, 256, 13, 13]         --
│    └─MaxPool2d: 2-13              [1, 256, 6, 6]           --
├─Sequential: 1-2                   [1, 1000]                --
│    └─Dropout: 2-14                [1, 9216]                --
│    └─Linear: 2-15                 [1, 4096]                37,752,832
│    └─ReLU: 2-16                   [1, 4096]                --
│    └─Dropout: 2-17                [1, 4096]                --
│    └─Linear: 2-18                 [1, 4096]                16,781,312
│    └─ReLU: 2-19                   [1, 4096]                --
│    └─Linear: 2-20                 [1, 1000]                4,097,000
==========================================================================================
Total params: 61,100,840
Trainable params: 61,100,840
Non-trainable params: 0
Total mult-adds (M): 714.68
==========================================================================================
Input size (MB): 0.60
Forward/backward pass size (MB): 3.95
Params size (MB): 244.40
Estimated Total Size (MB): 248.96
==========================================================================================
```

当然我们也可以直接使用 torchvision.models 中集成的 AlexNet 模型。对比一下输出的模型结构，可以看到和前面手动实现的网络是一致的，参数量也完全一样，用这种方式能更简单地使用 AlexNet 模型。

```
# 查看torchvision自带的模型结构及参数量
from torchvision import models
summary(models.alexnet(), input_size=(1, 3, 224, 224))
==========================================================================================
Layer (type:depth-idx)              Output Shape             Param #
==========================================================================================
AlexNet                             [1, 1000]                --
├─Sequential: 1-1                   [1, 256, 6, 6]           --
│    └─Conv2d: 2-1                  [1, 64, 55, 55]          23,296
│    └─ReLU: 2-2                    [1, 64, 55, 55]          --
│    └─MaxPool2d: 2-3               [1, 64, 27, 27]          --
│    └─Conv2d: 2-4                  [1, 192, 27, 27]         307,392
│    └─ReLU: 2-5                    [1, 192, 27, 27]         --
│    └─MaxPool2d: 2-6               [1, 192, 13, 13]         --
│    └─Conv2d: 2-7                  [1, 384, 13, 13]         663,936
│    └─ReLU: 2-8                    [1, 384, 13, 13]         --
│    └─Conv2d: 2-9                  [1, 256, 13, 13]         884,992
│    └─ReLU: 2-10                   [1, 256, 13, 13]         --
│    └─Conv2d: 2-11                 [1, 256, 13, 13]         590,080
│    └─ReLU: 2-12                   [1, 256, 13, 13]         --
```

```
|       └─MaxPool2d: 2-13                  [1, 256, 6, 6]          --
├─AdaptiveAvgPool2d: 1-2                   [1, 256, 6, 6]          --
├─Sequential: 1-3                          [1, 1000]               --
|       └─Dropout: 2-14                    [1, 9216]               --
|       └─Linear: 2-15                     [1, 4096]               37,752,832
|       └─ReLU: 2-16                       [1, 4096]               --
|       └─Dropout: 2-17                    [1, 4096]               --
|       └─Linear: 2-18                     [1, 4096]               16,781,312
|       └─ReLU: 2-19                       [1, 4096]               --
|       └─Linear: 2-20                     [1, 1000]               4,097,000
==========================================================================================
Total params: 61,100,840
Trainable params: 61,100,840
Non-trainable params: 0
Total mult-adds (M): 714.68
==========================================================================================
Input size (MB): 0.60
Forward/backward pass size (MB): 3.95
Params size (MB): 244.40
Estimated Total Size (MB): 248.96
==========================================================================================
```

1.1.3　模型训练

最后看一下模型训练部分，这部分代码与《破解深度学习（基础篇）：模型算法与实现》中实现 LeNet 所使用的代码基本一致，只做了几处较小的改动，下面着重对改动的部分进行讲解。

首先增加了一项设备检测的代码，若能检测到 CUDA 设备则在 GPU 上加速运行，若未检测到则在 CPU 上运行。然后定义模型，这里替换为刚刚实现的 AlexNet 模型，至于类别数为什么设置为 102，稍后再讲。后面的 to(device) 是指将模型加载到对应的计算设备上。学习率也适当调整了一下，损失函数不变，还是交叉熵。

```python
# 导入必要的库
import torch
import torch.nn as nn
import torch.optim as optim
from torch.utils.data import DataLoader
from torchvision import datasets, transforms, models
from tqdm import *
import numpy as np
import sys

# 设备检测，若未检测到cuda设备则在CPU上运行
device = torch.device("cuda" if torch.cuda.is_available() else "cpu")

# 设置随机数种子
torch.manual_seed(0)

# 定义模型、优化器、损失函数
model = AlexNet(num_classes=102).to(device)
```

```
optimizer = optim.SGD(model.parameters(), lr=0.002, momentum=0.9)
criterion = nn.CrossEntropyLoss()
```

接下来着重讲一下数据加载部分，这里的改动比较大。先解释为什么换了一套数据集，前面讲到 AlexNet 的输入是 224 × 224 的三维图像，那么之前使用的 MNIST 手写数据集就不再适用了。

为了便于复现，我们使用 torchvision.datasets 中自带的 Flowers102 数据集。从名字上能看出来，这是一个包含 102 个类别的花朵数据集，每个类别由 40 ～ 258 张图像组成。其实简单来说，Flowers102 数据集与手写数据集的差异主要在于，这是一套三通道彩色图像数据。同时图片分辨率变大，类别数也从 10 变成了 102，这就是前面类别数设置为 102 的原因。关于更加详细的介绍，读者可以自行查看 torchvision 的官方文档里或者数据集的介绍页面。

关于数据集还有两个地方需要注意。

- Flowers102 用于区分训练集和测试集的参数不再是 MNIST 数据集的 train 参数，而是 split 参数，细心的读者可能已经发现我们指定的 split 参数值好像反了，这是因为 Flowers102 数据集中测试集的数据量比训练集多，所以为简单起见，这里直接将测试集和训练集数据对调使用。大家第一次运行的时候会自动下载数据，耐心等待即可。
- DataLoader 中的 num_workers 参数表示并行加载数据的子进程数。如果你发现这部分在运行的时候报错，可以适当减小该参数的数值或直接设置为 0 即可。

讲解完数据集，再来看一下数据变换的部分，相比 MNIST 数据集，这部分也复杂了不少。首先是区分了训练集和测试集所使用的不同数据变换，有别于手写数据集中规整的数据，花朵图片的不同形态会影响其分类效果，所以对于训练集进行简单的数据增强，包括随机旋转；以随机比例裁剪并 resize，这里直接指定为 224 即可；随机水平方向和竖直方向的翻转；转换为张量后进行归一化。需要注意，这里是对三通道的数据进行归一化，指定其均值和标准差。这三组数值通过从 ImageNet 数据集上的百万张图片中随机抽样计算得到，是一套适用于预训练模型的魔法常数，但久而久之大家也就都这么用了，大家了解即可。测试集的数据变换就不需要进行数据增强了，仅使用 resize 和归一化。最后将这里定义的方法传入 Flowers102。

到这里，新数据集部分就介绍完了。建议还有疑惑的读者对照代码多看几遍。本书后面的几个代码实现中还会反复用到 Flowers102 数据集。如果该数据集报错，可以尝试升级 torchvision 的版本。

```
# 设置训练集的数据变换，进行数据增强
trainform_train = transforms.Compose([
    transforms.RandomRotation(30), # 随机旋转 -30度和30度之间
    transforms.RandomResizedCrop((224, 224)), # 随机比例裁剪并进行resize
    transforms.RandomHorizontalFlip(p = 0.5), # 随机水平翻转
    transforms.RandomVerticalFlip(p = 0.5), # 随机垂直翻转
    transforms.ToTensor(),  # 将数据转换为张量
    # 对三通道数据进行归一化(均值，标准差)，数值是从ImageNet数据集上的百万张图片中随机抽样计算得到
    transforms.Normalize(mean=[0.485, 0.456, 0.406], std=[0.229, 0.224, 0.225])
])

# 设置测试集的数据变换，不进行数据增强，仅使用resize和归一化
transform_test = transforms.Compose([
    transforms.Resize((224, 224)),  # resize
```

```
    transforms.ToTensor(),  # 将数据转换为张量
    # 对三通道数据进行归一化(均值, 标准差), 数值是从ImageNet数据集上的百万张图片中随机抽样计算得到
    transforms.Normalize(mean=[0.485, 0.456, 0.406], std=[0.229, 0.224, 0.225])
])

# 加载训练数据, 需要特别注意的是, Flowers102数据集中test簇的数据量较多, 所以这里使用"test"作为训练集
train_dataset = datasets.Flowers102(root='../data/flowers102', split="test",
                                    download=True, transform=trainform_train)
# 实例化训练数据加载器
train_loader = DataLoader(train_dataset, batch_size=256, shuffle=True, num_workers=6)
# 加载测试数据, 使用"train"作为测试集
test_dataset = datasets.Flowers102(root='../data/flowers102', split="train",
                                   download=True, transform=transform_test)
# 实例化测试数据加载器
test_loader = DataLoader(test_dataset, batch_size=256, shuffle=False, num_workers=6)
```

下面我们需要设置好 epoch 数，还需要将数据也加载到指定的计算设备上。对于训练集和测试集都需要进行上述操作，和模型部分一样加个 to(device) 即可。其他内容都和 LeNet 部分的代码完全一样。最后输出的损失和准确率曲线如图 1-3 所示。500 个 epoch 之后，测试集上的准确率约为 65.8%，大家可以自行调整参数进行实验。

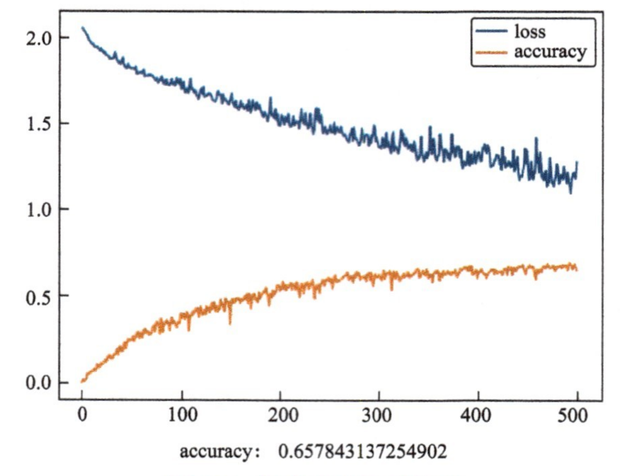

图 1-3　损失和准确率曲线

```
# 设置epoch数并开始训练
num_epochs = 500  # 设置epoch数
loss_history = []  # 创建损失历史记录列表
acc_history = []   # 创建准确率历史记录列表

# tqdm用于显示进度条并评估任务时间开销
for epoch in tqdm(range(num_epochs), file=sys.stdout):
    # 记录损失和预测正确数
    total_loss = 0
    total_correct = 0

    # 批量训练
    model.train()
    for inputs, labels in train_loader:
```

```
            # 将数据转移到指定计算资源设备上
            inputs = inputs.to(device)
            labels = labels.to(device)

            # 预测、损失函数、反向传播
            optimizer.zero_grad()
            outputs = model(inputs)
            loss = criterion(outputs, labels)
            loss.backward()
            optimizer.step()

            # 记录训练集loss
            total_loss += loss.item()

        # 测试模型，不计算梯度
        model.eval()
        with torch.no_grad():
            for inputs, labels in test_loader:
                # 将数据转移到指定计算资源设备上
                inputs = inputs.to(device)
                labels = labels.to(device)

                # 预测
                outputs = model(inputs)
                # 记录测试集预测正确数
                total_correct += (outputs.argmax(1) == labels).sum().item()

        # 记录训练集损失和测试集准确率
        loss_history.append(np.log10(total_loss))  # 将损失加入损失历史记录列表，由于数值有时
较大，这里取对数
        acc_history.append(total_correct / len(test_dataset))# 将准确率加入准确率历史记录列表

        # 打印中间值
        if epoch % 50 == 0:
            tqdm.write("Epoch: {0} Loss: {1} Acc: {2}".format(epoch, loss_history[-1], acc_
history[-1]))

    # 使用Matplotlib绘制损失和准确率的曲线图
    import matplotlib.pyplot as plt
    plt.plot(loss_history, label='loss')
    plt.plot(acc_history, label='accuracy')
    plt.legend()
    plt.show()

    # 输出准确率
    print("Accuracy:", acc_history[-1])
    Epoch: 0 Loss: 2.056710654079528 Acc: 0.00980392156862745
    Epoch: 50 Loss: 1.81992189286025 Acc: 0.2568627450980392
    Epoch: 100 Loss: 1.7028522357427933 Acc: 0.40588235294117647
    Epoch: 150 Loss: 1.655522045895868 Acc: 0.3480392156862745
    Epoch: 200 Loss: 1.4933272565532425 Acc: 0.5362745098039216
    Epoch: 250 Loss: 1.4933084530330363 Acc: 0.592156862745098
    Epoch: 300 Loss: 1.3643970408766197 Acc: 0.6303921568627451
    Epoch: 350 Loss: 1.349363543060287 Acc: 0.6107843137254902
    Epoch: 400 Loss: 1.3387303540492963 Acc: 0.6411764705882353
    Epoch: 450 Loss: 1.2464284899548854 Acc: 0.6696078431372549
    100%|███████████████| 500/500 [2:41:21<00:00, 19.36s/it]
```

1.1.4　小结

在本节中，我们首先回顾一些经典 CNN，随后着重介绍了 AlexNet 的特点、网络结构及代码实现。从模型定义、网络结构实现以及与 torchvision 中集成的模型进行对比，让大家对它有了全面深入的理解。同时，我们引入了一套新的实验数据集 Flowers102，并基于这套数据集训练，展示了模型测试效果。

1.2　VGGNet

2012 年提出的 AlexNet 模型奠定了深度学习在计算机视觉领域中的地位。而到 2014 年，VGGNet 凭借其更深更宽的网络结构获得了 ILSVRC（ImageNet Large Scale Visual Recognition Competition）定位任务的第一名和分类任务的第二名。接下来，我们将详细介绍 VGGNet，看看它有哪些创新点，并对其进行简单的代码实现。

1.2.1　VGGNet简介

VGGNet 论文的作者 Karen Simonyan 和 Andrew Zisserman 当时都是牛津大学工程科学系 Visual Geometry Group 成员，这也是“VGG”名字的由来。从原始论文摘要中能看出关键研究主要集中在 CNN 深度对模型性能的影响。它使用了 3×3 的小卷积核，并将网络深度提升到了 11 ～ 19 层。基于这种设计，VGGNet 在其他数据集上也取得了前所未有的成果，这意味着它具有极强的泛化能力和扩展性。

VGGNet 的模型结构非常简洁，如图 1-4 所示，整个网络使用了小尺寸的卷积核以及相同的池化尺寸（2×2）。到目前为止，VGGNet 依然广泛应用于计算机视觉领域的各类任务，常被用来提取图像特征，相关论文引用次数已经超过 9 万。

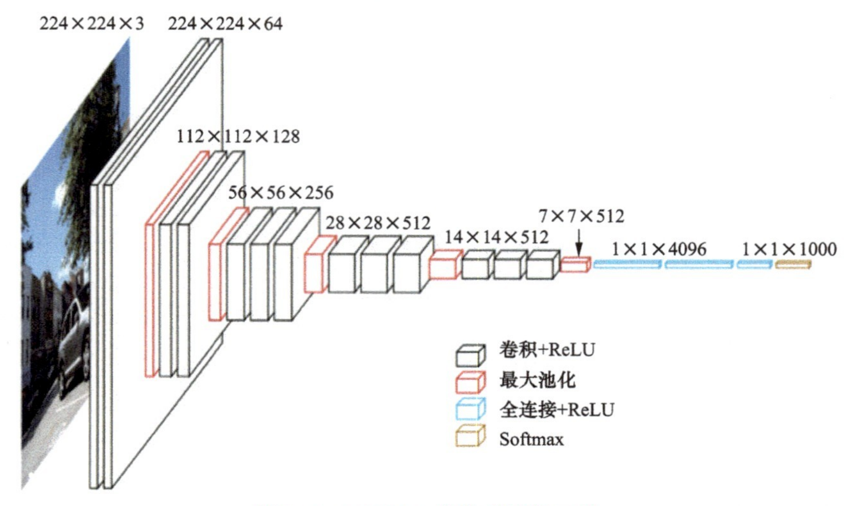

图 1-4　VGGNet 的模型结构示意

VGGNet 的主要思想其实在于解决了平衡问题。在当时的 CNN 模型中，网络深度越深，表现就越好，但同时也会带来较高的计算复杂度、较大的模型以及过拟合现象。VGGNet 通过设计一种更深但同时较小的 CNN 而解决了这一问题，提高了模型的泛化能力，在保证较高精度的同时，兼顾了模型的计算效率。

VGGNet 模型结构如表 1-1 所示，这是一个典型的 CNN 模型，由若干卷积层和全连接层组成。从中我们可以看到，VGGNet 包含多种级别的网络，网络深度从 11 ～ 19 层不等，但每个网络均由三个部分组成。

表 1-1 VGGNet 模型结构

ConvNet Configuration					
A	**A-LRN**	**B**	**C**	**D**	**E**
11 权重层	11 权重层	13 权重层	16 权重层	16 权重层	19 权重层
输入（224×224 RGB 图像）					
conv3-64	conv3-64 LRN	conv3-64 conv3-64	conv3-64 conv3-64	conv3-64 conv3-64	conv3-64 conv3-64
最大池化					
conv3-128	conv3-128	conv3-128 conv3-128	conv3-128 conv3-128	conv3-128 conv3-128	conv3-128 conv3-128
最大池化					
conv3-256 conv3-256	conv3-256 conv3-256	conv3-256 conv3-256	conv3-256 conv3-256 conv1-256	conv3-256 conv3-256 conv3-256	conv3-256 conv3-256 conv3-256 conv3-256
最大池化					
conv3-512 conv3-512	conv3-512 conv3-512	conv3-512 conv3-512	conv3-512 conv3-512 conv1-512	conv3-512 conv3-512 conv3-512	conv3-512 conv3-512 conv3-512 conv3-512
最大池化					
conv3-512 conv3-512	conv3-512 conv3-512	conv3-512 conv3-512	conv3-512 conv3-512 conv1-512	conv3-512 conv3-512 conv3-512	conv3-512 conv3-512 conv3-512 conv3-512
最大池化					
FC-4096					
FC-4096					
FC-1000					
Softmax					

- 卷积层：VGGNet 卷积层的卷积核大小均为 3×3，表 1-1 中的 conv3-256 表示的就是 3×3 的卷积核、256 个通道。
- 池化层：在卷积层之后使用了最大池化层来缩小图像尺寸，通过池化层的下采样来减

小计算复杂度。

- 全连接层：包括两个 4096 维的全连接层和一个输出层，输出层的大小取决于任务的类别数。最后经过一个 Sofmax 得到最终类别上的概率分布。

只要明白了上述三部分，VGGNet 的精髓就不难掌握了。

表 1-1 中还有以下两点需要特别注意。

- 在 A 网络后面有一个 A-LRN 网络，所谓 LRN 其实是局部响应归一化（local response normalization，LRN），但在 VGGNet 论文中通过对比后发现，LRN 对网络性能的提升没有帮助，现在很少有人使用了，所以大家只要了解有这样一个结构即可，后续代码实现中也会略过这个部分。
- C 网络和 D 网络都是 16 层网络，区别在于，C 网络其实是在 B 网络的基础上增加了 3 个 1×1 的卷积层。经实验发现 1×1 的卷积核增加了额外的非线性提升效果，而 D 网络用 3×3 卷积层替换 1×1 卷积层之后实现了更好的效果，所以我们所说的 VGG16 模型一般是指这个 D 网络模型，后面的代码实现是 A、B、D、E 这四个网络，一般将它们分别称为 VGG11、VGG13、VGG16、VGG19。

那么为什么要选用小卷积核，或者说它有什么优势呢？

VGGNet 中使用的都是 3×3 的小卷积核。本质上讲，两个 3×3 卷积层串联相当于 1 个 5×5 的卷积层，如图 1-5 所示。而如果是 3 个 3×3 的卷积层串联，就相当于 1 个 7×7 的卷积层，即 3 个 3×3 卷积层的感受野大小相当于 1 个 7×7 的卷积层。但是 3 个 3×3 卷积层的参数量只有 7×7 卷积层的一半左右，同时前者可以有 3 个非线性操作，而后者只有 1 个非线性操作，这使得多个小卷积层对于特征的学习能力更强，同时参数更少。

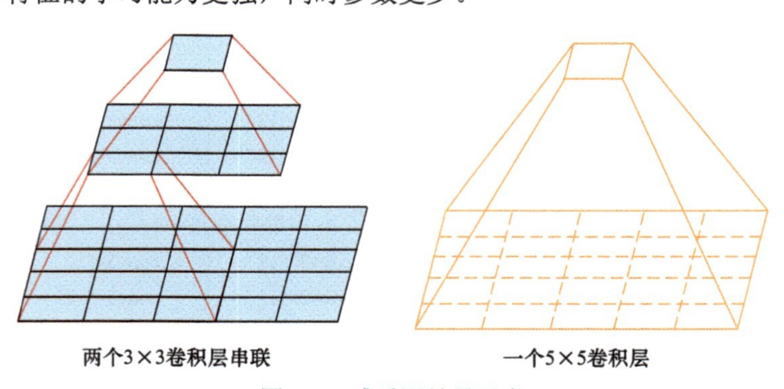

图 1-5　感受野效果示意

梗老师：VGGNet 相对于 AlexNet 有什么不同之处？

小　白：VGGNet 继承了 AlexNet 的思想，但采用了更深的网络结构，具有更多的卷积层，从而进一步提高了对于特征学习的能力。

梗老师：没错，也因为 VGGNet 相对较深，需要大量的参数和计算资源，因此不太适合轻量级应用或资源受限的环境。

1.2.2 代码实现

了解了 VGGNet 的基本思想和结构设计之后，我们来看一下如何用代码实现相关网络结构。

```
# 导入必要的库，torchinfo用于查看模型结构
import torch
import torch.nn as nn
from torchinfo import summary
```

下面用代码定义网络结构，开始实现 VGGNet，模式和之前 AlexNet 基本一致。其中 features 是卷积层提取特征的网络结构，为了适配多种级别的网络，其需要单独生成，后面会专门讲解构建这部分的内容。classifier 是最后的全连接层生成分类的网络结构，其中包含三个全连接层，当然也可以看成两个全连接层 + ReLU + Dropout 层的组合，最后一个全连接层降维。

forward() 函数定义前向传播过程，描述各层间的连接关系，经过 features 卷积层提取特征，然后调用 flatten() 函数将每个样本张量展平为一维，最后 classifier 进行分类输出。到这里其基本结构就定义完成了，对结构还有些困惑的读者可以再看看表 1-1 所示的 VGGNet 模型结构表，多多思考其设计思路。

```
# 定义VGGNet的网络结构
class VGG(nn.Module):
    def __init__(self, features, num_classes=1000):
        super(VGG, self).__init__()
        # 卷积层直接使用传入的结构，后面有专门构建这部分的内容
        self.features = features
        # 定义全连接层
        self.classifier = nn.Sequential(
            # 全连接层+ReLU+Dropout
            nn.Linear(512 * 7 * 7, 4096),
            nn.ReLU(inplace=True),
            nn.Dropout(),
            # 全连接层+ReLU+Dropout
            nn.Linear(4096, 4096),
            nn.ReLU(inplace=True),
            nn.Dropout(),
            # 全连接层
            nn.Linear(4096, num_classes),
        )

    # 定义前向传播函数
    def forward(self, x):
        # 先经过feature提取特征，flatten()后送入全连接层
        x = self.features(x)
        x = torch.flatten(x, 1)
        x = self.classifier(x)
        return x
```

接下来要做的是定义相关配置项。由于 VGGNet 包含多种级别的网络，因此需要定义一个配置项进行区分，其中每个 key 都代表一个模型的配置文件，前面提到过这里主要包括 VGG11、VGG13、VGG16、VGG19 四种级别。配置项里面的数字代表卷积层中卷积核的个数，'M' 表示最大池化层。其中的数值和表 1-1 所示的 VGGNet 模型结构表中的完全一致，大家可以自行对照一下。

```
# 定义相关配置项，其中M表示最大池化层，数值完全对应论文中的表格数值
cfgs = {
    'vgg11': [64, 'M', 128, 'M', 256, 256, 'M', 512, 512, 'M', 512, 512, 'M'],
    'vgg13': [64, 64, 'M', 128, 128, 'M', 256, 256, 'M', 512, 512, 'M', 512, 
512, 'M'],
    'vgg16': [64, 64, 'M', 128, 128, 'M', 256, 256, 256, 'M', 512, 512, 512, 
'M', 512, 512, 512, 'M'],
    'vgg19': [64, 64, 'M', 128, 128, 'M', 256, 256, 256, 256, 'M', 512, 512, 
512, 512, 'M', 512, 512, 512, 512, 'M'],
}
```

有了配置项，我们就可以根据对应配置拼接卷积层了。

定义一个拼接卷积层的函数，传入的参数就是前面定义的某个配置项，通过遍历传入的配置列表拼接出对应的网络结构。当遍历到字母 M 时，拼接上一个最大池化层；当遍历到数字时，其对应卷积核的个数，拼接一个卷积层和一个 ReLU 层，之后记录其对应的卷积核个数的数值，所以一开始 in_channels 设为 3，后面逐层记录作为下一次的 in_channels。遍历完成后，最后调用 nn.Sequential() 将构造出的卷积层返回即可。

通过这种方式，我们就不用逐层地手动定义了，借助一个循环就完成了。

```
# 根据传入的配置项拼接卷积层
def make_layers(cfg):
    layers = []
    in_channels = 3 #初始通道数为3
    # 遍历传入的配置项
    for v in cfg:
        if v == 'M': # 如果是池化层，则直接新增MaxPool2d即可
            layers += [nn.MaxPool2d(kernel_size=2, stride=2)]
        else: # 如果是卷积层，则新增3×3卷积+ReLU
            conv2d = nn.Conv2d(in_channels, v, kernel_size=3, padding=1)
            layers += [conv2d, nn.ReLU(inplace=True)]
            in_channels = v #记录通道数，作为下一次的in_channels
    # 返回使用Sequential构造的卷积层
    return nn.Sequential(*layers)
```

然后封装对应模型的函数，将配置项传入 make_layers() 函数拼接出卷积层，再将其作为 VGGNet 中的 features 层，就可以直接被调用了。这里的 num_classes 是指类别数，默认设为 1000。

```
# 封装函数，依次传入对应的配置项
def vgg11(num_classes=1000):
    return VGG(make_layers(cfgs['vgg11']), num_classes=num_classes)

def vgg13(num_classes=1000):
    return VGG(make_layers(cfgs['vgg13']), num_classes=num_classes)

def vgg16(num_classes=1000):
    return VGG(make_layers(cfgs['vgg16']), num_classes=num_classes)

def vgg19(num_classes=1000):
    return VGG(make_layers(cfgs['vgg19']), num_classes=num_classes)
```

接下来看一下网络结构，以较为常用的 VGG16 为例，调用 torchinfo.summary() 可以查看刚

刚实现的模型信息，包括前面的卷积层以及后面的全连接层，并计算其参数量。可以看到，该模型包含将近一亿四千万个参数，当然大部分参数量还是在全连接层部分。

```
# 查看模型结构及参数量，input_size表示示例输入数据的维度信息
summary(vgg16(), input_size=(1, 3, 224, 224))
```

与 torchvision.models 中集成的 VGGNet 进行对比，可以看到和前面手动实现的网络是一致的，参数量也完全一样，用这种方式能更简单地使用 VGGNet。

```
# 查看torchvision自带的模型结构及参数量
from torchvision import models
summary(models.vgg16(), input_size=(1, 3, 224, 224))
```

1.2.3 模型训练

最后看一下模型训练部分，这部分代码与前面实现 AlexNet 所使用的代码基本一致，只做了几处很小的改动。下面我们还是着重对改动的部分进行讲解，对于没有改动的部分就不作赘述了，建议不太清楚的读者回顾前面的章节。

首先还是模型定义部分，这里替换成刚刚实现的 vgg11 模型，优化器和损失函数都不变。

```
# 定义模型、优化器、损失函数
model = vgg11(num_classes=102).to(device)
optimizer = optim.SGD(model.parameters(), lr=0.002, momentum=0.9)
criterion = nn.CrossEntropyLoss()
```

对于数据集还是使用 Flowers102 数据集，batch_size 适当调小为 64，epoch 数调为 200，大家也可以根据自己的实际情况自行调整。

```
# 加载训练数据，需要特别注意的是，Flowers102数据集中test簇的数据量较多，所以这里使用"test"作为训练集
train_dataset = datasets.Flowers102(root='../data/flowers102', split="test",
download=True, transform=trainform_train)
# 实例化训练数据加载器
train_loader = DataLoader(train_dataset, batch_size=64, shuffle=True, num_workers=4)
# 加载测试数据，使用"train"作为测试集
test_dataset = datasets.Flowers102(root='../data/flowers102', split="train",
download=True, transform=transform_test)
# 实例化测试数据加载器
test_loader = DataLoader(test_dataset, batch_size=64, shuffle=False, num_workers=4)

# 设置epoch数并开始训练
num_epochs = 200  # 设置epoch数
```

其他部分都没有变。最后看一下输出的损失和准确率曲线，如图 1-6 所示，200 个 epoch 之后，测试集上的准确率约为 71.8%，对比前面的 AlexNet 实现了一定提升，大家可以自行调整参数进行实验。

```
# 其他部分与AlexNet代码一致
# ...
100%|██████████████| 200/200 [1:42:13<00:00, 30.67s/it]
```

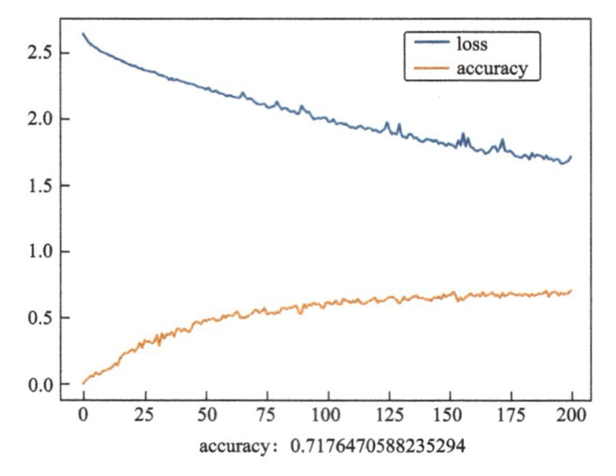

图 1-6　损失和准确率曲线

1.2.4　小结

本节详细讨论了 VGGNet 的特性和模型结构，提供了相关的代码实现，并将其与 torchvision 库中集成的模型进行了对比。我们还探讨了使用小卷积核的原因及其相关优点。此外，我们还在 Flowers102 数据集上训练了模型并测试了效果。

1.3　批归一化方法

前面讲了两个在 CNN 发展过程中有着重要地位的模型，在本节中，我们换一种角度，从结构上优化模型，也就是下面要讲的批归一化。

1.3.1　批归一化简介

批归一化（batch normalization，BN）是深度学习中常用的一种技术，它实际上是一种数据标准化方法。通过对每批输入数据进行标准化，可以提升神经网络的训练速度和精度。通过这种方法计算数据的均值和方差，将数据进行缩放和平移，使其分布在指定的范围内，有助于缓解深度神经网络中梯度消失和梯度爆炸的问题，通常被插入卷积层或全连接层的输入或输出之间，有助于模型的收敛。BN 处理示意如图 1-7 所示。

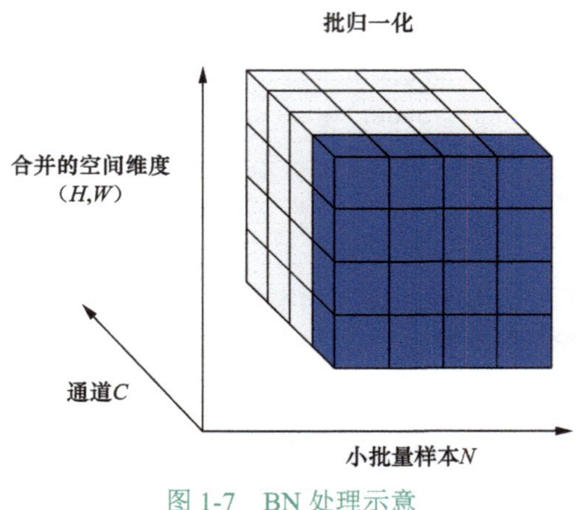

图 1-7　BN 处理示意

BN 是由谷歌的两位工程师 Sergey Ioffe 和 Christian Szegedy 在 2015 年共同提出的。截至目

前，其论文已经被引用超过 4 万次。

这个 BN 到底是如何计算的呢？下面是论文给出的计算公式。

$$\mu_{\mathcal{B}} = \frac{1}{m}\sum_{i=1}^{m} x_i$$

$$\sigma_{\mathcal{B}}^2 = \frac{1}{m}\sum_{i=1}^{m}(x_i - \mu_{\mathcal{B}})^2$$

$$\widehat{x_i} = \frac{x_i - \mu_{\mathcal{B}}}{\sqrt{\sigma_{\mathcal{B}}^2 + \epsilon}}$$

$$y_i = \gamma \widehat{x_i} + \beta = \mathrm{BN}_{\gamma,\beta}(x_i)$$

上述公式看起来好像很复杂，其实很简单。公式经过一定变形并推导后，输出数据 y 的每个元素通过下面的公式计算即可。

$$y = \gamma \cdot \frac{x - x_{\text{mean}}}{\sqrt{x_{\text{variance}} + \epsilon}} + \beta$$

其中，x 表示输入数据，x_{mean}和x_{variance}分别表示输入数据的均值和方差，γ 和β表示 BN 层的两个可训练参数，ϵ 是一个很小的常数，用于避免方差为 0 的情况。这么看起来是不是就好理解多了？通过上述变换可以有效减小数据的发散程度，从而降低学习难度。

BN 在实现时一般还有两个参数，即移动均值和方差，用于描述整个数据集的情况，这里就不做详细介绍了，感兴趣的读者可以自行查阅相关资料。

那么 BN 为什么有效呢？主要包括下面几个原因。

- 通过对输入和中间网络层的输出进行标准化处理，减少了内部神经元分布的改变，降低了不同样本值域的差异性，使得大部分数据处在非饱和区域，保证了梯度能够很好地回传，缓解了梯度消失和梯度爆炸。
- 通过减少梯度对参数或其初始值尺度的依赖，使得可以用较大的学习率对网络进行训练，从而加快了收敛速度。
- BN 本质上是一种正则化手段，能够提升网络的泛化能力，可以减少或者去除 Dropout 机制，从而优化网络结构。

小　白：如果不进行 BN，会有什么问题？

梗老师：问题太多了，比如训练效果可能会不稳定，甚至出现梯度消失和梯度爆炸。不过，如果模型本身能正常收敛的话，收敛速度往往要比经 BN 的慢。

1.3.2 代码实现

了解 BN 的基本思想之后，下面我们来看如何用代码实现。

```python
# 导入必要的库，torchinfo用于查看模型结构
import torch
import torch.nn as nn
from torchinfo import summary
```

接下来我们以《破解深度学习（基础篇）：模型算法与实现》中的 LeNet 模型为例，对其用 BN 层进行改造。PyTorch 框架提供了相关方法，直接使用就行。这部分改动量不大，只需要在卷积层和前两个全连接层后面都加上一个 BatchNorm 层，传入对应的通道数即可。

需要特别注意的是输入维度略有不同，卷积层后面用的是 BatchNorm2d，而全连接层后面用的是 BatchNorm1d。再下面的 forward() 函数不变，在卷积层后面接最大池化层，激活函数都是 ReLU，依次处理后输出。

```python
# 定义LeNet的网络结构
class LeNet(nn.Module):
    def __init__(self):
        super(LeNet, self).__init__()
        # 卷积层1：输入1个通道，输出6个通道，卷积核大小为5×5，后接BN
        self.conv1 = nn.Sequential(
            nn.Conv2d(1, 6, 5),
            nn.BatchNorm2d(6)
        )
        # 卷积层2：输入6个通道，输出16个通道，卷积核大小为5×5，后接BN
        self.conv2 = nn.Sequential(
            nn.Conv2d(6, 16, 5),
            nn.BatchNorm2d(16)
        )
        # 全连接层1：输入16×4×4=256个节点，输出120个节点，由于输入数据略有差异，修改为16×4×4
        self.fc1 = nn.Sequential(
            nn.Linear(16 * 4 * 4, 120),
            nn.BatchNorm1d(120)
        )
        # 全连接层2：输入120个节点，输出84个节点
        self.fc2 = nn.Sequential(
            nn.Linear(120, 84),
            nn.BatchNorm1d(84)
        )
        # 输出层：输入84个节点，输出10个节点
        self.fc3 = nn.Linear(84, 10)

    def forward(self, x):
        # 使用ReLU激活函数，并进行最大池化
        x = torch.relu(self.conv1(x))
        x = nn.functional.max_pool2d(x, 2)
        # 使用ReLU激活函数，并进行最大池化
        x = torch.relu(self.conv2(x))
        x = nn.functional.max_pool2d(x, 2)
        # 将多维张量展平为一维张量
        x = x.view(-1, 16 * 4 * 4)
        # 全连接层
        x = torch.relu(self.fc1(x))
        # 全连接层
        x = torch.relu(self.fc2(x))
        # 全连接层
        x = self.fc3(x)
        return x
```

再往下来看网络结构。调用 torchinfo.summary() 可以查看刚刚改造后的模型信息。新增的与池化层不同，BatchNorm 层有可训练参数，因此改造后的参数量也会有变化。

```
# 查看模型结构及参数量，input_size表示示例输入数据的维度信息
summary(LeNet(), input_size=(1, 1, 28, 28))
==========================================================================================
Layer (type:depth-idx)                   Output Shape              Param #
==========================================================================================
LeNet                                    [1, 10]                   --
├─Sequential: 1-1                        [1, 6, 24, 24]            --
│    └─Conv2d: 2-1                       [1, 6, 24, 24]            156
│    └─BatchNorm2d: 2-2                  [1, 6, 24, 24]            12
├─Sequential: 1-2                        [1, 16, 8, 8]             --
│    └─Conv2d: 2-3                       [1, 16, 8, 8]             2,416
│    └─BatchNorm2d: 2-4                  [1, 16, 8, 8]             32
├─Sequential: 1-3                        [1, 120]                  --
│    └─Linear: 2-5                       [1, 120]                  30,840
│    └─BatchNorm1d: 2-6                  [1, 120]                  240
├─Sequential: 1-4                        [1, 84]                   --
│    └─Linear: 2-7                       [1, 84]                   10,164
│    └─BatchNorm1d: 2-8                  [1, 84]                   168
├─Linear: 1-5                            [1, 10]                   850
==========================================================================================
Total params: 44,878
Trainable params: 44,878
Non-trainable params: 0
Total mult-adds (M): 0.29
==========================================================================================
Input size (MB): 0.00
Forward/backward pass size (MB): 0.08
Params size (MB): 0.18
Estimated Total Size (MB): 0.26
==========================================================================================
```

1.3.3 模型训练

最后替换 LeNet 模型结构重新进行训练，代码和《破解深度学习（基础篇）：模型算法与实现》中讲过的 LeNet 模型训练部分完全一致。损失和准确率曲线如图 1-8 所示，可以看出，在增加了 BN 层后，准确率较原始的 LeNet 又有一定提升，而且收敛得更快了。

```
# 代码部分与前面章节的LeNet代码一致
# ...
Epoch: 0 Loss: 2.2088656986293165 Acc: 0.9578
Epoch: 2 Loss: 1.4376559603001913 Acc: 0.979
Epoch: 4 Loss: 1.228520721191793 Acc: 0.9803
Epoch: 6 Loss: 1.106042682456222 Acc: 0.9859
Epoch: 8 Loss: 1.0158490855052476 Acc: 0.9883
100%|██████████| 10/10 [01:56<00:00, 11.62s/it]
```

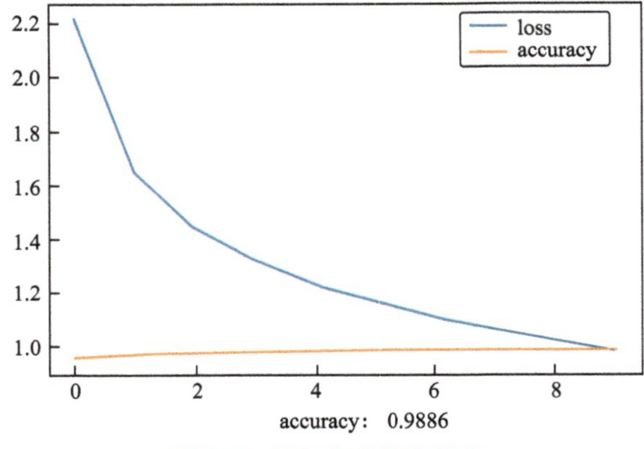

图 1-8　损失和准确率曲线

1.3.4　小结

本节重点讲解了 BN 的特性及其计算方式，探讨了这种方法为什么能有效缓解梯度消失和梯度爆炸并加快收敛速度。最后，我们对 LeNet 模型进行了改造，并以 MNIST 数据集为例，对比了有无 BN 层情况下的训练效果。

1.4　GoogLeNet

GoogLeNet 是由谷歌研究团队 Christian Szegedy 等人在 2014 年 ImageNet 竞赛中提出的深度网络结构。之所以采用“GoogLeNet”而非“GoogleNet”的命名方式，据说是为了向 LeNet 表达敬意。GoogLeNet 在当年竞赛中获得了最高的分类精度，与之前介绍过的 VGGNet 分列比赛的第一名和第二名，而两个模型之间的差距也在毫厘之间。GoogLeNet 的设计受到了 LeNet 和 AlexNet 的启发，其在模型结构方面有了很大的改进。

1.4.1　GoogLeNet简介

在 GoogLeNet 之前，类似 AlexNet、VGGNet 这样的模型主要是通过增加网络深度来提升训练效果的。然而，这种策略可能会引发一系列问题，如过拟合、梯度消失和梯度爆炸等。GoogLeNet 提出了 Inception 结构，从另一种角度来优化训练结果。它可以更有效地利用计算资源，在保持相同计算量的情况下增加网络宽度和深度，提取更丰富的特征，从而优化训练结果。截至目前，该论文的引用次数已经超过 4 万次。接下来我们就详细介绍 GoogLeNet 到底有哪些创新点，并给出对应的代码实现。

1.4.2　Inception结构

先来看看 GoogLeNet 模型的重要组成部分：Inception 结构。典型的深度学习图像分类网络存在收敛速度慢、训练参数多、训练时间长、容易发生梯度消失和梯度爆炸等问题。为了应对这些挑战，Inception 结构应运而生（见图 1-9），它融合了不同尺度的特征信息，是一种带有稀疏性的高性能网络结构。

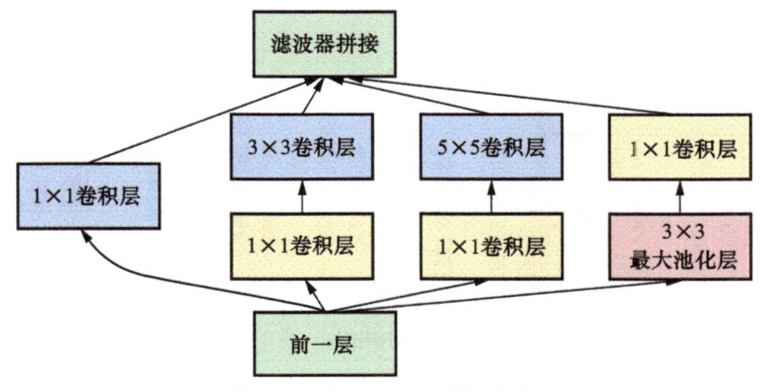

图 1-9 Inception 结构示意

具体来说，它将 1×1、3×3、5×5 的卷积层和 3×3 的最大池化层堆叠起来，在 3×3 和 5×5 的卷积层之前以及 3×3 最大池化层之后加上了 1×1 的卷积层用于降维。它通过增加网络宽度融合不同小尺度的卷积与池化操作，能够有效地捕获图像中不同尺度的特征，实现更好识别效果的同时，有效减少模型参数。这些优点使得 Inception 结构在很多图像处理任务中表现出色。

很多人刚开始不太理解为什么要用 1×1 的卷积核。其实这样做的目的是减少输入张量的通道数，从而减少模型参数量。例如，如果输入是一个 256×256×128 的张量，而 1×1 卷积核的个数是 64，那么使用该卷积核后的输出就是一个 256×256×64 的张量。可以看到，张量通道数减少了一半，也就意味着模型参数量减少了一半。

在后续的发展中，Inception 结构还产生了各种改进的变体，这里我们就不再扩展了。感兴趣的话大家可以自行查阅相关资料。

1.4.3 GoogLeNet的模型结构

下面我们来看 GoogLeNet 的模型结构，如图 1-10 所示。很多读者一看到这个结构就很困惑。其实不用着急，其中很多元素都是相同的 Inception 结构，静下心来梳理一下并不难理解。对应区域我们都用红框标记了。

- 第一部分是卷积层，包含 64 个步长为 2 的 7×7 卷积核，后接最大池化层。
- 第二部分也是卷积层，包含 64 个 1×1 卷积核，然后是 192 个步长为 1 的 3×3 卷积核，后接最大池化层。
- 第三部分是 2 个 Inception 层，后接最大池化层。
- 第四部分是 5 个 Inception 层，后接最大池化层。
- 第五部分是 2 个 Inception 层，后接平均池化层。
- 第六部分是输出层，包括 1000 个神经元的全连接，用于预测图像所属的类别。

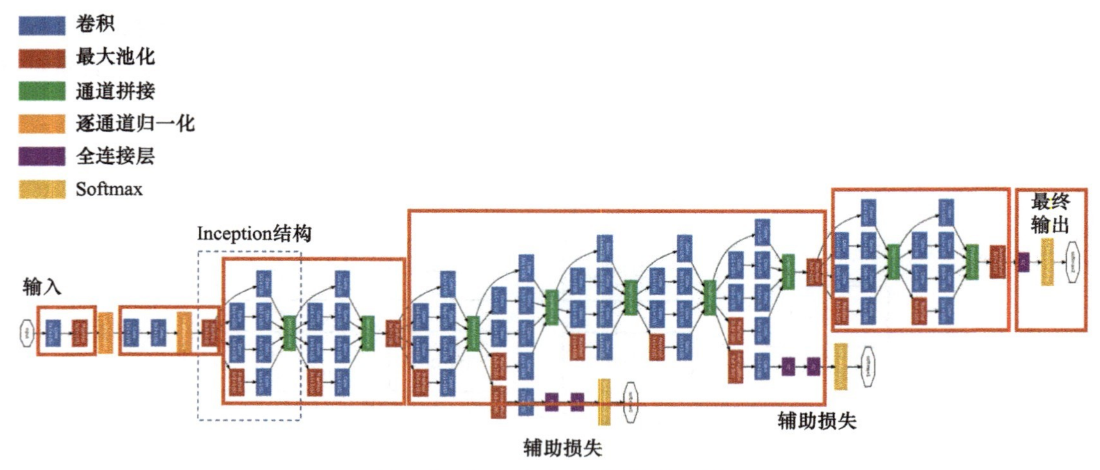

图 1-10　GoogLeNet 模型结构示意

这样一梳理，其实只有六个部分，是不是清晰多了？

为了避免梯度消失，上述模型额外增加了两个辅助的 Softmax（也就是图 1-10 中下部的两个“辅助损失”），用于前向传导梯度，也可以将其理解为辅助分类器。它们将中间某层的输出用作分类，并按一个较小的权重加到最终的分类结果中。这样做相当于进行了模型融合，同时给网络增加了反向传播的梯度信号，提供了额外的正则化，对于整个网络的训练大有裨益。在测试的时候，这两个额外的 Softmax 会被去掉。这部分大家了解即可，为了简化，后面代码实现中也会暂时省略这部分。

小　白：Inception 模块通过并行操作多个卷积核和池化层，可以捕获多尺度的特征，这让我想到了多头注意力！

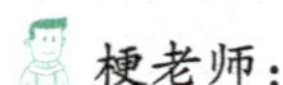

梗老师：虽然 Inception 结构和多头注意力是两种不同的概念，所处理的任务和数据也不一样，但它们的思想很相近。两个结构都是为了关注多个特征或尺度，增加模型的表示能力。你能发现二者在原理上的相似之处，非常不错哦！

1.4.4　代码实现

了解了 GoogLeNet 的基本思想和典型结构之后，我们来看如何用代码实现。为了便于大家理解，我们略作简化，将重点放在主要思路上。

```
# 导入必要的库
import torch
import torch.nn as nn
import torch.nn.functional as F
from torchinfo import summary
```

先定义一个基础卷积结构 BasicConv2d，它其实是结合 BN 对卷积层的一个改进，本质上就是在卷积层和激活函数之间加入一个 BN 层。后续会大量使用这个结构，你也可以注释掉这里的 BN 层代码来对比训练效果。

```
# 定义一个基础卷积结构BasicConv2d，改进型
class BasicConv2d(nn.Module):
    def __init__(self, in_channels, out_channels, **kwargs):
        super().__init__()
        # 卷积+BN层
        self.conv = nn.Conv2d(in_channels, out_channels, bias=False, **kwargs)
        self.bn = nn.BatchNorm2d(out_channels, eps=0.001)

    # 定义前向传播函数
    def forward(self, x):
        # 依次经过卷积和BN层，最后激活函数ReLU
        x = self.conv(x)
        x = self.bn(x)
        return F.relu(x, inplace=True)
```

接下来定义 Inception 结构，其中包含 4 个分支路径 branch。大家可以对照图 1-10，查看构造函数中每个参数的含义。

- in_channels：表示上一层输入的通道数。
- ch1×1：表示 1×1 卷积的个数。
- ch3×3red：表示 3×3 卷积之前 1×1 卷积的个数。
- ch3×3：表示 3×3 卷积的个数。
- ch5×5red：表示 5×5 卷积之前 1×1 卷积的个数。
- ch5×5：表示 5×5 卷积的个数。
- pool_proj：表示池化后 1×1 卷积的个数。

结合这些参数就可以使用 nn.Sequential() 定义出 4 个分支路径的结构。然后用 forward() 函数定义前向传播过程，经过 4 个分支路径后拼接组成输出。

```
# 定义Inception结构
class Inception(nn.Module):

    # in_channels表示上一层输入的通道数，ch1×1表示1×1卷积的个数
    # ch3×3red表示3×3卷积之前1×1卷积的个数，ch3×3表示3×3卷积的个数
    # ch5×5red表示5×5卷积之前1×1卷积的个数，ch5×5表示5×5卷积的个数
    # pool_proj表示池化后1×1卷积的个数
    def __init__(self, in_channels, ch1×1, ch3×3red, ch3×3, ch5×5red, ch5×5,
pool_proj):
        super().__init__()

        # 定义4个分支路径
        self.branch1 = BasicConv2d(in_channels, ch1×1, kernel_size=1)
        self.branch2 = nn.Sequential(
            BasicConv2d(in_channels, ch3×3red, kernel_size=1),
            BasicConv2d(ch3×3red, ch3×3, kernel_size=3, padding=1)
        )
        self.branch3 = nn.Sequential(
            BasicConv2d(in_channels, ch5×5red, kernel_size=1),
            BasicConv2d(ch5×5red, ch5×5, kernel_size=5, padding=2)
        )
        self.branch4 = nn.Sequential(
            nn.MaxPool2d(kernel_size=3, stride=1, padding=1),
            BasicConv2d(in_channels, pool_proj, kernel_size=1)
```

```
        )

    # 定义前向传播函数
    def forward(self, x):
        # 经过4个分支路径
        branch1 = self.branch1(x)
        branch2 = self.branch2(x)
        branch3 = self.branch3(x)
        branch4 = self.branch4(x)

        # 拼接结果后输出
        outputs = [branch1, branch2, branch3, branch4]
        return torch.cat(outputs, dim=1)
```

然后我们就可以定义 GoogLeNet 了。每个 part 分别对应图 1-10 中梳理过的 6 个部分。第一部分是卷积层；第二部分包含 2 个卷积层；第三部分是 2 个 Inception 层，需要注意这里的数值分别是维度和卷积数，都是原始论文中提供的；第四部分是 5 个 Inception 层；第五部分是 2 个 Inception 层；第六部分是 Flatten + Dropout + 全连接层；最后是 forward() 函数，依次经过这 6 个部分输出即可。

```
# 定义GoogLeNet的网络结构
class GoogLeNet(nn.Module):

    def __init__(self, num_classes=1000):
        super().__init__()

        # 第一部分，卷积+最大池化
        self.part1 = nn.Sequential(
            BasicConv2d(3, 64, kernel_size=7, stride=2, padding=3),
            nn.MaxPool2d(3, stride=2, ceil_mode=True)
        )
        # 第二部分，卷积+卷积+最大池化
        self.part2 = nn.Sequential(
            BasicConv2d(64, 64, kernel_size=1),
            BasicConv2d(64, 192, kernel_size=3, padding=1),
            nn.MaxPool2d(3, stride=2, ceil_mode=True)
        )
        # 第三部分，Inception*2 + 最大池化，数值参考论文结构表
        self.part3 = nn.Sequential(
            Inception(192, 64, 96, 128, 16, 32, 32),
            Inception(256, 128, 128, 192, 32, 96, 64),
            nn.MaxPool2d(3, stride=2, ceil_mode=True)
        )
        # 第四部分，Inception*5 + 最大池化，数值参考论文结构表
        self.part4 = nn.Sequential(
            Inception(480, 192, 96, 208, 16, 48, 64),
            Inception(512, 160, 112, 224, 24, 64, 64),
            Inception(512, 128, 128, 256, 24, 64, 64),
            Inception(512, 112, 144, 288, 32, 64, 64),
            Inception(528, 256, 160, 320, 32, 128, 128),
            nn.MaxPool2d(3, stride=2, ceil_mode=True)
        )
        # 第五部分，Inception*2 + 平均池化，数值参考论文结构表
        self.part5 = nn.Sequential(
            Inception(832, 256, 160, 320, 32, 128, 128),
            Inception(832, 384, 192, 384, 48, 128, 128),
```

```
            nn.AdaptiveAvgPool2d((1, 1))
        )
        # 第六部分，Flatten+Dropout+全连接
        self.part6 = nn.Sequential(
            nn.Flatten(),
            nn.Dropout(0.4),
            nn.Linear(1024, num_classes)
        )

    # 定义前向传播函数
    def forward(self, x):
        # 依次经过6个部分后输出
        x = self.part1(x)
        x = self.part2(x)
        x = self.part3(x)
        x = self.part4(x)
        x = self.part5(x)
        x = self.part6(x)
        return x
```

随后我们来看模型结构。调用 torchinfo.summary()，查看刚刚实现的 GoogLeNet 模型信息并计算其参数量。

```
# 查看模型结构及参数量，input_size表示示例中输入数据的维度信息
summary(GoogLeNet(), input_size=(1, 3, 224, 224))
```

同样，还有更简便的方法。PyTorch 的 torchvision.models 也集成了 GoogLeNet 模型，可以直接使用。它输出的模型结构和我们前面手动实现的结构基本一致。用这种方法可以更简单地使用 GoogLeNet。

```
# 查看torchvision自带的模型结构及参数量
from torchvision import models
summary(models.googlenet(), input_size=(1, 3, 224, 224))
```

1.4.5 模型训练

最后要做的是模型训练，这部分代码与前面 AlexNet 的基本一致。下面我们着重对改动部分进行讲解。先是模型定义，这里替换成我们刚刚实现的 GoogLeNet 模型，优化器和损失函数都不变。如果对这部分不太清楚，建议回顾前面章节的内容。

```
# 定义模型、优化器、损失函数
model = GoogLeNet(num_classes=102).to(device)
optimizer = optim.SGD(model.parameters(), lr=0.002, momentum=0.9)
criterion = nn.CrossEntropyLoss()
```

数据集还是 Flowers102 数据集，batch_size 为 64，epoch 数为 200，其他部分都没有变化。最后看一下输出的损失和准确率曲线，如图 1-11 所示，训练 200 个 epoch 之后，测试集上的准确率约为 69.5%。大家可以自行调整参数进行实验。

```
# 其他部分与AlexNet代码一致
# ...
100%|██████████████████| 200/200 [1:17:11<00:00, 23.16s/it]
```

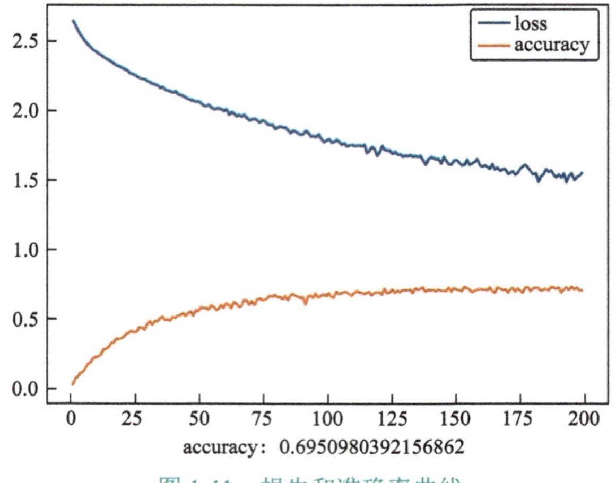

图 1-11　损失和准确率曲线

1.4.6　小结

在本节中，我们详细介绍了经典的卷积神经网络 GoogLeNet，包括其特性以及 Inception 结构。通过代码实现并与 torchvision 中集成的模型对比，进一步讨论了 1×1 卷积核的功能及其优点。最后，我们使用 Flowers102 数据集进行训练，并提供了模型的测试效果。

1.5　ResNet

在 1.4 节，我们详细讨论了 GoogLeNet 的特性、模型结构以及代码实现，接下来我们将转向本章的焦点——被誉为 CNN 发展史上最经典的结构——ResNet。

1.5.1　ResNet简介

ResNet（Residual network）是由何恺明等人于 2015 年提出的深度卷积网络。它的名称来源于其核心结构——残差模块。若说 2014 年的 ImageNet 竞赛是 VGGNet 和 GoogLeNet 之间的激烈竞争，那么 2015 年的各项奖项则几乎被 ResNet 包揽，ResNet 赢得了分类任务和目标检测第一名，以及 COCO 数据集上目标检测和图像分割第一名。

接下来，我们将详细介绍 ResNet 的创新点，并给出相应的代码实现。

ResNet 本质上是为了解决训练深度神经网络时网络退化问题而提出的。所谓网络退化，简单来说，就是深层网络的效果反而不如浅层网络。

在 ResNet 的论文中，作者开篇就展示了两张图，说明了一个 56 层的网络在训练集和测试集上的错误率明显高于 20 层的网络。导致这种现象的原因，除了过拟合、梯度消失和梯度爆炸等，还有一个主要因素就是网络退化。

具体来说，由于非线性激活函数的特性，新添加的网络层很难实现恒等映射，即在理想情况下应该仅传递输入到输出而不引入任何变化。这导致网络层往往无法简单地保留并传递前一层的信息。而 ResNet 的思路是通过残差结构确保深层网络至少能达到与浅层网络相同的性能，从而解决网络退化问题。

1.5.2 残差结构

说了这么多，到底什么是残差结构呢？其核心思想是引入跨层连接，也称为跳线连接，使得信息能够直接从输入层或者中间层传递到后续层，表示为图 1-12 中的“跳线”。

设 $\boldsymbol{x}$ 表示输入的特征图，$F(\boldsymbol{x})$表示残差结构中的计算过程，通过将输入$\boldsymbol{x}$和计算结果$F(\boldsymbol{x})$相加得到了输出$H(\boldsymbol{x})$，也就是$F(\boldsymbol{x})+\boldsymbol{x}$。这样一来，每个残差结构的输出不仅包括通过卷积得到的特征图，还包括前一层的特征图。这样做一方面避免了梯度在传播时逐渐消失的问题，使得网络训练更加容易；另一方面，当$F(\boldsymbol{x})=0$时，输出就等于$\boldsymbol{x}$，相当于自带恒等映射，从而解决了网络退化问题。因此，计算过程$F(\boldsymbol{x})$学习的其实是输出$H(\boldsymbol{x})$与$\boldsymbol{x}$的差，即$H(\boldsymbol{x})-\boldsymbol{x}$，这就是将其称为残差结构的原因。

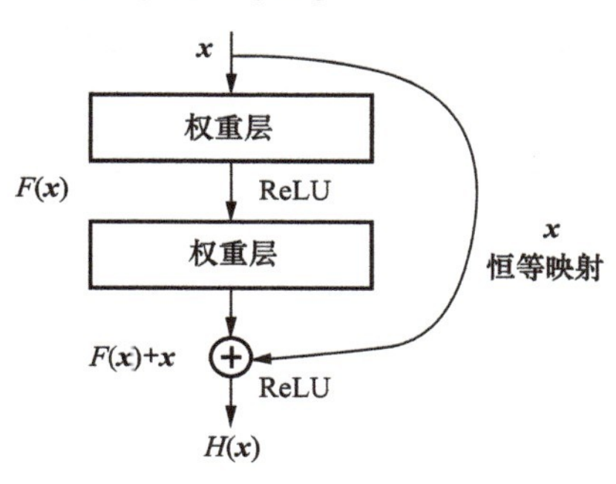

图 1-12 残差结构示意

ResNet 基于上述残差结构进一步提出了两种残差模块，用来在不同任务中平衡模型复杂度和性能，如图 1-13 所示。

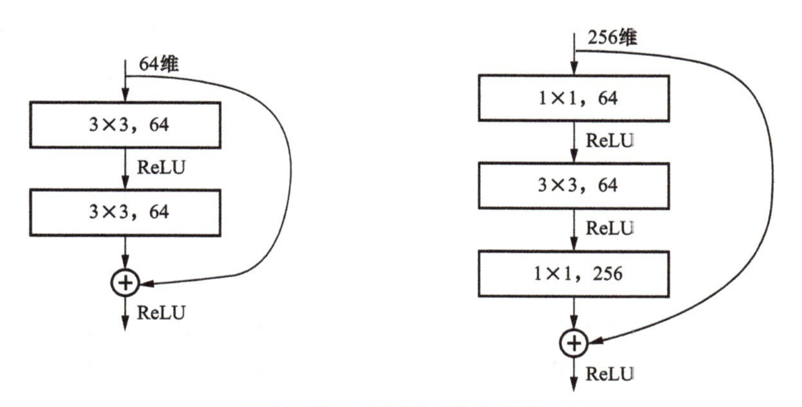

图 1-13 两种残差模块示意

- 第一种（见图 1-13 左图）是由两个 3×3 的卷积层和一个跨层连接构成，一般用于浅层的 ResNet 网络。输入特征图经过第一个 3×3 的卷积层后，进行 BN 和 ReLU 激活函数处理，然后通过第二个 3×3 的卷积层，接着是 BN，再与跨层连接相加，经过 ReLU 激活函数处理后得到输出特征图，特征图维度不变。
- 第二种（见图 1-13 右图）则是由三个卷积层和一个跨层连接构成，卷积层包括两个

1×1 卷积层、一个 3×3 卷积层，一般用于更深的 ResNet 网络。正如之前在 GoogLeNet 中讲过的，1×1 卷积可以在尽量保证准确率的同时减小计算量。其中第一个 1×1 卷积层主要用于降低特征图维度，第二个 3×3 卷积层是主要的特征提取层，而第三个 1×1 卷积层用于把特征图维度增加到原来的 4 倍，同时完成跨层连接。

这两种模块在后面代码实现时还会予以着重讲述，对照代码会理解得更加清晰一些。

1.5.3　ResNet模型结构

ResNet 提出了 5 种不同深度的模型结构，对应表 1-2 中的第一行，分别是 18、34、50、101、152 层，与 VGGNet 的最多 19 层相比可以说是在深度上优势尽显。

表 1-2　ResNet 模型结构

层名称	输出大小	18 层	34 层	50 层	101 层	152 层
conv1	112×112	7×7，64，步长 2				
conv2_x	56×56	3×3 最大池化，步长 2				
		$\begin{bmatrix}3\times3,64\\3\times3,64\end{bmatrix}\times2$	$\begin{bmatrix}3\times3,64\\3\times3,64\end{bmatrix}\times3$	$\begin{bmatrix}1\times1,64\\3\times3,64\\1\times1,256\end{bmatrix}\times3$	$\begin{bmatrix}1\times1,64\\3\times3,64\\1\times1,256\end{bmatrix}\times3$	$\begin{bmatrix}1\times1,64\\3\times3,64\\1\times1,256\end{bmatrix}\times3$
conv3_x	28×28	$\begin{bmatrix}3\times3,128\\3\times3,128\end{bmatrix}\times2$	$\begin{bmatrix}3\times3,128\\3\times3,128\end{bmatrix}\times4$	$\begin{bmatrix}1\times1,128\\3\times3,128\\1\times1,512\end{bmatrix}\times4$	$\begin{bmatrix}1\times1,128\\3\times3,128\\1\times1,512\end{bmatrix}\times4$	$\begin{bmatrix}1\times1,128\\3\times3,128\\1\times1,512\end{bmatrix}\times8$
conv4_x	14×14	$\begin{bmatrix}3\times3,256\\3\times3,256\end{bmatrix}\times2$	$\begin{bmatrix}3\times3,256\\3\times3,256\end{bmatrix}\times6$	$\begin{bmatrix}1\times1,256\\3\times3,256\\1\times1,1024\end{bmatrix}\times6$	$\begin{bmatrix}1\times1,256\\3\times3,256\\1\times1,1024\end{bmatrix}\times23$	$\begin{bmatrix}1\times1,256\\3\times3,256\\1\times1,1024\end{bmatrix}\times36$
conv5_x	7×7	$\begin{bmatrix}3\times3,512\\3\times3,512\end{bmatrix}\times2$	$\begin{bmatrix}3\times3,512\\3\times3,512\end{bmatrix}\times3$	$\begin{bmatrix}1\times1,512\\3\times3,512\\1\times1,2048\end{bmatrix}\times3$	$\begin{bmatrix}1\times1,512\\3\times3,512\\1\times1,2048\end{bmatrix}\times3$	$\begin{bmatrix}1\times1,512\\3\times3,512\\1\times1,2048\end{bmatrix}\times3$
	1×1	平均池化，1000 维全连接，Softmax				
FLOPS		1.8×10^9	3.6×10^9	3.8×10^9	7.6×10^9	11.3×10^9

表 1-2 看起来好像很复杂，实际可分为以下三部分。

- 第一部分是最上面 7×7 卷积层 + 最大池化层。
- 第二部分是 4 组不同数量和规格的残差模块，ResNet-18 和 ResNet-34 用的是图 1-13 中的第一种残差模块，而 ResNet-50、ResNet-101、ResNet-152 用的是第二种残差模块，方括号后面所乘的数字表示对应残差模块的数量。注意，在输入到输出的过程中，输出特征图的尺度在逐渐减小，但维度是逐层翻倍的。
- 第三部分是平均池化层 + 全连接层作为输出。最后的 FLOPS 是指每秒浮点运算次数（Floating Point Operations Per Second），它是衡量深度学习模型计算复杂度的常用指标之一。

这么分析后，是不是觉得表 1-2 没那么复杂了呢？后面我们还会用代码依次实现这些模型。

我们再看一张 ResNet-34 和 VGG19 的对比图。在图 1-14 中，位于左侧的是 VGG19 的结构，位于中间是去除跳线的 ResNet-34，位于右侧的则是完整的 ResNet-34 模型，其中实线表示跨层连接。

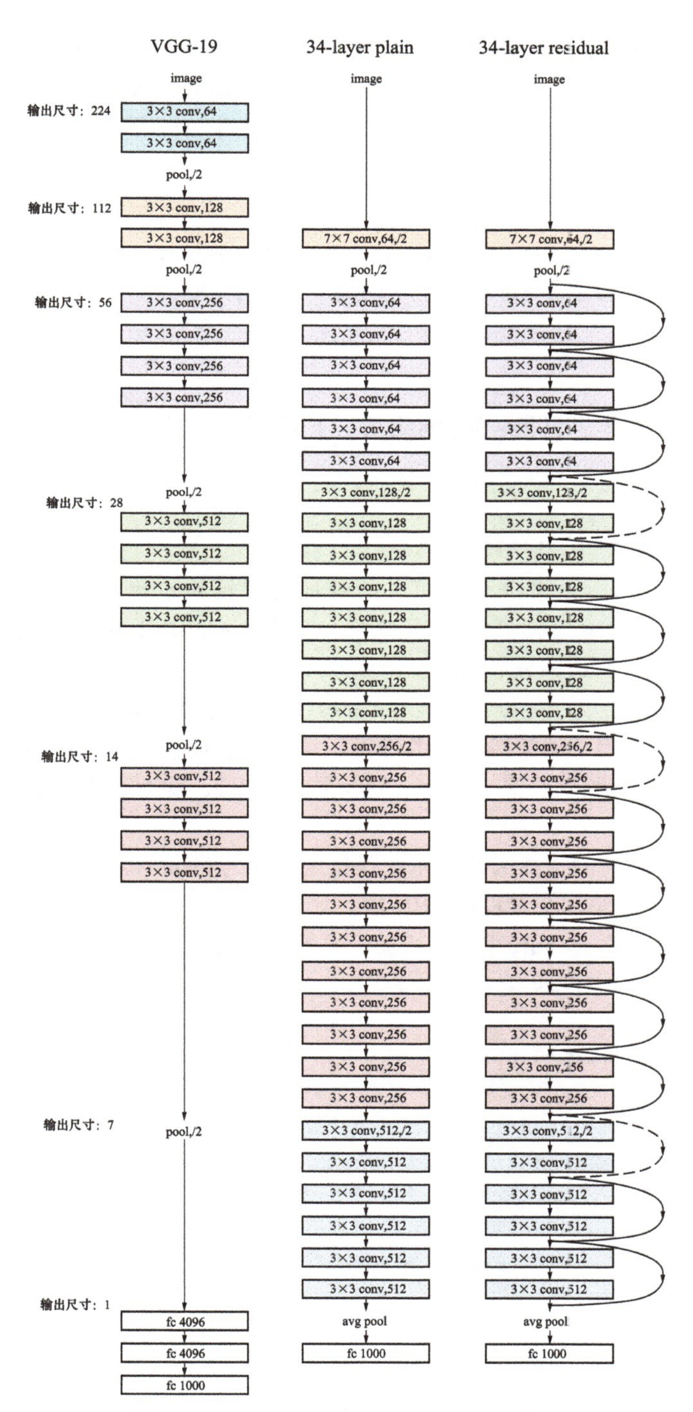

图 1-14 ResNet-34 与 VGG19 对比示意

需要注意的是，虚线表示这些模块前后的维度并不一致。正如刚刚讲过的，4 组残差模块之间进行下采样，减小特征图的尺度但维度逐层翻倍，稍后在代码实现中也能体现出这一点。单从这张对比图也能看出 ResNet 当年横扫各大奖项的原因了吧。

小　白：为什么 ResNet 的残差模块有助于解决梯度消失问题呢？

梗老师：残差模块的跨层连接允许梯度更容易地通过网络传播，因为它们通过加法操作将输入特征直接传递给输出，降低了梯度逐渐消失的风险。

1.5.4　代码实现

了解了 ResNet 的基本思想和结构设计之后，下面我们来看如何用代码实现其相关网络结构。

```
# 导入必要的库
import torch
import torch.nn as nn
from torchinfo import summary
```

在导入必要的库后，先来定义前面讲的两种残差模块。第一种残差模块是 BasicBlock。expansion 用于计算最终输出特征图的通道数，因为 BasicBlock 中特征图维度不变，所以把 expansion 设置为 1 即可，这部分后面还会提到。

构造函数的参数依次为输入通道数 inplanes、输出通道数 planes、步长 stride、下采样层 downsample。下采样层用于调整输入 x 的维度，这个稍后还会解释。然后分别定义第一个 3×3 卷积层、BN 层、激活函数以及第二个 3×3 卷积层、BN 层。保存下采样层和步长，至此构造函数就定义完成了。

下面要做的是定义前向传播函数：先保存输入特征为 identity，然后依次经过第一个卷积层 +BN 层 +ReLU，再经过第二个卷积层 +BN 层。如果需要调整输入 x 的维度，则将 identity 设为下采样层的输出，最后将 identity 和 out 相加，也就是跨层连接，并使用 ReLU 激活函数激活后返回即可。到这里，BasicBlock 就实现完成了。

```
# 定义第一种残差模块BasicBlock
class BasicBlock(nn.Module):
    # 设置expansion为1，用于计算最终输出特征图的通道数
    expansion = 1

    # 构造函数，接收输入通道数inplanes，输出通道数planes，步长stride和下采样层downsample
    def __init__(self, inplanes, planes, stride=1, downsample=None):
        super().__init__()
        # 定义第一个卷积层，用3×3的卷积核对输入特征图进行卷积，输出通道数为planes，步长为stride，填充为1
        self.conv1 = nn.Conv2d(inplanes, planes, kernel_size=3, stride=stride,
padding=1, bias=False)
        # BN层
        self.bn1 = nn.BatchNorm2d(planes)
        # 激活函数ReLU
        self.relu = nn.ReLU(inplace=True)
        # 定义第二个卷积层，用3×3的卷积核对输入特征图进行卷积，输出通道数为planes，步长默认为1，填充为1
```

```
        self.conv2 = nn.Conv2d(planes, planes, kernel_size=3, padding=1, bias=False)
        # BN层
        self.bn2 = nn.BatchNorm2d(planes)
        # 下采样层，用于调整输入x的维度
        self.downsample = downsample
        # 保存步长
        self.stride = stride

    # 定义前向传播函数
    def forward(self, x):
        # 保存输入特征图
        identity = x

        # 卷积+BN+ReLU
        out = self.conv1(x)
        out = self.bn1(out)
        out = self.relu(out)

        # 卷积+BN
        out = self.conv2(out)
        out = self.bn2(out)

        # 如果定义了下采样层，则调整输入x的维度
        if self.downsample is not None:
            identity = self.downsample(x)

        # 将identity和out相加，并使用ReLU激活函数激活
        out += identity
        out = self.relu(out)

        # 返回输出特征图
        return out
```

接下来我们将实现第二种残差模块 Bottleneck。前文提到，这种情况下需要把它的特征图维度增加至原来的 4 倍，所以这里设置 expansion 为 4。

构造函数的参数和前面一样：输入通道数、输出通道数、步长和下采样层。依次定义第一个 1×1 卷积层、BN 层，第二个 3×3 卷积层、BN 层，第三个 1×1 卷积层。这里需要注意，输出通道数是原来的 4 倍。然后是 BN 层和激活函数 ReLU。保存下采样层和步长，构造函数到这里就定义完成了。

接着要做的是定义前向传播函数，同样先保存输入特征为 identity，经过第一个 1×1 卷积层 + BN 层 + ReLU，再经过第二个 3×3 卷积层 + BN 层 + ReLU，然后经过第三个 1×1 卷积层 + BN 层。

后面的内容就和第一种残差模块一样了，即定义下采样层，然后将 identity 与 out 相加经过 ReLU 函数后输出。到这里，第二种残差模块 Bottleneck 就实现完成了。大家可以对照前面残差模块的结构图来查看代码，这样会更好理解。

```
# 定义第二种残差模块Bottleneck
class Bottleneck(nn.Module):
    # 设置expansion为4，用于计算最终输出特征图的通道数
    expansion = 4

    # 构造函数，接收输入通道数inplanes，输出通道数planes，步长stride和下采样层downsample
```

```
    def __init__(self, inplanes, planes, stride=1, downsample=None):
        super().__init__()
        # 定义第一个卷积层，用1×1的卷积核对输入特征图进行卷积，输出通道数为planes
        self.conv1 = nn.Conv2d(inplanes, planes, kernel_size=1, bias=False)
        # BN层
        self.bn1 = nn.BatchNorm2d(planes)
        # 定义第二个卷积层，用3×3的卷积核对第一个卷积层的输出进行卷积，输出通道数为planes，步
长为stride，填充为1
        self.conv2 = nn.Conv2d(planes, planes, kernel_size=3, stride=stride,
padding=1, bias=False)
        # BN层
        self.bn2 = nn.BatchNorm2d(planes)
        # 定义第三个卷积层，用1×1的卷积核对第二个卷积层的输出进行卷积，输出通道数为planes * 4
        self.conv3 = nn.Conv2d(planes, planes * 4, kernel_size=1, bias=False)
        # BN层
        self.bn3 = nn.BatchNorm2d(planes * 4)
        # 激活函数ReLU
        self.relu = nn.ReLU(inplace=True)
        # 下采样层，用于调整输入x的维度
        self.downsample = downsample
        # 保存步长
        self.stride = stride

    # 定义前向传播函数
    def forward(self, x):
        # 保存输入特征图
        identity = x

        # 卷积+BN+ReLU
        out = self.conv1(x)
        out = self.bn1(out)
        out = self.relu(out)

        # 卷积+BN+ReLU
        out = self.conv2(out)
        out = self.bn2(out)
        out = self.relu(out)

        # 卷积+BN
        out = self.conv3(out)
        out = self.bn3(out)

        # 如果定义了下采样层，则调整输入x的维度
        if self.downsample is not None:
            identity = self.downsample(x)

        # 将identity和out相加，并使用ReLU激活函数激活
        out += identity
        out = self.relu(out)

        # 返回输出特征图
        return out
```

再往下是定义 ResNet 的网络结构部分了。构造函数的参数依次为残差模块类型 block、残差模块数量列表 layers 和类别数 num_classes。

首先定义一个 7×7 的卷积层、BN 层、激活函数 ReLU、3×3 最大池化层。这就是 1.5.3 节中

所讲的模型结构的第一部分。接下来是第二部分，初始化输入通道数 inplanes 为 64。为什么是 64 呢？大家可以看表 1-2，可以看到 5 种 ResNet 结构初始的输入通道数都是 64。然后是 4 组不同数量和规格的残差模块，这里我们借助 _make_layer() 函数来构造，下面会展开讲。最后第三部分是定义平均池化层和全连接层作为输出。到这里，构造函数部分就完成了。

_make_layer() 函数的作用是根据传入的配置拼接出对应的网络结构，也是代码实现里相对难理解的部分。参数分别是残差模块结构、通道数、残差模块个数和步长。首先将下采样层 downsample 初始设为 None，如果步长不为 1 或者输入通道数与输出通道数不一致，则需要对输入特征进行调整。然后定义下采样层，包含一个用于调整维度的 1×1 卷积层和 BN 层。

注意，这里的输出通道数要乘以对应残差模块的 expansion，第一种残差模块对应 1，第二种残差模块对应 4，其实就对应图 1-14 中 ResNet-34 结构图中的虚线部分，在 4 组残差模块之间包含这样一个下采样层进行维度调整。然后定义一个列表，将第一个 block 添加到列表中，更新 inplanes 为输出通道数，其实就是下一个残差模块的输入通道数。剩余的几个 block 也依次加入列表后就可以返回 Sequential() 了。通过这个函数可以依次构造 4 组残差模块。

然后定义 ResNet 的前向传播函数，对应表 1-2 中的三个部分。第一部分是 7×7 卷积层 + BN 层 + ReLU+ 最大池化层，第二部分是 4 组残差模块，第三部分是平均池化层 + 全连接层，最后输出即可。

到这里，ResNet 的结构就定义完成了，建议大家对照着结构图来查看代码，把它们关联起来会更好理解。

```
# 定义ResNet的网络结构
class ResNet(nn.Module):

    # 构造函数，接收残差模块类型block、残差模块数量列表layers和类别数num_classes
    def __init__(self, block, layers, num_classes=1000):
        super().__init__()
        # 定义第一个卷积层，用7×7的卷积核对输入特征图进行卷积，输出通道数为64，步长为2，填充为3
        self.conv1 = nn.Conv2d(3, 64, kernel_size=7, stride=2, padding=3, bias=False)
        # BN层
        self.bn1 = nn.BatchNorm2d(64)
        # 激活函数ReLU
        self.relu = nn.ReLU(inplace=True)
        # 定义3×3最大池化层对特征图进行池化，步长为2，填充为1
        self.maxpool = nn.MaxPool2d(kernel_size=3, stride=2, padding=1)
        # 初始化输入通道数inplanes为64
        self.inplanes = 64
        # 定义layer1，使用_make_layer()函数生成一个layer，通道数64，包含layers[0]个block
        self.layer1 = self._make_layer(block, 64, layers[0])
        # 定义layer2，使用_make_layer()函数生成一个layer，通道数128，包含layers[1]个block，
步长为2
        self.layer2 = self._make_layer(block, 128, layers[1], stride=2)
        # 定义layer3，使用_make_layer()函数生成一个layer，通道数256，包含layers[2]个block，
步长为2
        self.layer3 = self._make_layer(block, 256, layers[2], stride=2)
        # 定义layer4，使用_make_layer()函数生成一个layer，通道数512，包含layers[3]个block，
步长为2
```

```
        self.layer4 = self._make_layer(block, 512, layers[3], stride=2)
        # 平均池化层，输出大小为channel*1*1
        self.avgpool = nn.AdaptiveAvgPool2d((1, 1))
        # 定义全连接层，将输入维度设置为512 * block.expansion，输出维度设置为num_classes
        self.fc = nn.Linear(512 * block.expansion, num_classes)

    # 生成网络结构的函数，根据传入的配置拼接出对应的网络结构
    def _make_layer(self, block, planes, blocks, stride=1):
        # 下采样层一开始为None，用于调整输入的维度
        downsample = None
        # 如果步长不为1或者输入通道数与输出通道数不一致，则需要对输入特征进行调整
        if stride != 1 or self.inplanes != planes * block.expansion:
            # 定义下采样层，包括1×1卷积和BN层
            downsample = nn.Sequential(
                nn.Conv2d(self.inplanes, planes * block.expansion, kernel_size=1,
stride=stride, bias=False),
                nn.BatchNorm2d(planes * block.expansion),
            )

        # 定义一个layers列表
        layers = []
        # 将第一个block添加到layers列表中
        layers.append(block(self.inplanes, planes, stride, downsample))
        # 更新inplanes为下一个block的输入通道数
        self.inplanes = planes * block.expansion
        # 添加剩余的block到layers列表中
        for i in range(1, blocks):
            layers.append(block(self.inplanes, planes))

        # 返回所有的block
        return nn.Sequential(*layers)

    # 定义前向传播函数
    def forward(self, x):
        # 第一部分，7×7卷积+BN+ReLU+最大池化层
        x = self.conv1(x)
        x = self.bn1(x)
        x = self.relu(x)
        x = self.maxpool(x)

        # 第二部分，4组残差模块
        x = self.layer1(x)
        x = self.layer2(x)
        x = self.layer3(x)
        x = self.layer4(x)

        # 第三部分，平均池化+全连接层
        x = self.avgpool(x)
        x = torch.flatten(x, 1)
        x = self.fc(x)

        # 输出
        return x
```

最后封装函数，分别对应 5 个模型 ResNet-18、ResNet-34、ResNet-50、ResNet-101、ResNet-152，其中 num_classes 可以自行设置类别数。ResNet-18 和 ResNet-34 传入的是第一种残差模块

BasicBlock，后面三种更深的网络传入的是第二种残差模块 Bottleneck，其中的数值表示对应每组残差模块分别包含几个 block，与表 1-2 中的数值完全一致，大家可以对照查看。

```
# 封装函数对应5个模型，num_classes表示类别数
# 其中数值与网络结构表格中的数值完全一致，可参考论文结构表
def resnet18(num_classes=1000):
    return ResNet(BasicBlock, [2, 2, 2, 2], num_classes=num_classes)

def resnet34(num_classes=1000):
    return ResNet(BasicBlock, [3, 4, 6, 3], num_classes=num_classes)

def resnet50(num_classes=1000):
    return ResNet(Bottleneck, [3, 4, 6, 3], num_classes=num_classes)

def resnet101(num_classes=1000):
    return ResNet(Bottleneck, [3, 4, 23, 3], num_classes=num_classes)

def resnet152(num_classes=1000):
    return ResNet(Bottleneck, [3, 8, 36, 3], num_classes=num_classes)
```

接着我们来查看一下网络结构。还是以 ResNet-34 为例，调用 torchinfo.summary() 可以看到刚刚实现的模型信息，包括表 1-2 中的第一部分、第二部分残差模块和第三部分平均池化层 + 全连接层，最后计算其参数量。

```
# 查看模型结构及参数量，input_size表示示例中输入数据的维度信息
summary(resnet34(), input_size=(1, 3, 224, 224))
```

当然还是有更简便的方法，PyTorch 的 torchvision.models 也集成了可以直接使用的 ResNet 模型。输出的模型结构和我们前面手动实现的网络是基本一致的，参数量也完全一样，这样能更简单地使用 ResNet。对于代码实现部分，如果大家理解起来比较费劲，可以直接使用现成的代码，着重理解其中的设计思想即可。

```
# 查看torchvision自带的模型结构及参数量
from torchvision import models
summary(models.resnet34(), input_size=(1, 3, 224, 224))
```

1.5.5 模型训练

最后我们看一下模型训练部分，模型定义替换成刚刚实现的 ResNet-18 模型，其他不变。从图 1-15 所示的损失和准确率曲线可以看到，训练 200 个 epoch 之后，测试集上的准确率约为 71%，这里使用的是网络深度最浅的 ResNet-18，大家也可以自行调整模型和参数进行实验。

```
# 定义模型、优化器、损失函数
model = resnet18(num_classes=102).to(device)
optimizer = optim.SGD(model.parameters(), lr=0.002, momentum=0.9)
criterion = nn.CrossEntropyLoss()

# 其他部分与AlexNet代码一致
# ...
100%|██████████████| 200/200 [1:15:03<00:00, 22.52s/it]
```

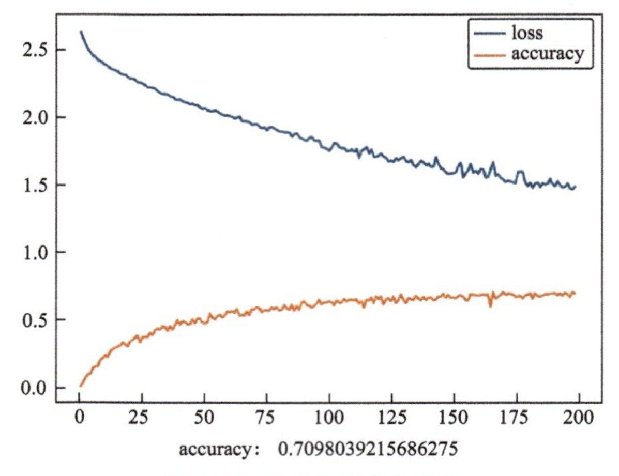

图 1-15　损失和准确率曲线

1.5.6　小结

在本节中，我们首先深入讨论了经典的卷积网络 ResNet，包括其特性、残差结构以及两种具体的残差模块，还比较了 ResNet 和 VGGNet 的模型结构；然后用代码实现了包含残差模块的 ResNet 结构，着重介绍了 ResNet 结构的定义部分，并将其与 torchvision 中集成的模型进行了比较；最后使用 Flowers102 数据集对模型进行训练，并测试了其效果。

1.6　DenseNet

1.5 节详细解读了 ResNet 的特性、模型结构和代码实现。在本节中，我们聚焦于本章最后一个经典卷积网络——2017 年提出的 DenseNet。ResNet 通过跨层连接解决了网络深度增加所带来的网络退化问题，因此如果把 ResNet 视为 CNN 发展历程中最为重要的里程碑，那么 DenseNet 无疑将这个理念贯彻到了极致。

1.6.1　DenseNet简介

DenseNet 名字中的“dense”一词足以说明其特点。该模型进一步引入了密集连接结构，DenseNet 的作者凭借此项创新在 CVPR 2017 中赢得了最佳论文奖。接下来，我们将详细探讨它的创新点和相应的代码实现。

在 DenseNet 之前，CNN 提高效率的方向要么是层次更深以解决网络退化问题，比如 1.5 节的 ResNet，要么就是更宽，比如 GoogLeNet 的 Inception 结构。而 DenseNet 从特征入手，使用连接不同层的稠密块（dense block）来构建模型。采用这种结构有如下两个好处。

- 建立了不同层之间的连接关系，从而能充分利用特征，进一步缓解了梯度消失问题，使网络加深不再是问题。
- 通过特征在通道上的连接来实现特征复用（feature reuse），使得 DenseNet 在参数和计算成本更少的情况下能实现比 ResNet 更优的性能。

那么到底什么是 dense block 呢？

从图 1-16 中很容易看出密集连接结构与 ResNet 单跳线结构的差异，即该结构包含 5 层 dense block。它采用更加激进的密集连接机制，将所有层相互连接起来，具体来说就是每层都会接收其前面所有层作为额外的输入。因此，相比 ResNet，DenseNet 有以下两个显著差异。

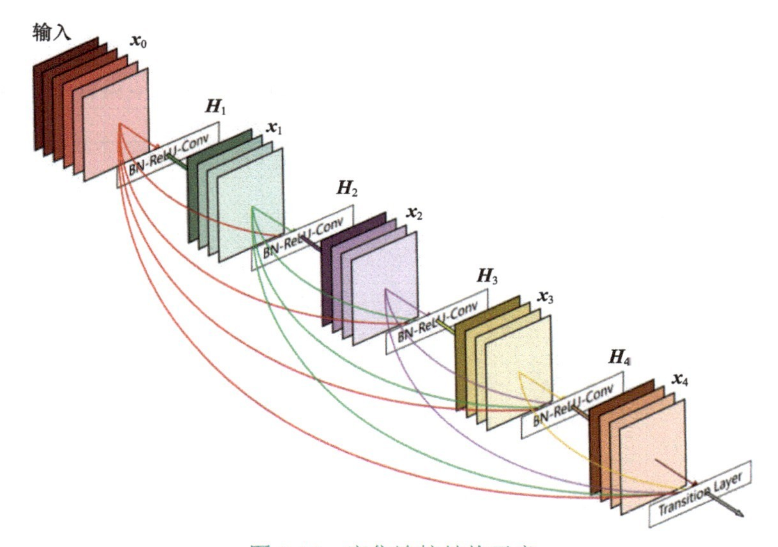

图 1-16 密集连接结构示意

- 跳线数量明显增加，对于一个 L 层的网络，有 $\frac{L(L+1)}{2}$ 个连接，这就是它被称为密集连接的原因。
- 跳线作为额外输入，对于每层来说，区别于 ResNet 的加法操作，DenseNet 用的是在维度上的拼接（concatenate），简单理解就是将特征图一层层叠起来。

有了基础的 dense block 之后，我们就可以进一步拼接 DenseNet 结构了。DenseNet 结构一般由多个 block 组成，以图 1-17 为例，使用了 3 个 dense block。前面讲的密集连接结构都是放在 dense block 里的，而在相邻的两个 dense block 之间包含一个卷积层和一个池化层，一般将其称为过渡层（transition layer）。

如表 1-3 所示，DenseNet 中提出了 4 种不同深度的模型结构，对应表 1-3 中的第一行，分别是 121、169、201、264 层，相比 ResNet 进一步加深了网络结构。

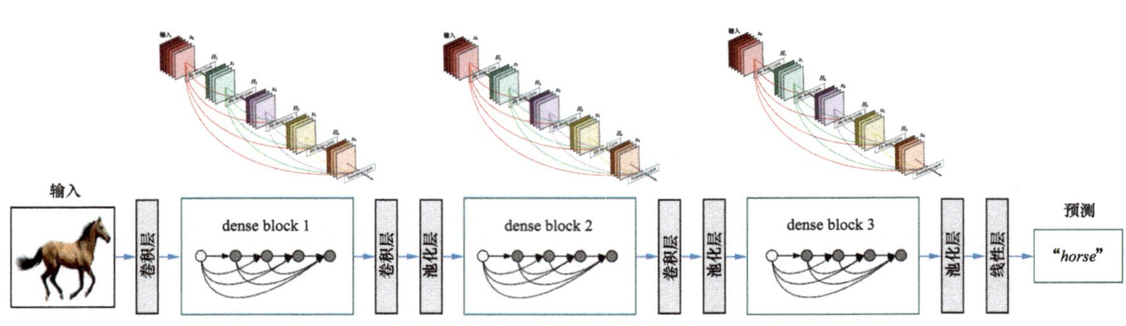

图 1-17　DenseNet 结构拼接示意

表 1-3　DenseNet 模型结构

层名称	输出大小	DenseNet-121	DenseNet-169	DenseNet-201	DenseNet-264
卷积	112×112	7×7 卷积，步长 2			
池化	56×56	3×3 最大池化，步长 2			
dense block(1)	56×56	[1×1 卷积; 3×3 卷积]×6	[1×1 卷积; 3×3 卷积]×6	[1×1 卷积; 3×3 卷积]×6	[1×1 卷积; 3×3 卷积]×6
transition layer(1)	56×56	1×1 卷积			
	28×28	2×2 平均池化，步长 2			
dense block(2)	28×28	[1×1 卷积; 3×3 卷积]×12	[1×1 卷积; 3×3 卷积]×12	[1×1 卷积; 3×3 卷积]×12	[1×1 卷积; 3×3 卷积]×12
transition layer(2)	28×28	1×1 卷积			
	14×14	2×2 平均池化，步长 2			
dense block(3)	14×14	[1×1 卷积; 3×3 卷积]×24	[1×1 卷积; 3×3 卷积]×32	[1×1 卷积; 3×3 卷积]×48	[1×1 卷积; 3×3 卷积]×64
transition layer(3)	14×14	1×1 卷积			
	7×7	2×2 平均池化，步长 2			
dense block(4)	7×7	[1×1 卷积; 3×3 卷积]×16	[1×1 卷积; 3×3 卷积]×32	[1×1 卷积; 3×3 卷积]×32	[1×1 卷积; 3×3 卷积]×48
classification layer	1×1	7×7 全局平均池化			
		1000 维全连接，Softmax			

同样，我们来拆解一下表 1-3，一共包含 4 个部分。

- 第一部分是最上面 7×7 卷积层 + 最大池化层。
- 第二部分是 4 组不同数量的 dense block，以 DenseNet-121 的第一组 dense block 为例，方括号后面所乘的 6 表示这组 dense block 包含 6 层，每层都包含一个 1×1 和一个 3×3 的卷积层，层结构对于 4 种模型均一致，区别主要体现在层数上。
- 第三部分是 dense block 之间的 transition layer，其包含一个 1×1 卷积层用于降维，以及一个平均池化层用于调整特征图的尺度。
- 第四部分是平均池化层 + 全连接层作为输出。

表 1-3 和 ResNet 一样都是看起来复杂，梳理一下就清楚了，后面我们会用代码依次实现这些模型。

与 ResNet 的加法操作不同，密集连接在维度上的拼接更难理解些。也许你会好奇，在一个 dense block 内如何实现所有层都能接收前面层的特征图呢？我们以 DenseNet-121 为例拆解一下，如图 1-18 所示。

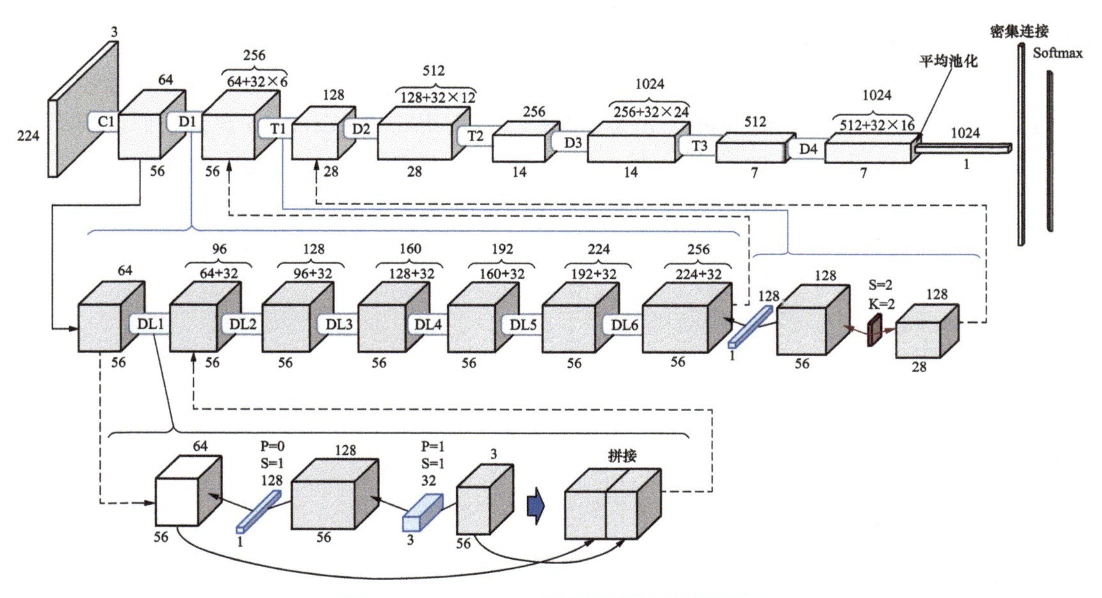

图 1-18 DenseNet 特征图拼接拆解示意

一张图片经过 C1 也就是卷积 + 池化处理之后，输出长宽均为 56、维度为 64 的特征图。接下来重点看 D1，也就是第一组 dense block 部分。特征图经过 DL1 也就是第一层的时候继续展开，经过 1×1 和 3×3 的卷积层后输出一个维度为 32 的特征图，然后与初始输入拼接得到 64+32=96 维的特征图作为下一层的输入，以此类推，最终得到一个 256 维的特征图。这样操作后，每层的输入其实就是由原始输入和前面各层的输出构成的，这就实现了密集连接。再后面的 T1 表示第一个 transition layer，一个 1×1 卷积层降维到原来的一半，然后平均池化层特征图尺度也减半。后面的操作就是重复这个过程。

梗老师：现在知道为什么 DenseNet 的密集连接有助于梯度传播了吗？

小　白：密集连接使得梯度更容易地从网络的末层传播到早期层，由于每层都可以直接访问前面层的梯度信息，因此解决了梯度逐渐减小的问题。

1.6.2 代码实现

了解了 DenseNet 的基本思想和结构设计之后，下面我们来看如何用代码实现其相关网络结构。

```
# 导入必要的库
import torch
import torch.nn as nn
import torch.nn.functional as F
from torchinfo import summary
```

先来定义最小单元 dense layer。前文提到，其包含一个 1×1 和一个 3×3 的卷积层。构造函数的参数依次为接收输入通道数 num_input_features、输出通道数 growth_rate、卷积层的缩放比例 bn_size。输入和输出的通道数好理解，缩放比例是什么呢？下面我们具体讲解一下。

每个 dense layer 包含两部分：第一部分是 1×1 卷积层，包括 BN、ReLU 和 1×1 卷积；第二部分是 3×3 卷积层，包括 BN、ReLU 和 3×3 卷积，分别用 nn.Sequential() 定义它们，刚刚提到的 bn_size 就用在这里，1×1 卷积层的输出是最终输出通道数的 bn_size 倍，3×3 卷积层的输入通道数就是这个数值，通过这种方式可以调整通道数。然后定义前向传播函数，依次经过这两个部分。最后注意使用 torch.cat() 也就是拼接操作，这是 DenseNet 最核心的思想所在，通过这种方式就能把特征图逐层传递下去。

```
# 定义dense block中的dense layer
class _DenseLayer(nn.Module):
    # 构造函数，接收输入通道数num_input_features，输出通道数growth_rate，卷积层的缩放比例bn_size
    def __init__(self, num_input_features, growth_rate, bn_size):
        super().__init__()
        # 定义第一个卷积层，包括BN层、ReLU激活函数和1×1卷积层
        self.conv1 = nn.Sequential(
            nn.BatchNorm2d(num_input_features),
            nn.ReLU(inplace=True),
            nn.Conv2d(num_input_features, bn_size * growth_rate, kernel_size=1,
stride=1, bias=False)
        )
        # 定义第二个卷积层，包括BN层、ReLU激活函数和3×3卷积层
        self.conv2 = nn.Sequential(
            nn.BatchNorm2d(bn_size * growth_rate),
            nn.ReLU(inplace=True),
            nn.Conv2d(bn_size * growth_rate, growth_rate, kernel_size=3, stride=1,
padding=1, bias=False)
        )

    # 定义前向传播函数
    def forward(self, x):
        # BN+ReLU+1×1卷积
        out = self.conv1(x)
        # BN+ReLU+3×3卷积
        out = self.conv2(out)
        # 将输入和输出进行拼接后返回结果
        return torch.cat([x, out], 1)
```

定义完 dense layer，再看一下由多个 layer 组成的 dense block。构造函数的参数依次为 dense layer 的数量 num_layers、输入通道数 num_input_features、卷积层的缩放比例 bn_size 和输出通道数 growth_rate（后 3 个参数是上面讲过的）。

接下来看具体实现。首先定义一个保存密集连接层的列表 layers，然后构建 num_layers 个密集连接层，每次循环都创建一个 dense layer，传入对应参数。注意，由于前面讲过的拼接操

作是有变化的，因此这里的输入通道数需要加上 i×growth_rate，i 是循环次数，这样是不是就能理解为什么要把输出通道数的变量名称为 growth_rate 了？本质上是因为输出都会拼接到后面。然后逐层添加到列表 layers 中，最后调用 nn.Sequential() 保存为 block。前向传播函数直接经过刚刚定义的 block 输出即可。

```
    # 定义dense block
    class _DenseBlock(nn.Module):
        # 构造函数，包含密集连接层的数量num_layers，输入通道数num_input_features，输出通道数
growth_rate，卷积层的缩放比例bn_size
        def __init__(self, num_layers, num_input_features, growth_rate, bn_size):
            super().__init__()

            # 保存密集连接层的列表
            layers = []
            # 构建num_layers个密集连接层
            for i in range(num_layers):
                # 构建一个密集连接层，其中输入通道数为num_input_features + i × growth_rate逐层递增
                layer = _DenseLayer(num_input_features + i * growth_rate, growth_rate,
bn_size)

                # 将构建好的密集连接层添加到列表中保存
                layers.append(layer)
            # 将所有密集连接层封装到Sequential中保存为block
            self.block = nn.Sequential(*layers)

        # 定义前向传播函数
        def forward(self, x):
            # 经过当前block输出即可
            return self.block(x)
```

定义 dense block 之后，接下来就是它们之间的 transition layer 了。这个比较简单，构造函数的参数就是输入通道数 num_input_features 和输出通道数 num_output_features。其中过渡层用于降维和调整特征图的尺度，包含一个 BN 层、ReLU 激活函数、1×1 卷积层、平均池化层。前向传播函数就是经过过渡层后输出。

```
    # 定义dense block之间的transition layer
    class _Transition(nn.Module):
        # 构造函数，输入通道数num_input_features，输出通道数num_output_features
        def __init__(self, num_input_features, num_output_features):
            super().__init__()
            # 定义一个过渡层，用于降维和调整特征图的size，包含BN+ReLU+1×1卷积+平均池化层
            self.trans = nn.Sequential(
                nn.BatchNorm2d(num_input_features),
                nn.ReLU(inplace=True),
                nn.Conv2d(num_input_features, num_output_features, kernel_size=1,
stride=1, bias=False),
                nn.AvgPool2d(kernel_size=2, stride=2)
            )

        # 定义前向传播函数
        def forward(self, x):
            # 经过过渡层后输出即可
            return self.trans(x)
```

完成前面的基础模块定义后，我们就可以实现 DenseNet 的主体部分了。构造函数的参数依

次为 dense block 的数量 block_config、输入通道数 num_input_features 默认为 64、输出通道数 growth_rate 默认为 32、卷积层的缩放比例 bn_size 默认为 4 和类别数 num_classes 默认为 1000。

第一部分包含一个 7×7 卷积层、BN 层、ReLU 激活函数、最大池化层。

接下来依次定义 dense block 和 Transition，分别对应第二部分和第三部分。先定义一个变量记录特征图通道数和一个保存网络结构的列表，再遍历每层 DenseBlock 的数量列表，循环中创建一个 dense block，依次传入所需参数，加入列表后计算特征图通道数并更新。然后是 transition layer 的实现。因为只有 dense block 之间需要 transition layer，所以这里加个 if 判断，如果不是最后一个 dense block 则添加一个 transition layer。定义 transition layer，输出特征图维度减半，添加到 layers，记录的数值也同样减半。最后添加一个 BN 层，调用 nn.Sequential()，这样就完成了 DenseNet 最主要的第二部分和第三部分了。

接下来是第四部分全连接层，输出对应的类别数。

最后是 forward() 函数，经过第一部分的卷积层、第二和第三部分的 dense block 和 transition layer、第四部分的平均池化层和全连接层，输出即可。

到这里 DenseNet 的结构就定义完成了，乍看可能有些复杂，建议大家将模型结构和代码关联起来反复理解，其中最难的部分其实就是维度对齐，弄明白这一点就会有豁然开朗的感觉。

```
# 定义DenseNet的网络结构
class DenseNet(nn.Module):
    # 构造函数，包含dense block的数量block_config，输入通道数num_input_features，输出通道数growth_rate，卷积层的缩放比例bn_size和类别数num_classes
    def __init__(self, block_config, num_init_features=64, growth_rate=32, bn_size=4, num_classes=1000):

        super().__init__()
        # 第一部分，7×7卷积+BN+ReLU+最大池化层
        self.features = nn.Sequential(
            nn.Conv2d(3, num_init_features, kernel_size=7, stride=2, padding=3, bias=False),
            nn.BatchNorm2d(num_init_features),
            nn.ReLU(inplace=True),
            nn.MaxPool2d(kernel_size=3, stride=2, padding=1)
        )

        # 下面依次定义dense block和transition layer，对应第二部分和第三部分
        num_features = num_init_features # 记录通道数
        layers = [] # 网络结构保存列表
        # 遍历每层dense block的数量列表
        for i, num_layers in enumerate(block_config):
            # 创建dense block，其中包含num_layers个dense layer
            block = _DenseBlock(num_layers=num_layers, num_input_features=num_features,
                                growth_rate=growth_rate, bn_size=bn_size)
            layers.append(block)
            num_features = num_features + num_layers * growth_rate # 更新特征图维度
            # 如果不是最后一个dense block，则添加一个transition layer，特征图维度除以2
            if i != len(block_config) - 1:
                trans = _Transition(num_input_features=num_features, num_output_features=num_features // 2)
```

```
                layers.append(trans)
                num_features = num_features // 2
        # 添加一个BN层
        layers.append(nn.BatchNorm2d(num_features))
        # 调用nn.Sequential完成第二部分和第三部分
        self.denseblock = nn.Sequential(*layers)

        # 第四部分，全连接层
        self.classifier = nn.Linear(num_features, num_classes)

    # 定义前向传播函数
    def forward(self, x):
        # 第一部分
        features = self.features(x)
        # 第二、三部分
        features = self.denseblock(features)
        # ReLU
        out = F.relu(features, inplace=True)
        # 第四部分，平均池化+全连接层
        out = F.avg_pool2d(out, kernel_size=7, stride=1).view(features.size(0), -1)
        out = self.classifier(out)
        # 输出
        return out
```

下面要做的是封装函数，分别对应 4 个模型 DenseNet-121、DenseNet-161、DenseNet-169、DenseNet-201，其中通过参数 num_classes 可以自行设置类别数，block_config 表示每个 DenseBlock 里有多少个 dense layer，这些数值与表 1-3 中的对应数值一致，大家可以自行对照查看。

```
# 封装函数对应4个模型，num_classes表示类别数
# 其中数值与论文中的数值一致
def densenet121(num_classes=1000):
    return DenseNet(block_config=(6, 12, 24, 16), num_init_features=64,
                    growth_rate=32, num_classes=num_classes)

def densenet161(num_classes=1000):
    return DenseNet(block_config=(6, 12, 36, 24), num_init_features=96,
                    growth_rate=48, num_classes=num_classes)

def densenet169(num_classes=1000):
    return DenseNet(block_config=(6, 12, 32, 32), num_init_features=64,
                    growth_rate=32, num_classes=num_classes)

def densenet201(num_classes=1000):
    return DenseNet(block_config=(6, 12, 48, 32), num_init_features=64,
                    growth_rate=32, num_classes=num_classes)
```

接下来我们看一下网络结构，以 DenseNet-121 为例，调用 torchinfo.summary() 查看刚刚实现的模型信息，可以看到第一部分是卷积层和最大池化层，第二和第三部分依次是 dense block 和 transition layer，第四部分是全连接层，同时还能看到对应的参数量。

```
# 查看模型结构及参数量，input_size表示示例中输入数据的维度信息
summary(densenet121(), input_size=(1, 3, 224, 224))
```

同样还有更现成的方法，PyTorch 的 torchvision.models 也集成了 DenseNet 模型，可以直接使用。对比输出的模型结构，和前面手动实现的网络是一致的，并且其参数量和前面也完全一

样，这样能更简单地使用 DenseNet。如果大家感觉代码实现部分理解起来比较费劲，可以直接使用现成的代码，着重理解其中的设计思想即可。

```
# 查看torchvision自带的模型结构及参数量
from torchvision import models
summary(models.densenet121(), input_size=(1, 3, 224, 224))
```

1.6.3　模型训练

最后看一下模型训练，只需要把定义的部分替换成刚刚实现的 DenseNet-121 模型，其他都不变。输出的损失和准确率曲线如图 1-19 所示，训练 200 个 epoch 之后，测试集上的准确率达到了约 63.9%，这里使用的是参数量最少的 DenseNet-121 模型，大家可以自行调整模型和参数进一步实验。

```
# 定义模型、优化器、损失函数
model = densenet121(num_classes=102).to(device)
optimizer = optim.SGD(model.parameters(), lr=0.002, momentum=0.9)
criterion = nn.CrossEntropyLoss()

# 其他部分与AlexNet代码一致
# ...
100%|██████████████| 200/200 [2:18:16<00:00, 41.48s/it]
```

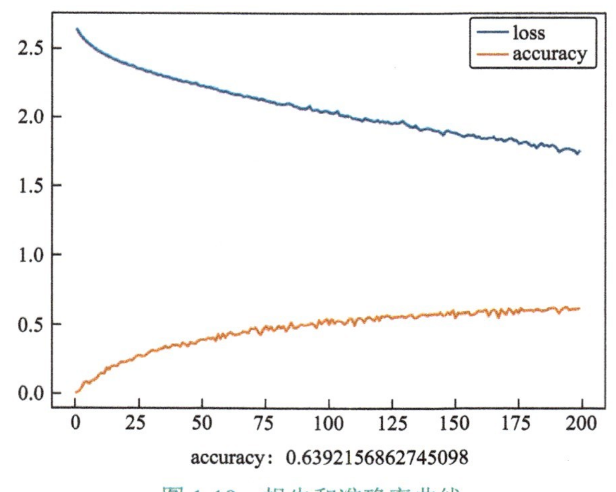

图 1-19　损失和准确率曲线

1.6.4　小结

在本节中，我们详细讲解了经典的卷积网络 DenseNet，包括 dense block 的结构以及整体网络，并进行了详细拆解；随后展示了它的代码实现，包括 dense block、transition layer 以及总体结构定义，并与 torchvision 中集成的模型进行了对比；最后使用 Flowers102 数据集训练模型，并测试了其性能。

在本章中，我们由浅入深地讲述了在 CNN 发展历程中占据重要地位的 6 个模型的原理并给出了相应的代码实现，希望大家能够从中体会到这些模型背后所蕴含的思想演变，以及如何将一个想法最终转化为代码实现。在深度学习的攀登之路上，只有多多实践，才能更深入地理解这些原理和方法。加油！

第 2 章

复杂循环神经网络：为记忆插上翅膀

在《破解深度学习（基础篇）：模型算法与实现》一书中，我们详细探讨了处理序列数据的神经网络——循环神经网络（RNN）。RNN 被提出以后，发展迅速，应用场景繁多，衍生出了各种变体。本章我们将按照从简单到复杂的顺序来讨论一些最重要、最具影响力的改进版 RNN 模型。

图 2-1 简要列出了不同 RNN 模型的发展里程碑。传统 RNN 只能沿着从过去到现在的单方向处理信息，而双向 RNN（BiRNN）则同时考虑了过去和未来的信息。另外，随着深度学习的崛起，RNN 也在向网络更深的方向演进，提出了深度 RNN（DeepRNN）。

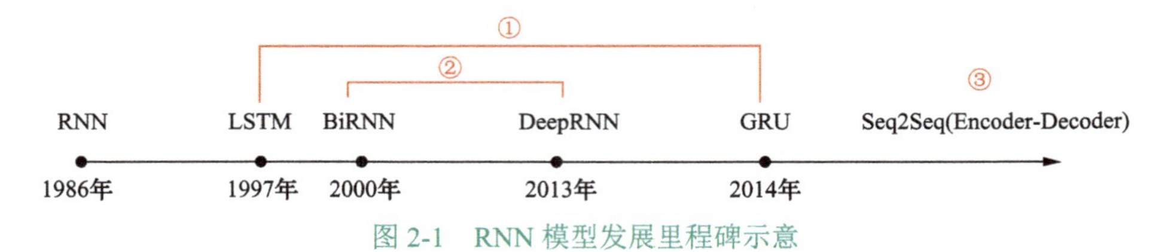

图 2-1　RNN 模型发展里程碑示意

无论双向 RNN 还是深度 RNN，都是网络结构上的复杂化，我们将在 2.1 节对它们进行详细比较。在 2.2 节，我们会着重讨论传统 RNN 模型中常见的长期依赖问题。随后，我们会在 2.3 节将介绍 LSTM 网络及其变体 GRU，这两种模型都是为了解决 RNN 在训练过程中容易出现梯度消失和梯度爆炸问题而提出的，通过引入“门”结构，使得网络可以更好地学习长期依赖，直至今日，它们仍是处理序列问题的主流模型。在 2.4 节中，我们会给出上述 4 种模型的代码实现，并对比它们的异同。在《破解深度学习（基础篇）：模型算法与实现》介绍过的 Seq2Seq 模型其实也可以被认为是 RNN 模型发展过程中的一种重要变体，但考虑到它更多是借助编码器-解码器思想来实现的，本章不再重复讨论。

为了便于加深理解，我们以日常生活中的读书为例，形象化地类比 3 种不同类型神经网络的发展思路。

- 结构复杂化（双向 RNN 或深度 RNN）。假设你正在读一本悬疑侦探小说，可能需要先读到末尾，以了解整体故事情节，再回到之前的章节，以获取更多线索，这就像双向 RNN，同时考虑过去和未来的信息。如果这本书非常深奥且有多层含义，你可能需要反复阅读，才能完全理解，这就像深度 RNN，通过多层网络结构来处理信息。

- 增加特殊结构（LSTM 或 GRU 的门结构）。当阅读一本书时，如果遇到一些重要部分，你可能会做标记或者记笔记，这就像LSTM的门结构，它决定了哪些信息需要保留（遗忘门），哪些新信息需要添加（输入门），以及哪些信息输出到下一个隐状态（输出门）。
- 多 RNN 结构组合（编码器－解码器）。阅读一本外文书时，你可能需要先理解书中的语句（编码过程），然后将其翻译成自己的语言（解码过程）。尽管理解和翻译这两个过程本身可能是简单的，但是当把它们结合起来时，就能完成更复杂的任务，这就像 Seq2Seq 模型，先将输入序列编码成固定的上下文向量，再将这个向量解码成输出序列。

带着以上思考去学习本章内容，之后再反复体会，相信这样能加深你的理解。

2.1 双向RNN和深度RNN

RNN 通过添加隐变量处理时间序列信息，但是经典 RNN 模型中只有一条沿时间方向的单向链条，这限制了它的处理能力。双向 RNN 把单链变成双链，某种程度上，它从沿着时间轴的“纵向”角度扩展了传统 RNN 结构。深度学习的特色就是网络层级足够深，CNN 动辄成百上千层，RNN 没那么夸张，但也毫不示弱，从这个意义上说，深度 RNN 从“横向”角度扩展了 RNN 结构。在本节中，我们就来介绍这一纵一横两种 RNN 变体网络。

2.1.1 双向RNN

在传统的单个因果 RNN 结构中，时刻 t 的状态只能从过去的序列 $\boldsymbol{x}_1,\cdots,\boldsymbol{x}_{t-1}$ 及当前输入 $\boldsymbol{x}_t$ 获得信息。然而，在许多应用中，输出预测 $\boldsymbol{y}_t$ 可能依赖整个输入序列。例如，语音识别中，当前声音作为音素的正确解释可能取决于未来多个因素，甚至多个词；在自然语言处理的文本分类中，也常常需要捕获序列中上下文之间的关系。上述这些情况下，单向 RNN 无法满足需求，双向 RNN 应运而生。双向 RNN 结构如图 2-2 所示。

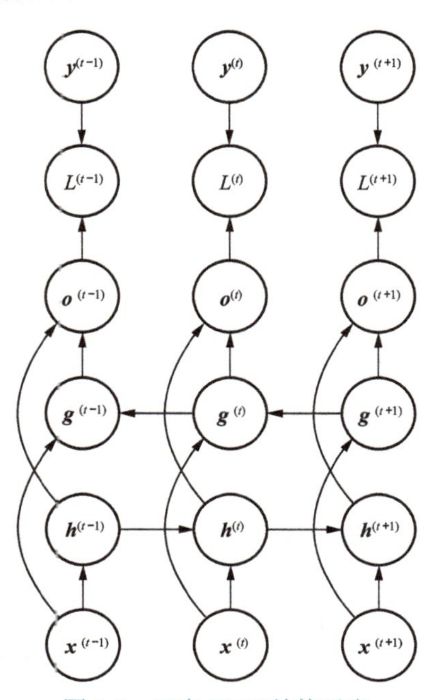

图 2-2 双向 RNN 结构示意

可以看到，双向 RNN 就是两个互相叠加的 RNN 结构。时刻t的输出不仅取决于之前的信息，还取决于未来的信息。每个时刻有一个输入，隐藏层有两个节点向量，一个向量$\boldsymbol{h}_t$进行前向计算，另一个向量$\boldsymbol{g}_t$进行反向计算，输出层由这两个值决定。从下面的式子可以看出，前向计算和反向计算的权重不共享，即一个单层的双向 RNN 共有 6 个权重矩阵（前向$\boldsymbol{U}$、$\boldsymbol{V}$、$\boldsymbol{W}$，反向$\boldsymbol{U}'$、$\boldsymbol{V}'$、$\boldsymbol{W}'$）和 3 个权重向量（$\boldsymbol{b}$、$\boldsymbol{b}'$、$\boldsymbol{c}$）。

$$\boldsymbol{h}_t = f(\boldsymbol{U}\boldsymbol{x}_t + \boldsymbol{W}\boldsymbol{h}_{t-1} + \boldsymbol{b})$$
$$\boldsymbol{g}_t = f(\boldsymbol{U}'\boldsymbol{x}_t + \boldsymbol{W}'\boldsymbol{g}_{t+1} + \boldsymbol{b}')$$
$$\boldsymbol{o}_t = \phi(\boldsymbol{V}\boldsymbol{h}_t + \boldsymbol{V}'\boldsymbol{g}_t + \boldsymbol{c})$$

训练过程

下面我们来看看如何训练双向 RNN。你可能会好奇，下个时刻的隐状态属于未来的状态，系统在计算时，如何能够用未来状态作为输入呢？具体可以通过计算两遍 RNN 实现，如图 2-2 所示。

网络首先进行前向传播，从初始时间步到最终时间步，计算正向隐状态$\boldsymbol{h}(t)$。这些状态被按照时间顺序计算和存储，形成一个从时间步 $t=1$ 到 $t=T$ 的序列。随后，网络进行反向传播，从最终时间步到初始时间步，计算反向隐状态 $\boldsymbol{g}(t)$。这些状态以相反的时间顺序被计算和存储，形成一个从时间步$t=T$到$t=1$的序列。每个时间步的输出$\boldsymbol{y}(t)$通过结合对应的前向隐状态$\boldsymbol{h}(t)$和反向隐状态$\boldsymbol{g}(t)$来计算。

在训练过程中，使用沿时间反向传播（backpropagation through time，BPTT）算法来更新模型的权重。这个过程包括从输出层开始先对输出误差进行反向传播，然后对每个时间步的前向隐状态和反向隐状态进行反向传播。完成前向隐状态和反向隐状态的误差传播后，网络中的权重才被更新。这样确保了网络在学习时考虑信息的双向流动，可使模型捕获到时间序列数据中的前后依赖关系。

双向 RNN 的一个关键特性是使用来自序列两端的信息估计输出。它的优点是充分利用了上下文的信息，但实践中问题不少。

首先，虽然在训练期间能够利用过去和未来的数据估计现在空缺的数据，但是在测试期间只有过去的数据，因此精度会很差。

其次，双向 RNN 的计算速度非常慢。主要原因是网络的前向传播需要在双向层中进行前向和后向递归，并且网络的反向传播还依赖前向传播的结果。因此，梯度求解链条非常长。

正是因为上述原因，双向层在实践中仅应用于部分场景，例如填充缺失词、命名实体识别时的词元注释，以及作为序列处理流水线的一个步骤对序列进行编码。

2.1.2　深度RNN

传统 RNN 在捕获数据长期依赖关系方面受限较多，而这恰恰是深层结构所擅长的。一般来说，深度分层模型比浅层模型更有效率，其表征能力更为强，这一点在 CNN 中已经被充分证明，同样的思想迁移到 RNN 上，显然是顺理成章。

通过堆叠多层结构，更深的 RNN 有可能捕获数据中的复杂模式，并更好地处理长期依赖关系。当然，问题难点就变成了如何引入深层结构，因为如果引入不当就会加重过拟合、梯度消失、梯度爆炸、长期依赖等问题。我们来看看具体思路。

RNN 在每个时间步的迭代都发生在以下 3 处，如图 2-3 所示。

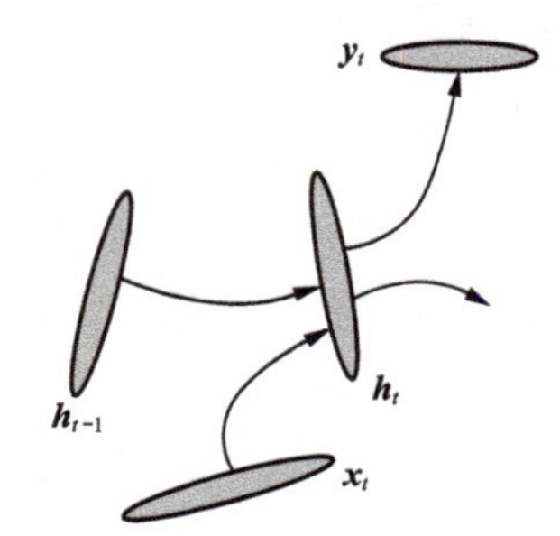

图 2-3　RNN 输入输出示意

- 从前一时刻状态$\boldsymbol{h}_{t-1}$到当前时刻状态$\boldsymbol{h}_t$。

- 从输入到隐状态，即x_t到h_t。
- 从隐状态到输出，即h_t到y_t。

在传统 RNN 中，这 3 处都没有中间层，变换函数都是线性变换紧跟着一个非线性函数，也就是浅层变换。

$$h_t = f_h(x_t, h_{t-1}) = \phi_h(W^\top h_{t-1} + U^\top x_t)$$

$$y_t = f_o(h_t, x_t) = \phi_o(V^\top h_t)$$

因此，可以考虑在这 3 处加入更多中间层，以提高网络对于复杂非线性的表征能力。我们来看按照这个思路改进的 RNN 变体。

1. 深度转移 RNN

深度转移 RNN（deep transition RNN，DT-RNN）中的 Transition 指的是状态转移或状态变换。

如图 2-4 所示，深度转移 RNN 在第一处状态h_{t-1}到状态h_t和第二处输入x_t到状态h_t连接的地方加入更多黄色椭圆表示的中间层。这样做有什么好处呢？一方面，它允许 RNN 的隐变量h_t适应输入模式x_t的快速变换；另一方面，保留对过去序列的提炼和总结。换言之，既能适应新变化，又不忘总结过去。这种高度非线性的变换可以通过若干多层感知机（Multi Layer Perception，MLP），也就是全连接层来实现。

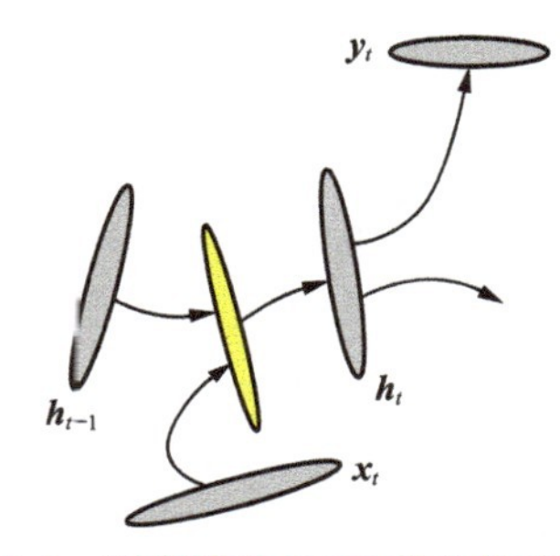

图 2-4　深度转移 RNN 输入输出示意

加入中间层后，状态转移函数的公式呈现为多层迭代的形式：

$$h_t = f_h(x_t, h_{t-1}) = \phi_h(W_L^\top \phi_{L-1}(W_{L-1}^\top \phi_{L-2}(\cdots \phi_1(W_1^\top h_{t-1} + U^\top x_t))))$$

其中，第一层的状态转移矩阵是W_1，激活函数是ϕ_1，以此类推，第L层的状态转移矩阵是W_L，激活函数是ϕ_L。

加入深度转移的中间层有好处，但也带来了新问题：增加了损失的梯度和沿时间反向传播时所需遍历的非线性步数。因此，训练该模型时，捕获长期依赖关系变得更具有挑战性。为了解决这个问题，科学家提出了改进版的 DT(S)-RNN。

2. 快捷连接深度转移 RNN

快捷连接深度转移 RNN（deep transition RNN with shortcut，DT-RNN-S）如图 2-5 所示，它引入了类似红色箭头表示的快捷连接（shortcut），在损失反向传播的时候，让梯度能通过 shortcut 跳过黄色椭圆表示的中间层沿时间反向传播。

3. 深度输出转移 RNN

深度输出转移 RNN（deep output transition RNN，DOT-RNN）是深度 RNN 的另一种变体。

如图 2-6 所示，深度输出转移 RNN 既包含下边黄色椭圆表示的深度转移（deep transition），又增加了上边黄色椭圆表示的深度输出（deep output），这样可以更好地逼近从状态$\boldsymbol{h}_t$到输出$\boldsymbol{y}_t$间各种复杂的非线性变换。

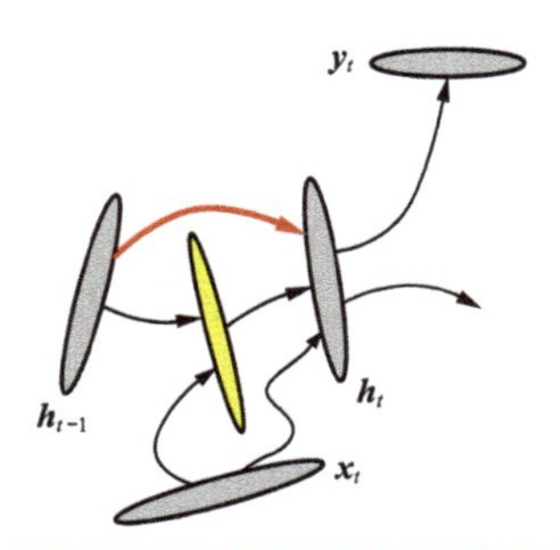

图 2-5　快捷连接深度转移 RNN 输入输出示意

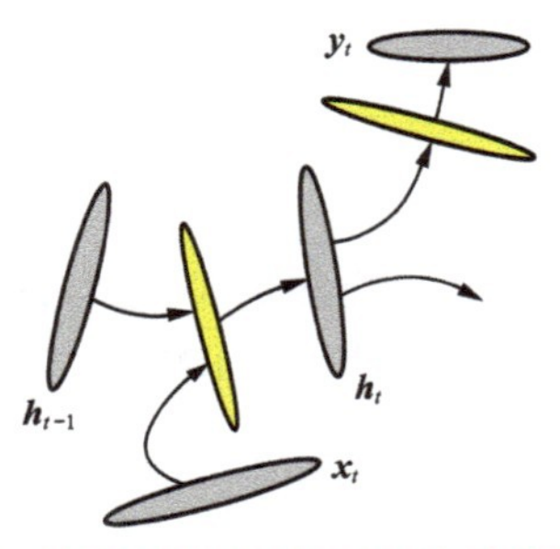

图 2-6　深度输出转移 RNN 输入输出示意

此时，输出$\boldsymbol{y}_t$的计算公式如下：

$$\boldsymbol{y}_t = f_o(\boldsymbol{h}_t) = \phi_o(\boldsymbol{V}_L^{\top}\phi_{L-1}(\boldsymbol{V}_{L-1}^{\top}\phi_{L-2}(\cdots\phi_1(\boldsymbol{V}_1^{\top}\boldsymbol{h}_t))))$$

其中，第一层的状态转移矩阵是$\boldsymbol{V}_1$，激活函数是ϕ_1。以此类推，第L层的状态转移矩阵是$\boldsymbol{V}_L$，激活函数是ϕ_o。

4. 堆叠 RNN

堆叠 RNN（stacked RNN），顾名思义，就是将多个循环隐藏层叠加起来。

如图 2-7 所示，堆叠 RNN 多了橙色椭圆表示的$\boldsymbol{z}_{t-1}$和$\boldsymbol{z}_t$。也就是说，隐状态不是只有一层$\boldsymbol{h}$，而是多了一层$\boldsymbol{z}$。通过堆叠 RNN，可以鼓励每个递归层在不同时间尺度上运行，因为堆栈中每层都是在上一层的输出上运行。这意味着，底层先接收输入，可以比更高层更快地处理，进而让网络能在多个时间尺度上提取信息。较低隐藏层提取低级简单特征，较高隐藏层提取高级抽象特征。

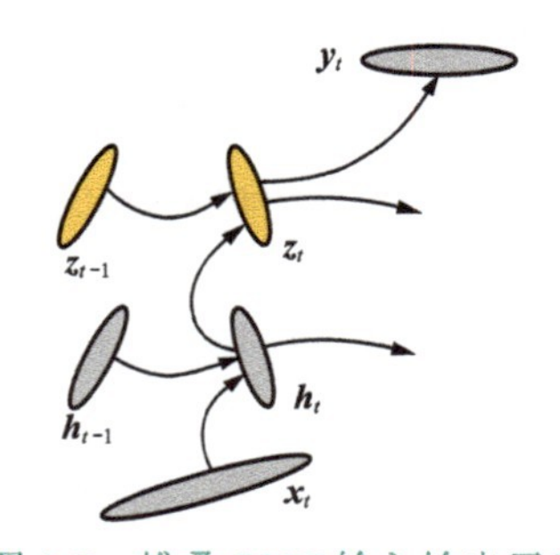

图 2-7　堆叠 RNN 输入输出示意

从状态转移公式看，l 层中t时刻的状态$\boldsymbol{h}_t^{(l)}$既与同层前一时刻的状态$\boldsymbol{h}_{t-1}^{(l)}$有关，也与低一层当前时刻的状态$\boldsymbol{h}_t^{(l-1)}$有关。这两个状态转移矩阵分别是$\boldsymbol{W}$和$\boldsymbol{U}$。

$$\boldsymbol{h}_t^{(l)} = f_h^{(l)}(\boldsymbol{h}_t^{(l-1)}, \boldsymbol{h}_{t-1}^{(l)}) = \phi_h(\boldsymbol{W}_l^{\top}\boldsymbol{h}_{t-1}^{(l)} + \boldsymbol{U}_l^{\top}\boldsymbol{h}_t^{(l-1)})$$

到这里，你可能会问：既然都是提高网络的表征能力，那么深度转移 RNN 的层数足够多时，是否可以表征堆叠 RNN 呢？反之是否亦然？

如图 2-8 所示，尽管深度转移 RNN 和堆叠 RNN 都旨在提高网络处理序列数据的能力，但它们在结构上不同，服务于不同的目的。堆叠 RNN 通过在时间维度上增加层数来处理序列中的多时间尺度信息，而单层深度转移 RNN 则不能。然而，通过将深度转移 RNN 层堆叠起来，我们可以创建一个网络，它既能够利用深度转移 RNN 在单个时间步内提供的深度表征能力，也能够像堆叠 RNN 那样捕获时间序列中的长期依赖关系。

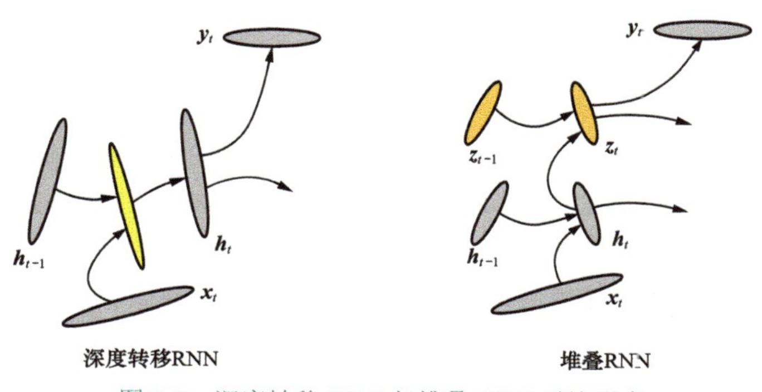

图 2-8 深度转移 RNN 与堆叠 RNN 对比示意

梗老师：学完与 RNN 相关的这些知识，遇到问题时，你知道如何选择了吗？

小　白：要看具体任务吧，如果需要考虑上下文信息，就用双向 RNN，如果上下文之间存在复杂的时间依赖关系，就用深度 RNN。

2.1.3 小结

在本节中，我们首先介绍了双向 RNN。传统 RNN 虽然能够处理序列数据，但其对特征的捕获是单向的，因此难以有效提取上下文关系。为了改善这一状况，双向 RNN 通过将两个叠加的方向相反的结构进行组合来实现对序列的双向处理。训练过程涉及两次 RNN 计算，对输入进行翻转以实现这种双向效果。然而，尽管双向 RNN 的改进思路是正确的，但其方式相对较为直接和粗暴，导致效果受限。此外，双向 RNN 模型结构只是简单地堆砌层级，这使得训练代价高，梯度求解链条过长，训练速度较慢。因此，双向 RNN 很快就被后续更优的改进版所取代。尽管如此，在某些特定场景中，双向 RNN 仍然具有一定的实用价值，而且这种研究问题的思维方式是值得借鉴的。

接着，我们讲解了深度 RNN。简单来说，深度 RNN 在传统 RNN 模型结构上增加了浅层变换结构的隐藏层，以实现对复杂特征的有效捕获和处理。我们具体讲解了三类共四种不同的改进方式。模型结构的变换是深度学习迭代演化的重要抓手，但并不只是增加层级那么简单，需要仔细思考如何增加以及如何更好地适应特定问题，希望大家在学习中能够逐渐体会到这种变换的重要性和灵活性。

2.2 RNN长期依赖问题

作为一种专门处理序列数据的神经网络，RNN 具有独特的特性，其变量状态不仅受到当前输入的影响，也受到前一时刻状态的影响，这使得网络模型变得更为复杂。尽管它增强了处理能力，但同时也带来了挑战。在本节中，我们将深入探讨其中最为关键的挑战：长期依赖问题。

2.2.1 什么是长期依赖

如果从“这块巧克力真……？”中预测下一个词，很容易得出“香”这个结果。但如果有一个句子“我从小在美国长大。我的妈妈是中国人，所以上了中学后我就和全家人一起来到了中国，在这里上学，在这里生活，这是我的第二故乡。我能够说一口流利的……”，让机器根据这个句子来预测下一个词，是不是就比较难预测了？因为出现了长期依赖，预测结果要取决于很长时间之前的信息。序列可能相当长，因此依赖关系也可能相当长。以图 2-9 为例，预测$\boldsymbol{h}_{t+1}$时，可能把开始的信息都忘记了。

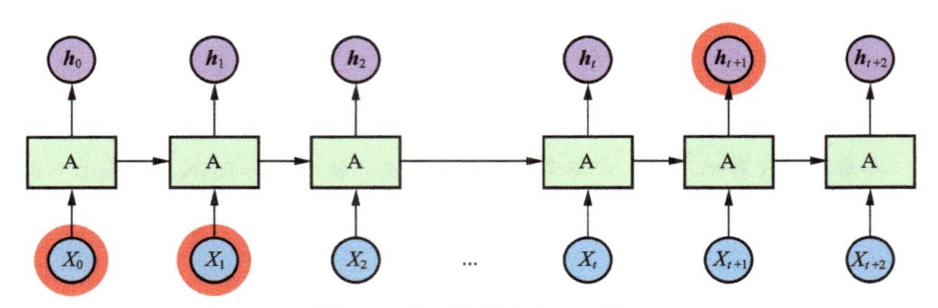

图 2-9 长期依赖效果示意

理论上，如果记住所有状态的话，RNN 是有能力处理这种长期依赖的。但实践中，这在计算上不可行，因为所需的时间和内存都太多了，序列长度很容易达到成百上千。因此，RNN 面临巨大挑战，很可能会导致长期记忆失效。为了更好地理解解决之道，我们深入分析一下其中的机理。

2.2.2 长期记忆失效原因

为了方便起见，先来看一个简化的 RNN 线性模型，如图 2-10 所示。假定循环连接是非常简单的，去掉了非线性激活函数。

这使得 RNN 的函数组合非常像矩阵乘法，即

$$\boldsymbol{h}^{(t)}=\boldsymbol{b}+\boldsymbol{W}\boldsymbol{h}^{(t-1)}+\boldsymbol{U}\boldsymbol{x}^{(t)}$$

以《破解深度学习（基础篇）：模型算法与实现》中讲过的经典 RNN 模型为例，从$\boldsymbol{h}_0$开始

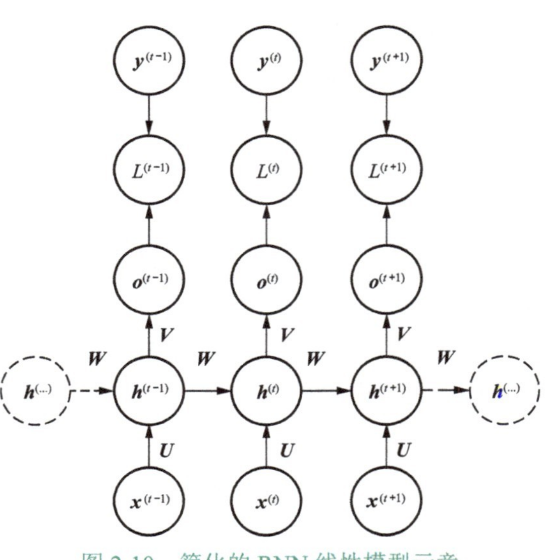

图 2-10 简化的 RNN 线性模型示意

逐层迭代到$\boldsymbol{h}_t$时，$\boldsymbol{h}_0$前面的系数就是$\boldsymbol{W}$的t次方。此时如果$\boldsymbol{W}$特征值的幅值很小，那么$\boldsymbol{W}$的t次方的特征值就会衰减到 0，也就是说，$\boldsymbol{h}_0$时刻的信息几乎被遗忘，因此导致了长期记忆失效。这和我们讲过的深层全连接网络梯度消失问题是十分类似的。不仅如此，当$\boldsymbol{W}$特征值的幅值大于 1 时，连乘后有可能发生梯度爆炸，所以 RNN 这种结构会导致类似于蝴蝶效应的现象，即初始条件的很小变化就会使结果发生显著的改变。这对于我们想要估计的模型是非常有挑战的，一不小心就会导致结果失败。因此，完全计算所有时间步的 RNN 执行起来是十分困难的。好的模型应该是高稳定、易收敛、泛化能力强的，那么有什么改进策略吗？

有读者可能会问，这里做了简化了啊，不同的激活函数会不会有效，比如 ReLU 函数？《破解深度学习（基础篇）：模型算法与实现》中讲全连接网络梯度消失和梯度爆炸时，的确是用激活函数来解决的，在 RNN 中能否使用 ReLU 作为损失函数呢？当然可以，但即使采用了 ReLU 函数，只要$\boldsymbol{W}$不是单位矩阵，在经历了t层沿时间方向的梯度传递后，依然会出现$\boldsymbol{W}$的t次方这样的指数形式，梯度还是会出现消失或者爆炸的情况。换句话说，RNN 对矩阵$\boldsymbol{W}$的初始值敏感，十分容易引发数值问题。

你可能会问，为什么 CNN 中不会出现这样的问题呢？这是因为 CNN 中每层的卷积权重不同，并且初始化时它们是独立同分布的，所以可以相互抵消，经过多层之后一般不会出现严重的数值问题。而 RNN 中不同隐藏层之间是公用的权值矩阵$\boldsymbol{W}$，因此即使采用 ReLU 作为 RNN 中隐藏层的激活函数，也只有当$\boldsymbol{W}$的取值在单位矩阵附近时才能有较好效果。

那么有没有其他办法呢？在 2.3 节中，我们将介绍各种 RNN 的变体。这里先介绍一种比较简单的解决思路：截断时间步。

2.2.3 截断时间步

既然 RNN 经典的沿时间反向传播（BPTT）算法对单个参数的更新代价过高，那么是不是可以截断训练数据呢？

举个例子，对长度为 1000 的输入序列进行反向传播，其代价相当于 1000 层的神经网络进行前向和反向传播。如果将输入序列切分成 50 个长度为 20 的句子，然后将每个长度为 20 的句子单独训练，那么计算量就会大大降低。

但是，该方法只能学习每个被切分部分内部的依赖关系，而无法看到 20 个时间步之外的更多时间序列依赖关系。为此，人们提出了沿时间截断反向传播（truncated back propagation through time，TBPTT）算法。

如图 2-11 所示，在 TBPTT 中，每次处理一个时间步时，前向传播k_1步，反向传播k_2步。如果k_2比较小，那么其计算代价将会降低。这样，它的每个隐藏层状态可能经过多次时间步迭代计算产生，也包含了更多更长的过去信息，在一定程度上避免了简单方法中无法获取截断时间步之外信息的问题。

那么，如何选择k_1、k_2呢？先来思考它们具有什么作用。对k_1而言，每经过k_1时间步的前向传播，就对参数进行一次更新，因此它控制着参数的更新频率，也影响着训练速度。k_2是指需要进行沿时间反向传播的时间步数，一般来说，它需要大一些，以便获取更多的时间序列信息，但是过大又会引起梯度数值问题，因此大家在实践中需要根据具体情况合理选取。

算法：

1. for t from 1 to T do：
2. 　Run RNN for one step, computing h_t and y_t
3. 　if t mod k_1==0：
4. 　　Run BPTT from t down to t−k_2

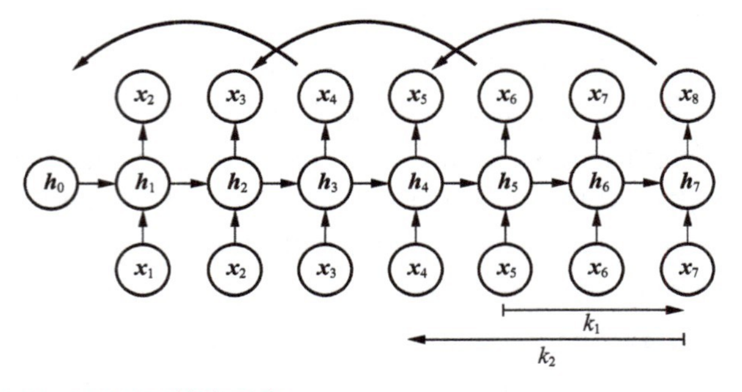

图 2-11　TBPTT 算法示意

2.2.4　小结

在本节中，我们详细讨论了 RNN 中常见的长期依赖问题，也就是难以预测距离现在较远时间步的信息。这个问题主要由 RNN 中权重矩阵$\boldsymbol{W}$导致的梯度消失或梯度爆炸引起。为了解决这个问题，我们可以采用沿时间截断反向传播算法，通过控制前向传播步数k_1和反向传播步数k_2，以降低计算代价并获得更多的时间序列信息。

2.3　长短期记忆网络及其变体

在 2.2 节中，我们探讨了 RNN 中的长期依赖问题。RNN 在处理长序列数据时，往往难以捕获序列前端的信息对后续元素的影响。例如，在一篇长文章中，文章开头的关键词对主题的整体影响可能在文章后半部分才显现，但 RNN 可能无法有效地记住并利用这些早期信息。长短期记忆（long-short term memory，LSTM）网络就是为解决这一问题而对 RNN 进行的改进。它通过引入特殊的结构（如遗忘门、输入门和输出门），能够在处理序列数据时更有效地保存和访问长期信息，从而更好地处理涉及长期依赖的任务。

2.3.1　核心思想

LSTM 的设计思路并不复杂。如图 2-12（a）所示，对于 RNN，由于其结构所限，网络很难在长时间序列中保留重要信息。随着时间的推移，早期的信息会逐渐淡出，这导致了所谓“短期记忆”问题，即网络对序列中早期元素的记忆迅速减弱。如图 2-12（b）所示，LSTM 通过一系列门控机制（如遗忘门、输入门和输出门）共同决定每个时间步中哪些信息应该传递、哪些应该遗忘，即使在较长的序列中也能够保留关键信息（绿色的大方块），可以更有效地学习到长期依赖关系。

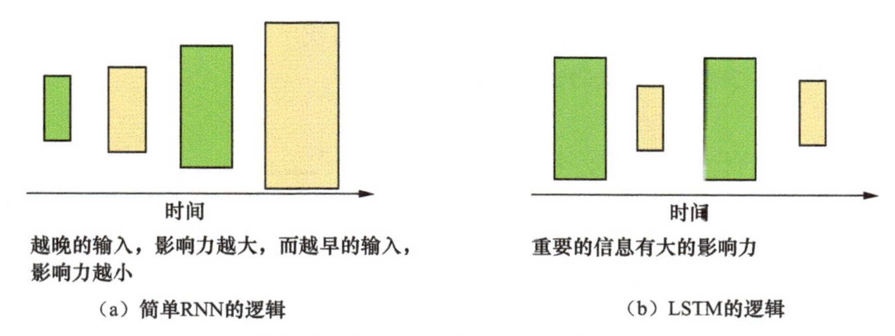

图 2-12 RNN 和 LSTM 权重逻辑示意

2.3.2 网络结构

先从宏观上比较一下 RNN 和 LSTM 的网络结构。

如图 2-13 所示，所有 RNN 都具有神经网络重复模块链的形式，重复模块用绿色框表示。在标准 RNN 中，重复模块具有相对简单的结构，当前时刻输入$\boldsymbol{x}_t$与前一时刻隐状态$\boldsymbol{h}_{t-1}$经线性组合后通过激活函数 tanh。

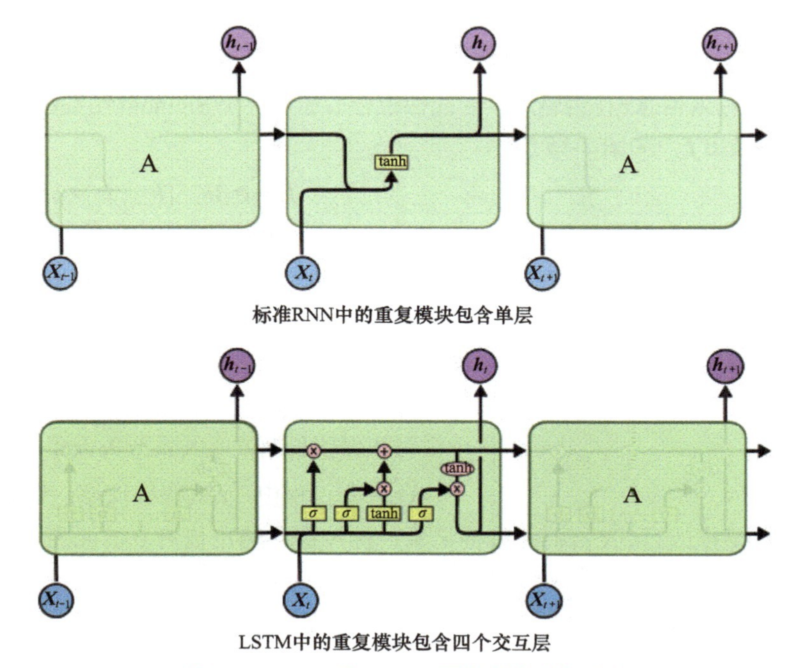

图 2-13 RNN 和 LSTM 网络结构对比示意

LSTM 也采用这种链状形式，但重复模块的结构不同，引入了更复杂的记忆单元。原来的 RNN 中隐藏层只有一条横向的隐状态链$\boldsymbol{h}$，对短期输入比较敏感。LSTM 增加一条状态链$\boldsymbol{C}$来保存长期状态，如图 2-14 所示。这个新增状态称为细胞状态或单元状态（cell state）。

如何控制长期状态$\boldsymbol{C}$呢？在任意时刻 t，我们需要确定 3 件事：

- $t-1$时刻传入的状态$\boldsymbol{C}_{t-1}$中有多少需要保留；
- 当前时刻的输入信息中有多少需要传递到$t+1$时刻；
- 当前时刻的隐藏层输出$\boldsymbol{h}_t$是什么。

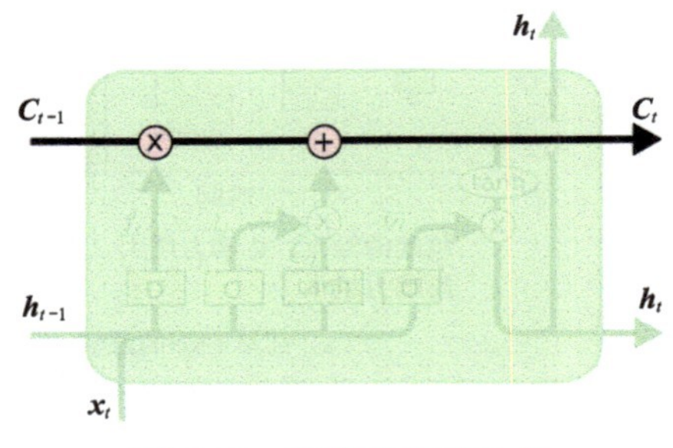

图 2-14　长期状态链示意

LSTM 设计了 3 种门结构控制信息的保留或丢弃：遗忘门（forget gate）、输入门（input gate）和输出门（output gate）。作为选择性通过信息的方式，每个门是由一个 Sigmoid 层及逐元素相乘运算组成的。如果把$\boldsymbol{h}$这个隐状态链比作每天发生的事情，也就是短期记忆，那么$\boldsymbol{C}$这条链就像日记，避免遗忘，保存长期记忆。遗忘门、输入门和输出门起到的作用分别可比作橡皮擦、铅笔和阅读输出。

下面我们分别来介绍。

2.3.3　遗忘门

遗忘门在 LSTM 中扮演着决策信息保留与否的关键角色。它接收上一个时间步的记忆状态$\boldsymbol{h}_{t-1}$和当前时间步的输入信息$\boldsymbol{x}_t$作为输入，经线性组合后通过一个 Sigmoid 函数σ把结果值压缩到 0 和 1 之间，得到输出 $\boldsymbol{f}_t$，如图 2-15 所示。

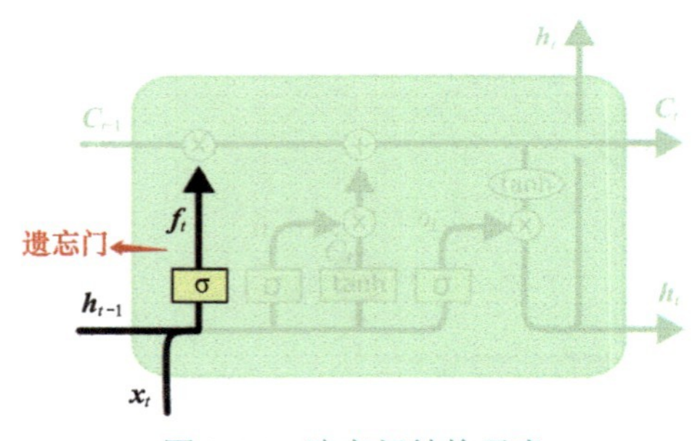

图 2-15　遗忘门结构示意

$$\boldsymbol{f}_t=\sigma(\boldsymbol{W}_f\cdot[\boldsymbol{h}_{t-1},\boldsymbol{x}_t]+\boldsymbol{b}_f)$$

这个输出值与记忆单元的先前状态$\boldsymbol{C}_{t-1}$进行逐元素相乘，即$\boldsymbol{f}_t\times\boldsymbol{C}_{t-1}$，以决定哪些信息将被继续保留在新的单元状态$\boldsymbol{C}_t$中。这个过程中，输出值 1 表示信息会被完全保留，而 0 则表示信息将被完全遗忘。通过这种方式，LSTM 可以有效地管理其长期记忆，这对于学习和保留长期依赖关系至关重要。

在这个过程中，$\boldsymbol{f}_t$就像橡皮擦，根据昨天记忆$\boldsymbol{h}_{t-1}$和今天输入$\boldsymbol{x}_t$决定要修改日记$\boldsymbol{C}_{t-1}$中的哪些记录。抹掉那些输出值为 0 的元素，就相当于选择性遗忘了部分记忆，因此也常常被称为遗忘门，它就像阀门一样，过滤出重要特征，忽略无关信息。

2.3.4　输入门

输入门$\boldsymbol{i}_t$和候选记忆单元$\tilde{\boldsymbol{C}}_t$共同作用决定哪些新信息被保留下来，如图 2-16 所示。

$$i_t = \sigma(W_i \cdot [h_{t-1}, x_t] + b_i)$$
$$\tilde{C}_t = \tanh(W_C \cdot [h_{t-1}, x_t] + b_C)$$

其中，输入门的 Sigmoid 层σ决定更新哪些值，tanh 层创建一个新的候选值向量$\tilde{C}_t$。注意，这步操作不是遗忘，而是相当于把这两天发生的事情进行梳理和归纳，因此，也常常被称为输入门，就是输入新日记。输入门i_t就像铅笔，再次根据昨天记忆h_{t-1}和今天输入x_t决定要在日记C_{t-1}上增加哪些记录。

遗忘门先用橡皮f_t在日记C_{t-1}上进行删减，然后输入门用铅笔i_t把新纪录$\tilde{C}_t$抄到日记C_t上，两步操作合并起来的公式如下：

$$C_t = f_t \times C_{t-1} + i_t \times \tilde{C}_t$$

就是先相乘再相加，这样就得到了新的日记C_t，如图 2-17 所示。

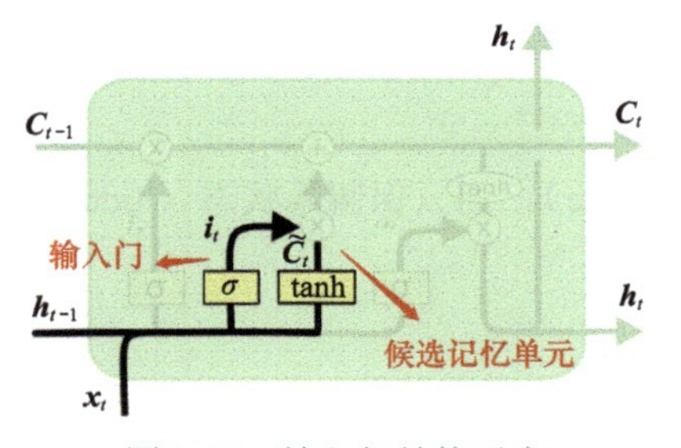

图 2-16 输入门结构示意

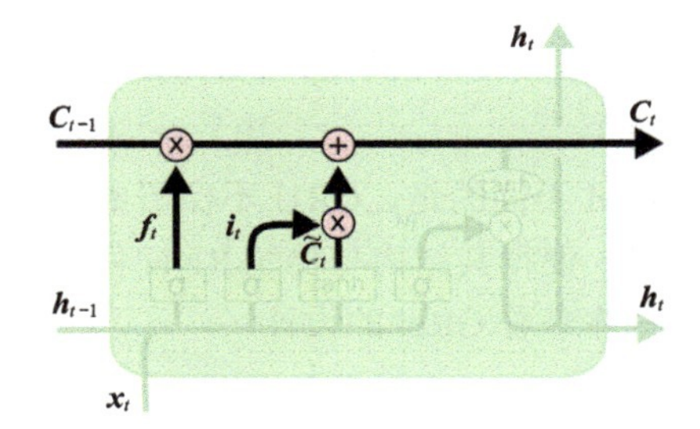

图 2-17 遗忘门和输入门两步合并运算示意

2.3.5 输出门

输出门o_t控制日记C_t上有多少信息被传递到隐状态输出h_t，如图 2-18 所示。

$$o_t = \sigma(W_o \cdot [h_{t-1}, x_t] + b_o)$$
$$h_t = o_t \times \tanh(C_t)$$

其中，Sigmoid 函数σ将h_{t-1}和当前时间步输入x_t的线性组合数据压缩到 0 和 1 之间，生成一个滤波器，告诉我们单元状态的每个部分中应该有多少被传递到输出。当前的单元状态C_t通过 tanh 函数处理，将其值归一化到 -1 和 1 之间，并与 Sigmoid 层的输出逐元素相乘得到输出h_t。这意味着只有 Sigmoid 层允许“通过”的单元状态的部分才会影响输出。这个输出将会用于 LSTM 单元的下一个时间步，并且也可能用于当前时间步的输出。

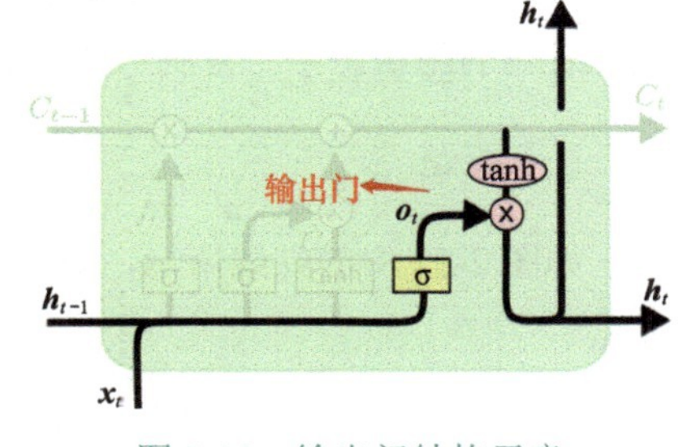

图 2-18 输出门结构示意

2.3.6 门控循环单元

门控循环单元（gated recurrent unit，GRU）是 LSTM 各种变体中非常流行的神经网络结构，由美国俄亥俄州立大学研究团队于 2014 年提出。相较于传统的 LSTM，GRU 的计算复杂度更低。在序列数据处理任务领域（如自然语言处理、机器翻译和语音识别等），GRU 表现优异，应用广泛，并取得了令人满意的效果。

GRU 将 LSTM 的三个门简化为两个，即重置门（reset gate）和更新门（update gate），如图 2-19 所示。

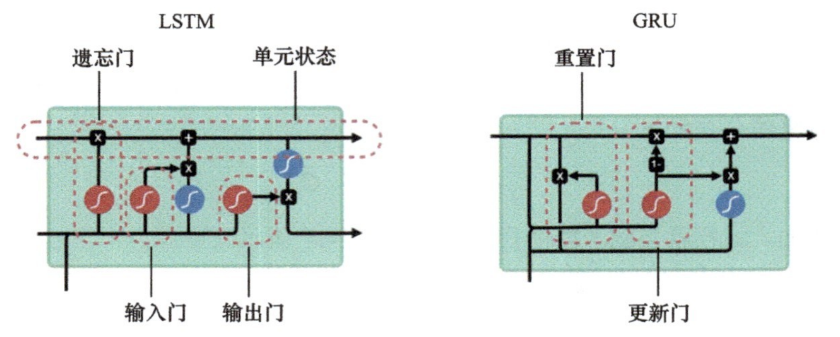

图 2-19　GRU 与 LSTM 结构对比示意

与 LSTM 不同的是，GRU 不保留单元状态（cell state），而只保留隐状态（hidden state）作为单元输出，使得其结构与传统 RNN 保持一致。

我们具体来看 GRU 的设计。

1. 重置门

如图 2-20 中的红线所示，重置门通过对输入$\boldsymbol{x}_t$和上一时刻隐状态$\boldsymbol{h}_{t-1}$进行计算来得到当前时刻的输出$\boldsymbol{r}_t$：

$$\boldsymbol{r}_t = \sigma(\boldsymbol{h}_{t-1} \cdot \boldsymbol{W}_r + \boldsymbol{x}_t \cdot \boldsymbol{U}_r + \boldsymbol{b}_r)$$

其中，$\boldsymbol{W}_r$和$\boldsymbol{U}_r$是权重矩阵，$\boldsymbol{b}_r$是偏置向量，σ是 Sigmoid 函数。输出$\boldsymbol{r}_t$的取值区间为$[0,1]$，表示从上一时刻的隐状态中“复制”的信息量。

2. 更新门

如图 2-21 中的红线所示，更新门也是根据输入$\boldsymbol{x}_t$和上一时刻隐状态$\boldsymbol{h}_{t-1}$来计算：

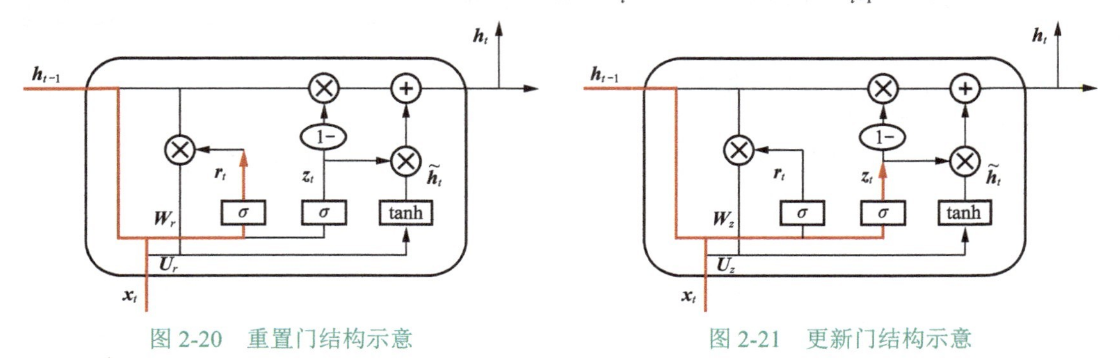

图 2-20　重置门结构示意　　图 2-21　更新门结构示意

$$z_t = \sigma(\boldsymbol{h}_{t-1} \cdot \boldsymbol{W}_z + \boldsymbol{x}_t \cdot \boldsymbol{U}_z + \boldsymbol{b}_z)$$

其中，$\boldsymbol{W}_z$和$\boldsymbol{U}_z$是权重矩阵，$\boldsymbol{b}_z$是偏置向量，σ是 Sigmoid 函数，z_t是当前时刻的更新门输出。输出值区间为 [0,1]，表示从上一时刻的隐状态中“更新”的信息量。

3. 候选隐状态

候选隐状态是 GRU 中的一个特色概念。候选隐状态 $\tilde{\boldsymbol{h}}_t$ 是由当前时刻的重置门输出$\boldsymbol{r}_t$、上一时刻的隐状态$\boldsymbol{h}_{t-1}$和当前时刻的输入$\boldsymbol{x}_t$通过权重矩阵$\boldsymbol{W}_h$和$\boldsymbol{U}_h$以及偏置向量$\boldsymbol{b}_h$计算，并经过双曲正切函数tanh后得到的，如图 2-22 所示。

$$\tilde{\boldsymbol{h}}_t = \tanh((\boldsymbol{r}_t * \boldsymbol{h}_{t-1}) \cdot \boldsymbol{W}_h + \boldsymbol{x}_t \cdot \boldsymbol{U}_h + \boldsymbol{b}_h)$$

其中，*表示逐元素相乘运算。

候选隐状态是 GRU 当前时刻隐状态的中间结果，它会与更新门输出z_t一起进一步计算隐状态$\boldsymbol{h}_t$，如图 2-23 所示。

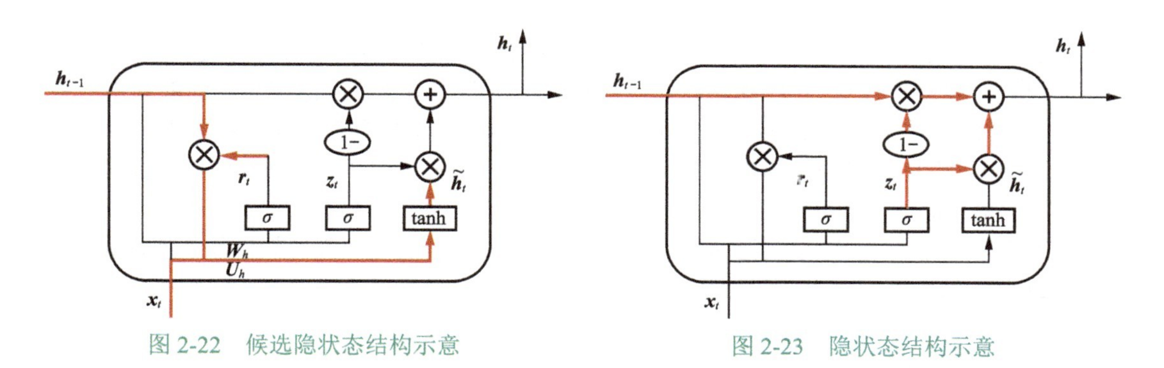

图 2-22　候选隐状态结构示意　　图 2-23　隐状态结构示意

$$\boldsymbol{h}_t = (1 - z_t) * \boldsymbol{h}_{t-1} + z_t * \tilde{\boldsymbol{h}}_t$$

其中，当 z_t 较大时，隐状态 $\boldsymbol{h}_t$ 会更多地使用候选隐状态 $\tilde{\boldsymbol{h}}_t$，反之则使用上一时刻的隐状态$\boldsymbol{h}_{t-1}$。

隐状态是神经网络模型中的概念，在 GRU 中有两个重要作用：

- 记录上下文信息，能帮助模型更好地处理序列数据；
- 控制信息流动，以解决梯度消失或梯度爆炸问题，提高模型效率。

小　白：LSTM 网络中，为什么有的地方用 tanh 函数而有的地方用 Sigmoid 函数？

梗老师：Sigmoid 函数和 tanh 函数在 LSTM 中各自负责不同的任务，前者主要用于控制门控单元，比如遗忘门前一时刻单元状态中的信息需要保留就接近 1，需要遗忘就接近 0；后者主要用于计算单元状态的候选值和输出，区间为 −1 到 1，可以更清晰地表示单元状态。

2.3.7 小结

在本节中，我们介绍了一种对 RNN 的重要改进，即 LSTM 及其变体 GRU。LSTM 成功的奥秘在于同时保持短期记忆链$\boldsymbol{h}_t$和长期记忆链$\boldsymbol{C}_t$，并且相互更新。相比传统的 RNN，LSTM 引入了更多的参数矩阵，因此训练过程稍显复杂，但仍可以使用梯度下降算法进行训练。由于深入挖掘数据时间序列上的关联，LSTM 在某种程度上模拟了大脑的工作原理，能够关注重要片段，忽略无关信息，从而极大地拓展了其应用领域。针对传统 LSTM 计算效率相对较低的问题，其改进版 GRU 在简化模型结构的基础上，引入了重置门、更新门以及计算候选隐状态等步骤，可有效控制信息的流动，从而大大提高了模型的效率。

作为最成功的算法模型之一，LSTM 及其变体与 CNN 和反向传播一起，构成了人工智能发展历程中最重要的基石。这项技术至今仍在不断迭代和发展，对人工智能领域产生了深远的影响。

2.4 四种RNN代码实现

经过前面的学习，大家已经对 RNN 的各种变体有了比较全面的了解。深度 RNN 有着更深的网络层数，能够处理更加复杂的问题。双向 RNN 则考虑两个方向的信息，能够利用更多信息。LSTM 增加了门结构，能够有效缓解梯度消失和梯度爆炸的问题，也让模型的记忆能力更加强大。GRU 则在 LSTM 的基础上对模型进行了简化，由三个门变成了两个门，而性能却没有下降，因此更加简洁高效。

纸上得来终觉浅，绝知此事要躬行。理论要结合实际，接下来我们将带你一次性完成这 4 种网络的代码实现。

2.4.1 模型定义

这 4 种网络实际上区别不大，我们从模型定义开始，逐一实现。

首先是深度 RNN，其代码实现如下所示。

```
from torch import nn
from tqdm import *

class DRNN(nn.Module):
    def __init__(self, input_size, output_size, hidden_size, num_layers):
        super(DRNN, self).__init__()
        self.hidden_size = hidden_size
        self.num_layers = num_layers
        self.rnn = nn.RNN(input_size, hidden_size, num_layers, batch_first=True)
        # batch_first 为 True时output的tensor为（batch,seq,feature）,否则为
（seq,batch,feature）
        self.linear = nn.Linear(hidden_size, output_size)

    def forward(self, x):
        # 初始化隐状态和单元状态
        state = torch.zeros(self.num_layers, x.size(0), self.hidden_size)
```

```
        # 计算输出和最终隐状态
        output, _ = self.rnn(x, state)
        output = self.linear(output)
        return output
```

可以看到，它几乎和之前的 RNN 没有区别。没错，所谓深度，就是 num_layer 传入数值更大的参数而已。我们之前都是传入 1 层，可根据需要调大。值得注意的是，这里有个参数 batch_first，传入的是 True，这个参数其实决定了输出的维度顺序：为 True 时维度顺序是 (batch,seq,feature)，否则是 (seq,batch,feature)。

下面输出网络结构。可以看到，两层网络的每一层都包括权重和偏置项，其大小和我们定义的一致。从这里看，输入维度是 16，输出维度也是 16，隐藏层维度都是 64。

```
# 网络结构
model = DRNN(16, 16, 64, 2)
for name,parameters in model.named_parameters():
    print(name,':',parameters.size())
rnn.weight_ih_l0 : torch.Size([64, 16])
rnn.weight_hh_l0 : torch.Size([64, 64])
rnn.bias_ih_l0 : torch.Size([64])
rnn.bias_hh_l0 : torch.Size([64])
rnn.weight_ih_l1 : torch.Size([64, 64])
rnn.weight_hh_l1 : torch.Size([64, 64])
rnn.bias_ih_l1 : torch.Size([64])
rnn.bias_hh_l1 : torch.Size([64])
linear.weight : torch.Size([16, 64])
linear.bias : torch.Size([16])
```

然后是双向 RNN，模型定义代码如下。

```
class BRNN(nn.Module):
    def __init__(self, input_size, output_size, hidden_size, num_layers):
        super(BRNN, self).__init__()
        self.hidden_size = hidden_size
        self.num_layers = num_layers
        self.rnn = nn.RNN(input_size, hidden_size, num_layers, batch_first=True,
bidirectional=True) # bidirectional为True是双向
        self.linear = nn.Linear(hidden_size * 2, output_size)  # 双向网络，因此有双倍
hidden_size

    def forward(self, x):
        # 初始化隐状态
        state = torch.zeros(self.num_layers * 2, x.size(0), self.hidden_size)
# 需要双倍的隐藏层
        output, _ = self.rnn(x, state)
        output = self.linear(output)
        return output
```

代码也不复杂。因为是双向，所以在 linear 层中 hidden_size 要乘以 2。让前向后向的计算结果同时输入 linear 层，再计算最终结果。下面 forward() 里面也是一样，state 的隐藏层层数也要乘以 2。

看一下网络结构，除了每层都多了一个 reverse 的参数矩阵，最后 linear 层输出维度是 128，其他的都一样。

```
# 网络结构
model = BRNN(16, 16, 64, 2)
for name,parameters in model.named_parameters():
    print(name,':',parameters.size())
rnn.weight_ih_l0 : torch.Size([64, 16])
rnn.weight_hh_l0 : torch.Size([64, 64])
rnn.bias_ih_l0 : torch.Size([64])
rnn.bias_hh_l0 : torch.Size([64])
rnn.weight_ih_l0_reverse : torch.Size([64, 16])
rnn.weight_hh_l0_reverse : torch.Size([64, 64])
rnn.bias_ih_l0_reverse : torch.Size([64])
rnn.bias_hh_l0_reverse : torch.Size([64])
rnn.weight_ih_l1 : torch.Size([64, 128])
rnn.weight_hh_l1 : torch.Size([64, 64])
rnn.bias_ih_l1 : torch.Size([64])
rnn.bias_hh_l1 : torch.Size([64])
rnn.weight_ih_l1_reverse : torch.Size([64, 128])
rnn.weight_hh_l1_reverse : torch.Size([64, 64])
rnn.bias_ih_l1_reverse : torch.Size([64])
rnn.bias_hh_l1_reverse : torch.Size([64])
linear.weight : torch.Size([16, 128])
linear.bias : torch.Size([16])
```

LSTM 的定义如下。

```
class LSTM(nn.Module):
    def __init__(self, input_size, output_size, hidden_size, num_layers):
        super(LSTM, self).__init__()
        self.hidden_size = hidden_size
        self.num_layers = num_layers
        self.lstm = nn.LSTM(input_size, hidden_size, num_layers, batch_first=True)
# 换成LSTM
        self.linear = nn.Linear(hidden_size, output_size)

    def forward(self, x):
        output, _ = self.lstm(x)
        output = self.linear(output)
        return output
```

它的定义也比较简单，直接将原来的 RNN 替换成了 LSTM。这里我们没有手动初始化隐藏层，因为 PyTorch 默认会对根据输入参数的值生成对应大小的权重矩阵，并对参数进行全 0 初始化。

查看网络结构，发现隐藏层维度并不是我们输入的 64，这是因为 LSTM 在计算中有 4 个矩阵，分别是遗忘门的f、输入门的i和c以及输出门的o，大家还有印象吗？4 个 64 维的矩阵放在一起就是 256 了。

```
# 网络结构
model = LSTM(16, 16, 64, 2)
for name,parameters in model.named_parameters():
    print(name,':',parameters.size())
lstm.weight_ih_l0 : torch.Size([256, 16])
lstm.weight_hh_l0 : torch.Size([256, 64])
lstm.bias_ih_l0 : torch.Size([256])
lstm.bias_hh_l0 : torch.Size([256])
```

```
lstm.weight_ih_l1 : torch.Size([256, 64])
lstm.weight_hh_l1 : torch.Size([256, 64])
lstm.bias_ih_l1 : torch.Size([256])
lstm.bias_hh_l1 : torch.Size([256])
linear.weight : torch.Size([16, 64])
linear.bias : torch.Size([16])
```

最后我们来看 GRU。

```
class GRU(nn.Module):
    def __init__(self, input_size, output_size, hidden_size, num_layers):
        super(GRU, self).__init__()
        self.hidden_size = hidden_size
        self.num_layers = num_layers
        self.gru = nn.GRU(input_size, hidden_size, num_layers, batch_first=True)
# 换成GRU
        self.linear = nn.Linear(hidden_size, output_size)

    def forward(self, x):
        output, _ = self.gru(x)
        output = self.linear(output)
        return output
```

模型定义和 LSTM 方法一致，只要将 LSTM 换成 GRU 就可以了。

查看网络结构，隐藏层维度不再是 64，而变成了 192，也就是 64 的 3 倍。这是因为 GRU 将原来的 3 个门简化成了两个：重置门和更新门，对应表示复制信息量的矩阵 $\boldsymbol{r}$、隐状态矩阵 $\boldsymbol{h}$ 和表示更新的信息量 $\boldsymbol{z}$。

```
# 网络结构
model = GRU(16, 16, 64, 2)
for name,parameters in model.named_parameters():
    print(name,':',parameters.size())
gru.weight_ih_l0 : torch.Size([192, 16])
gru.weight_hh_l0 : torch.Size([192, 64])
gru.bias_ih_l0 : torch.Size([192])
gru.bias_hh_l0 : torch.Size([192])
gru.weight_ih_l1 : torch.Size([192, 64])
gru.weight_hh_l1 : torch.Size([192, 64])
gru.bias_ih_l1 : torch.Size([192])
gru.bias_hh_l1 : torch.Size([192])
linear.weight : torch.Size([16, 64])
linear.bias : torch.Size([16])
```

2.4.2　模型实验

下面我们进行模型实验。在《破解深度学习（基础篇）：模型算法与实现》中讲到 RNN 时，我们使用了 pandas datareader 中的 GS10，这是美国国债数据集。这次我们用更大的数据集，同样也来自 pandas datareader，名为 DJI，是美国道琼斯指数数据集。这里是 2018 年到 2023 年每个开盘日的数据。每条数据都包含了开盘价、最高价、最低价、收盘价和成交量。

先来加载数据集。

```
import pandas_datareader as pdr
```

```
dji = pdr.DataReader('^DJI', 'stooq')
print(dji)
                 Open      High       Low     Close       Volume
Date
2023-08-31   34909.09  35070.21  34719.77  34721.91  350221496.0
2023-08-30   34847.80  35025.57  34811.74  34890.24  239485958.0
...               ...       ...       ...       ...          ...
2018-09-05   25919.84  26011.22  25871.04  25974.99  289238884.0
2018-09-04   25916.07  25971.77  25805.95  25952.48  254563800.0

[1257 rows x 5 columns]
```

这里我们只采用收盘价进行预测，也就是 Close 这一列数据。可以打印出收盘价曲线，如图 2-24 所示。

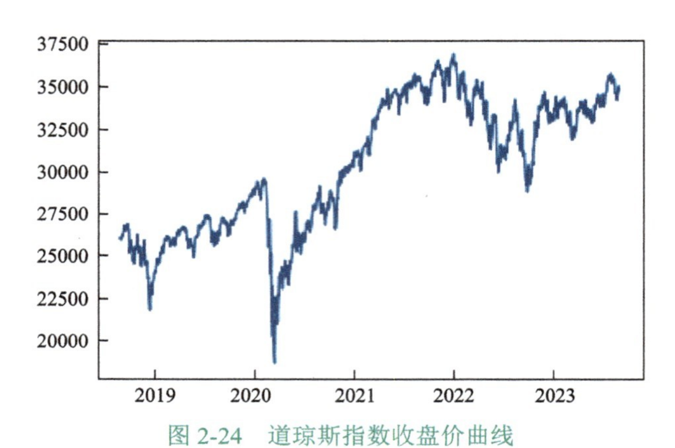

图 2-24　道琼斯指数收盘价曲线

```
import matplotlib.pyplot as plt
plt.plot(dji['Close'])
plt.show()
```

下面要做的是处理数据的代码，这里调整了一下超参数，由于数据量多了，我们用前 16 条数据去预测下一条数据。batch_size 也调大到 16。

```
import torch
from torch.utils.data import DataLoader, TensorDataset

num = len(dji)                                          # 总数据量
x = torch.tensor(dji['Close'].to_list())                # 股价列表

seq_len = 16                                            # 预测序列长度
batch_size = 16                                         # 设置批大小
```

通常情况下，归一化虽然不能提升模型的准确率，却能提高模型的收敛速度。我们在这里增加一行代码，即让 x 减去它的均值再除以它的标准差。对数据进行归一化处理的代码如下。

```
x = (x - torch.mean(x)) / torch.std(x)                  #对数据进行归一化处理
```

下面构建数据加载器的代码和之前一样，没有进行修改。

```
X_feature = torch.zeros((num - seq_len, seq_len))     # 构建特征矩阵，num-seq_len行，
seq_len列，初始值均为0
Y_label = torch.zeros((num - seq_len, seq_len))       # 构建标签矩阵，形状同特征矩阵
for i in range(seq_len):
    X_feature[:, i] = x[i: num - seq_len + i]         # 为特征矩阵赋值
    Y_label[:, i] = x[i+1: num - seq_len + i + 1]     # 为标签矩阵赋值

train_loader = DataLoader(TensorDataset(
    X_feature[:num-seq_len].unsqueeze(2), Y_label[:num-seq_len]),
    batch_size=batch_size, shuffle=True)             # 构建数据加载器
```

然后定义超参数，这里是层内隐藏层大小增加到 64，把层数增加到了两层。前面做了归一化，这里的学习率调小一些，设置为 0.001。模型依然是原始的深度 RNN 模型。

```
# 定义超参数
input_size = 1
output_size = 1
num_hiddens = 64
n_layers = 2
lr = 0.001

# 建立模型
model = DRNN(input_size, output_size, num_hiddens, n_layers)
criterion = nn.MSELoss(reduction='none')
trainer = torch.optim.Adam(model.parameters(), lr)
```

接下来训练 20 个 epoch，并绘制训练过程中的损失曲线图，如图 2-25 所示。

```
# 训练轮次
num_epochs = 20
rnn_loss_history = []

for epoch in range(num_epochs):
    # 批量训练
    for X, Y in train_loader:
        trainer.zero_grad()
        y_pred = model(X)
        loss = criterion(y_pred.squeeze(), Y.squeeze())
        loss.sum().backward()
        trainer.step()
    # 输出损失
    with torch.no_grad():
        total_loss = 0
        for X, Y in train_loader:
            y_pred = model(X)
            loss = criterion(y_pred.squeeze(), Y.squeeze())
            total_loss += loss.sum()/loss.numel()
        avg_loss = total_loss / len(train_loader)
        rnn_loss_history.append(avg_loss)

# 绘制损失曲线图
import matplotlib.pyplot as plt
# plt.plot(loss_history, label='loss')
plt.plot(rnn_loss_history, label='RNN_loss')
plt.legend()
plt.show()
```

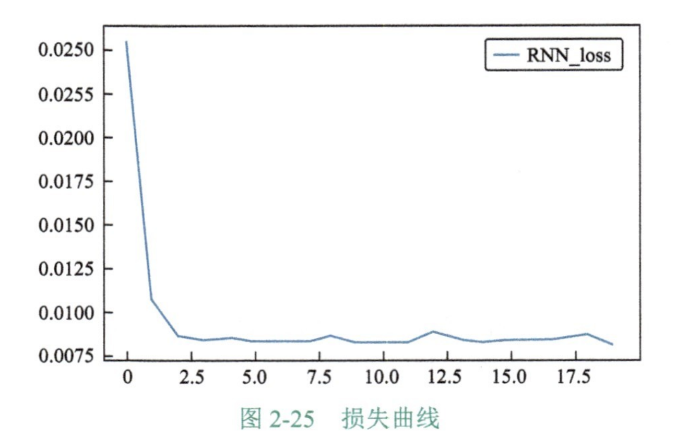

图 2-25　损失曲线

训练 20 个 epoch 后，模型损失下降得很快，并趋于收敛。随后我们将原始值和预测结果都打印出来，如图 2-26 所示，可以看到几乎完全拟合。

```
rnn_preds = model(X_feature.unsqueeze(2))
rnn_preds.squeeze()
time = torch.arange(1, num+1, dtype= torch.float32)  # 时间轴

plt.plot(time[:num-seq_len], x[seq_len:num], label='dji')
# plt.plot(time[:num-seq_len], preds.detach().numpy(), label='preds')
plt.plot(time[:num-seq_len], rnn_preds[:,seq_len-1].detach(), label='RNN_preds')
plt.legend()
plt.show()
```

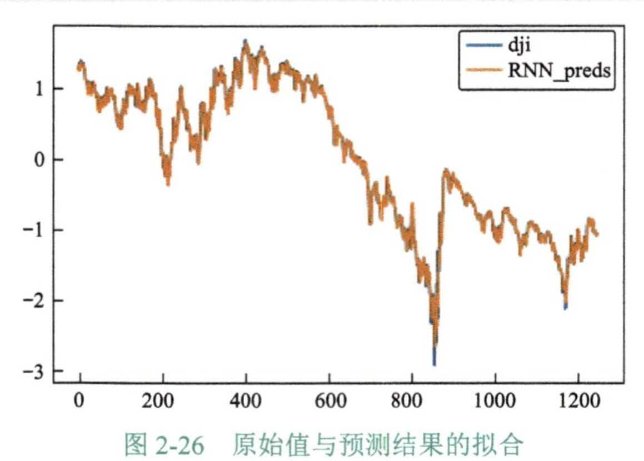

图 2-26　原始值与预测结果的拟合

2.4.3　效果对比

最后，我们对 4 个模型的结果进行对比。为了评价结构的优劣，这里我们传入了相同的超参数，并同样训练 20 轮，评价指标是预测的总误差。

```
# 定义超参数
input_size = 1
output_size = 1
```

```
num_hiddens = 64
n_layers = 2
lr = 0.001

# 建立模型
model_name = ['DRNN', 'BRNN', 'LSTM', 'GRU']
drnn = DRNN(input_size, output_size, num_hiddens, n_layers)
brnn = BRNN(input_size, output_size, num_hiddens, n_layers)
lstm = LSTM(input_size, output_size, num_hiddens, n_layers)
gru = GRU(input_size, output_size, num_hiddens, n_layers)
models = [drnn, brnn, lstm, gru]

opts = [torch.optim.Adam(drnn.parameters(), lr),
            torch.optim.Adam(brnn.parameters(), lr),
            torch.optim.Adam(lstm.parameters(), lr),
            torch.optim.Adam(gru.parameters(), lr)]
criterion = nn.MSELoss(reduction='none')

num_epochs = 20
rnn_loss_history = []
lr = 0.1
for epoch in tqdm(range(num_epochs)):
    # 批量训练
    for X, Y in train_loader:
        for index, model, optimizer in zip(range(len(models)), models, opts):
            y_pred = model(X)
            loss = criterion(y_pred.squeeze(), Y.squeeze())
            trainer.zero_grad()
            loss.sum().backward()
            trainer.step()
100%|██████████| 20/20 [00:51<00:00,  2.57s/it]
```

下面我们来看最后的结果，这里是误差的绝对值，误差结果整体上差不多，相对而言 GRU 略强一些。

```
for i in range(4):
    rnn_preds = models[i](X_feature.unsqueeze(2))
    bias = torch.sum(torch.abs(x[seq_len:num] - rnn_preds[:,seq_len-1].squeeze().
detach().numpy()))
    print ('{} bias : {}'.format(model_name[i],str(bias)))
DRNN bias : tensor(1160.8992)
BRNN bias : tensor(1137.7230)
LSTM bias : tensor(1104.8032)
GRU bias : tensor(1087.4626)
```

2.4.4 小结

在本节中，我们演示了 4 类 RNN 的代码实现。其中，它们的定义方法其实是类似的，只需要少量改动即可变换模型，注意双向 RNN 的模型的维度。另外，当数据值较大且在不大的范围内波动时，对数据进行归一化有利于模型收敛。

复杂 RNN 到此就讲解完了，你有什么收获吗？大家加油！

第 3 章

复杂注意力神经网络：大模型的力量

在《破解深度学习（基础篇）：模型算法与实现》中，我们讲解了注意力神经网络，其中的 Transformer 模型是自然语言处理（NLP）中非常重要的一种模型，在过去几年中取得了非常显著的进展。近年来，针对该模型新的改进和优化方案不断提出，更大的模型和更加先进的训练方法也在不断推动着 Transformer 模型的发展。

在本章中，我们沿着时间线来介绍其中主流的几种模型，具体包括谷歌的 BERT 模型、T5 模型，OpenAI 的 GPT 系列，以及图像领域的 ViT 模型和微软的 Swin Transformer，如图 3-1 所示。

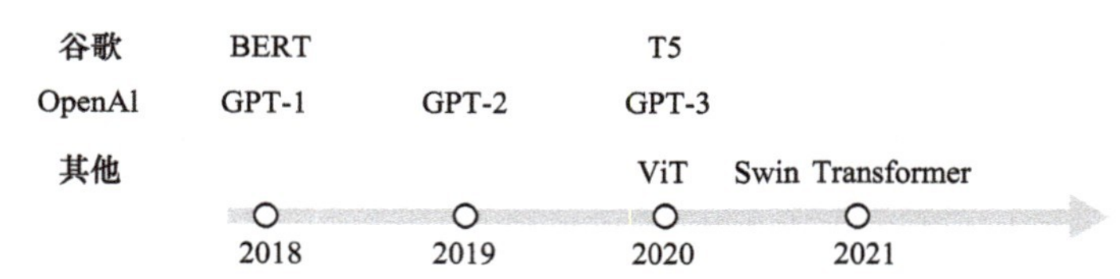

图 3-1　几种常见的复杂注意力神经网络发展时间线

3.1　BERT模型

BERT 是由谷歌 AI 研究团队于 2018 年提出的双向 Transformer 编码器模型，在 NLP 领域取得了非常好的效果，是当年最先进的模型之一。

该模型具有两个主要步骤：预训练和微调，如图 3-2 所示。

预训练需要用到大量的数据和计算资源，谷歌开源了许多语言的预训练模型，可以在此基础上进行微调。BERT 的创新之处在于预训练方法，主要包括掩码语言模型（masked language model，MLM）和下一句预测（next sentence prediction，NSP），前者可以捕获词级的表示，后者则可以捕获句子级的表示，稍后会具体介绍这些方法。

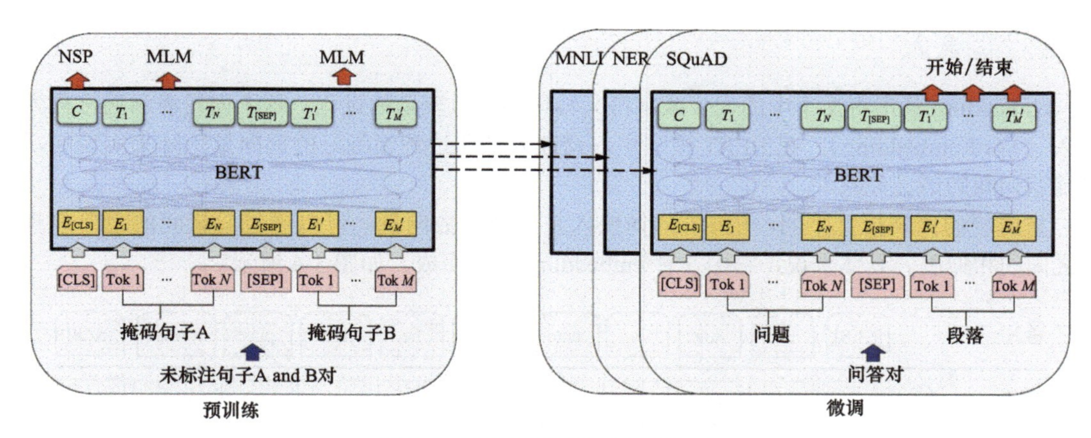

图 3-2 BERT 预训练和微调示意

3.1.1 3种模型结构

先来看看模型结构。我们同时对比了当年提出的 Transformer 模型的 3 种变体：BERT、OpenAI 的 GPT 以及 ELMo（embeddings from language model），如图 3-3 所示。关于 GPT，我们会在 3.2 节详细介绍，这里先给出 3 种模型在网络结构上的差别，旨在让读者获得直观的认识。

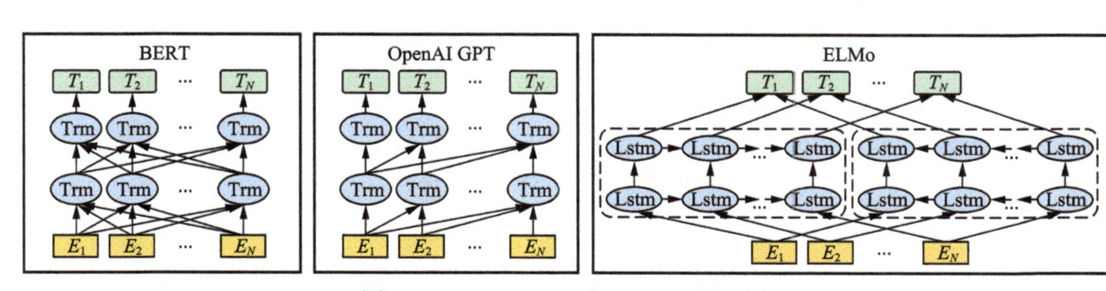

图 3-3 BERT、GPT 和 ELMo 对比示意

模型的构成元素在《破解深度学习（基础篇）：模型算法与实现》第 9 章已经解析过，读者可以回顾一下。从图 3-3 中可以看出，BERT 的主要特点在于其双向性，利用双向语言表示来训练模型。在传统的 Transformer 模型中只考虑了左边上下文对当前词的影响，而 BERT 模型则同时考虑了左右两侧的上下文，这使得 BERT 模型能够在语义和语法方面更好地理解文本，因此在很多 NLP 任务（例如问答系统、文本分类等）中取得了非常突出的效果。

相比 BERT 的双向 Transformer block 连接，GPT 选择的是从左到右的单向连接。二者之间的差别类似单向 RNN 和双向 RNN，直觉上看双向效果似乎会好一些。

ELMo 虽然也是“双向”的，但损失函数不同。它分别以$P(w_i \mid w_1,\cdots,w_{i-1})$和$P(w_i \mid w_{i+1},\cdots,w_n)$作为损失函数，独立训练两个表示然后把它们拼接起来，而 BERT 则是以$P(w_i \mid w_1,\cdots,w_{i-1},w_{i+1},\cdots,w_n)$作为损失函数进行训练。

3.1.2　词嵌入

embedding 是指将文本中的词（或字符）转化为向量表示的过程，这个向量表示通常称为词嵌入（word embedding）。在 BERT 模型中，词嵌入是通过预训练好的词向量矩阵来实现的，用来捕获词间的语义关系。

与传统的词袋模型不同，BERT 的词嵌入是一个实数向量，可以通过向量间的距离来判断词之间的相似度。具体来说，它由 3 种 embedding 求和而成，如图 3-4 所示。

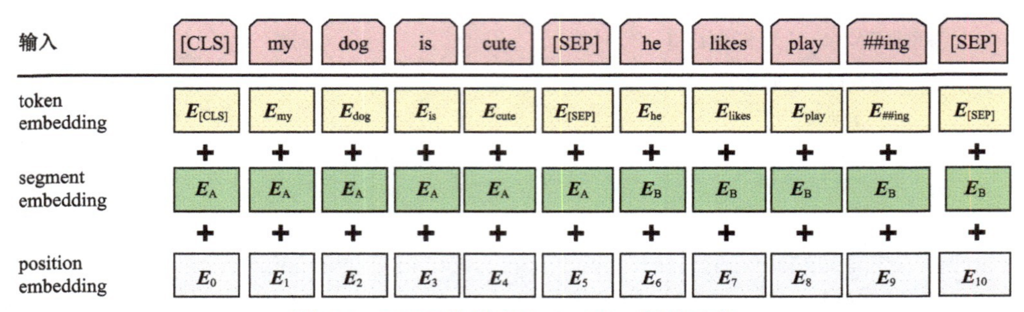

图 3-4　BERT 模型中 Embedding 组成示意

- token embedding 是词向量，第一个词是 [CLS] 标记，可以用于之后的分类任务。
- segment embedding 用来区别两个句子，因为预训练不只构建语言模型，还要完成以两个句子为输入的分类任务。
- position embedding 和 Transformer 的实现有些不一样，它并非三角函数，而是学习出来的。

> **小　白：** BERT 模型的 position embedding 是如何实现的呢？
>
> **梗老师：** BERT 的位置嵌入是可学习的嵌入向量，也就是说，去学习一个嵌入表示的 lookup 表，然后进行位置编码的时候，去查这张表。这也导致 BERT 有输入长度限制。

BERT 模型预训练时所用的语料是一个非常大的语料库，这样能学习到大量词间的语义关系。因此，它的词嵌入具有较多的语义信息，并且能够适用于大多数 NLP 任务。

3.1.3　预训练：掩码语言模型

第一步预训练是构建语言模型，它的主要特点就在于双向性。传统语言模型是根据已知的前面的词来预测下一个词，也就是利用词左边的信息，而直觉上左右两边信息都有用，这就是 BERT 的主要思想所在 BERT 是一个更深的双向模型。同时期的 ELMo 模型只是将从左到右和从右到左的连接分别训练后再拼接起来。

为此，BERT 提出了一种新的语言模型训练方法——掩码语言模型，如图 3-5 所示。通过随机掩蔽一些词，BERT 能够在训练过程中学习语义关系，更好地理解上下文信息。如果没有掩蔽，模型就无法学会如何使用上下文信息，因为它始终可以看到所有的词。因此，通过掩蔽词，

BERT 能够学习更多的语言知识，并且表现得更好。这种感觉特别像英文题目中的完形填空，即先挖空一些词，然后让你根据上下文来猜测这些词，在这个过程中学习理解。因此，这部分是 BERT 模型的核心。

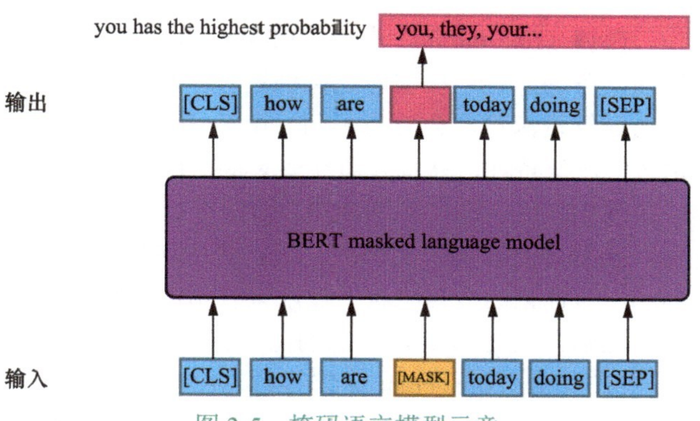

图 3-5 掩码语言模型示意

具体来说，在训练过程中随机掩码（mask）15% 的 token，而不是把每个词都预测一遍。最终的损失函数只计算被掩码的 token。如何掩码也是有技巧的，如果一直用标记 [MASK] 代替会影响模型，因为在实际预测时是碰不到这个标记的，所以随机掩码的时候 10% 的词会被替换成其他词，10% 的词不替换，剩下 80% 才被替换为 [MASK]。要注意的是，掩码语言模型在预训练阶段不知道真正被掩码的是哪个词，所以模型对每个词都要关注。此外，这个过程中，因为序列长度太长（512）会影响训练速度，所以 90% 的时间步都以 seq_len=128 训练，余下 10% 的时间步才训练长度为 512 的输入。

3.1.4 预训练：下一句预测

第二步预训练主要是针对问答和自然语言推理等任务的需求，目的是让模型能够理解两个句子之间的关系。

如图 3-6 所示，训练输入是句子 A 和 B，B 有一半的概率是 A 的下一句，模型需要预测 B 是否是 A 的下一句。在预训练过程中，BERT 模型可以达到 97% ～ 98% 的准确度。不过要注意，语料的选择很关键，要选择文档级的语料而不是句子级的，这样可以具备对连续长序列特征进行抽象的能力。

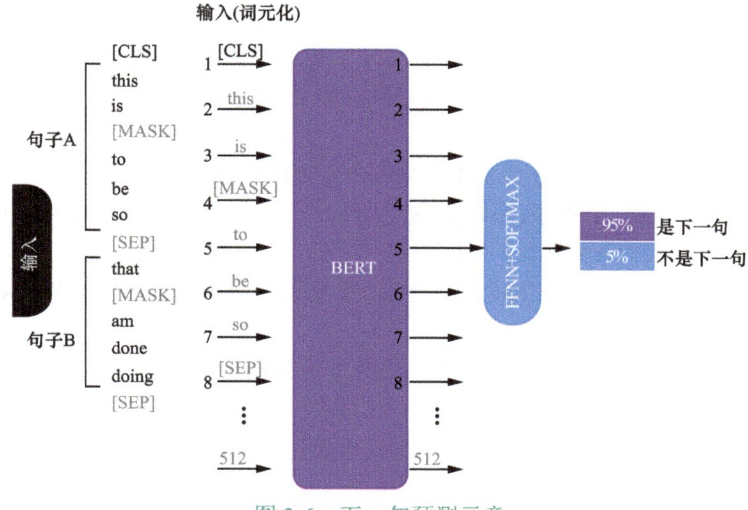

图 3-6 下一句预测示意

3.1.5 微调

微调（fine-tuning）是在 BERT 预训练模型的基础上，通过在特定任务上进行额外训练以适应该任务的过程。在实际的微调过程中，根据特定的任务需求和数据集的大小，训练时间和所需的计算资源可能会有所不同。微调通常需要的数据量比预训练阶段小，因为模型已经学习了语言的广泛特性，并且只需要适应特定任务的特定特性。

图 3-7 所示的是使用 BERT 模型进行句子级分类任务的过程。模型会处理输入文档的分段，其中包括一个特殊的 [CLS] 标记，该标记的最终隐状态被用来表示整个输入序列的聚合信息。然后，这个 [CLS] 标记的隐状态（用 $\boldsymbol{C}$ 表示）通过一个全连接（fully connected，FC）层，并且通常会接一个 Softmax 函数来预测不同分类标签的概率分布。相应的数学表达式为 $P = \text{Softmax}(\boldsymbol{CW}^{\top})$，其中$\boldsymbol{W}$是全连接层的权重矩阵，$\boldsymbol{C}$是 [CLS] 标记的隐状态，$P$ 是分类标签的后验概率分布。

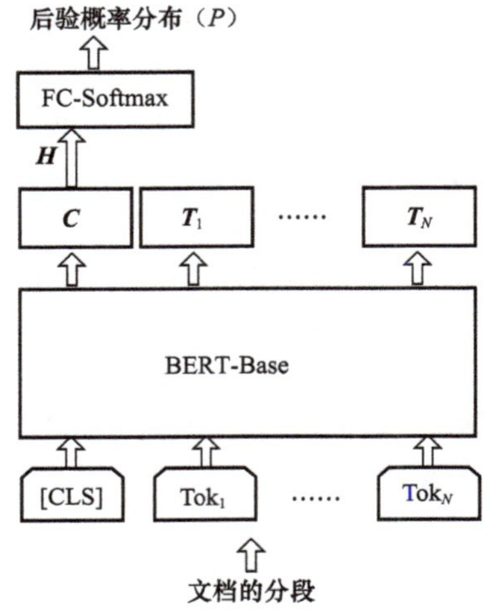

图 3-7　BERT 模型分类任务示意

BERT 还可以适用于其他许多不同的 NLP 任务，除了上面所说的文本分类，还包括序列标注、问答系统等。不同任务的 BERT 微调会有一些差异，但基本流程大致相同。图 3-8 展示了不同的任务，包括句子对分类、单句分类、问答任务和单句标注任务，每个子图表示 BERT 如何被适应到特定的任务上。

- 句子对分类任务：这通常涉及理解两个句子之间的关系，如语义等价性。输入为两个句子，它们由特殊的分隔符号 [SEP] 隔开，并以 [CLS] 标记开始。模型的输出是句子对的分类标签。
- 单句分类任务：在这种任务中，BERT 用于对单个句子进行分类，如情感分析。输入是一个句子，以 [CLS] 标记开始。模型的输出是句子的分类标签。
- 问答任务：BERT 在这里用于从一个文段中找到对特定问题的答案。输入是一个问题和一个文段，以 [CLS] 标记开始，问题和文段由 [SEP] 分隔。模型的输出是文段中答案的开始和结束位置。
- 单句标注任务：这类任务要求模型对句子中的每个词单元进行标注，如命名实体识别（NER）。输入是一个句子，以 [CLS] 标记开始。模型的输出是对每个词单元的分类标签，如实体类型。

在以上任务处理中，MNLI、QQP 等是 NLP 数据集，用于评估 BERT 模型在不同任务中的表现。

为了使 BERT 模型在特定的 NLP 任务上获得最优效果，我们有必要对微调阶段进行定制。这通常涉及在预训练的 BERT 模型上添加一个或几个针对特定任务设计的新层。随后，我们会对模型用特定任务的数据集作进一步训练。在这个过程中，微调可能会涉及对学习率、批处理大小和训练迭代次数等超参数的调整，这些参数的选择对模型性能有着直接的影响。

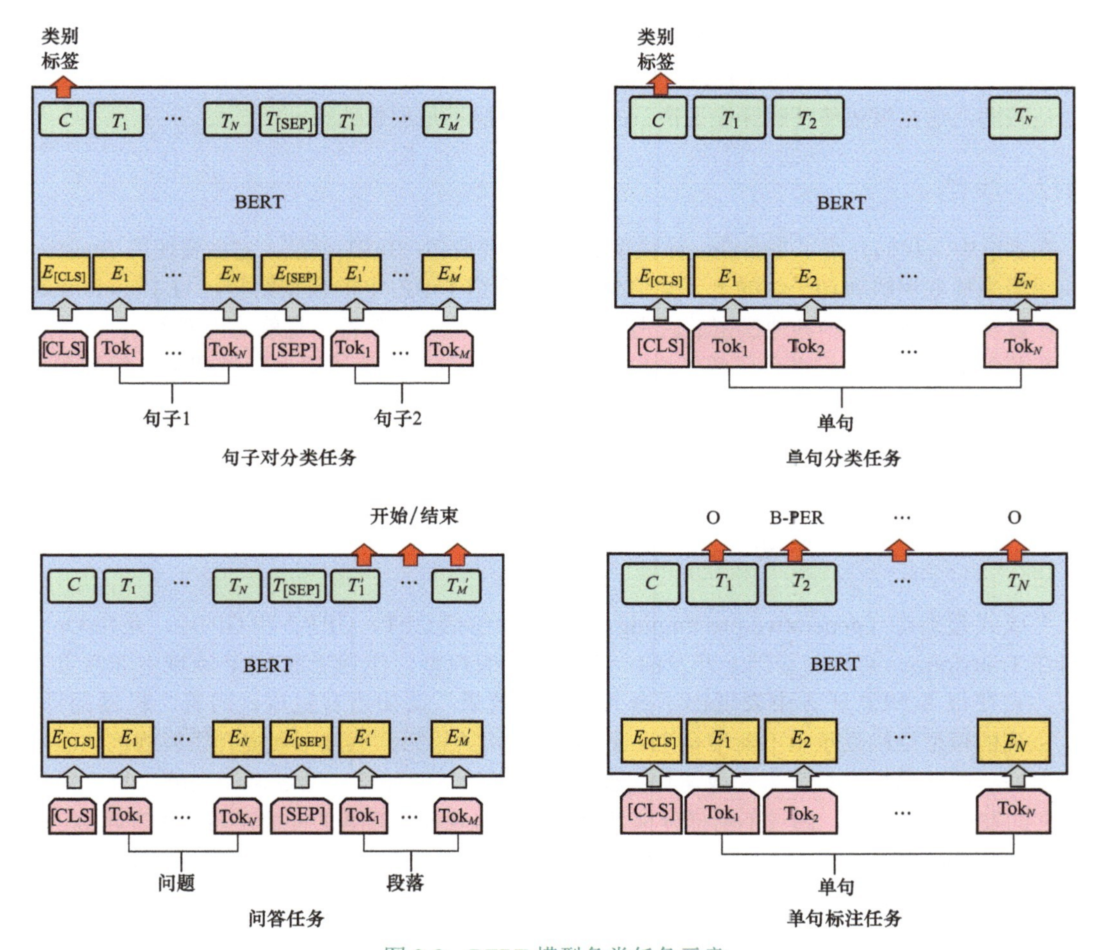

图 3-8 BERT 模型各类任务示意

尽管大多数参数设置可以沿用预训练阶段的配置，微调的过程相对较快，但是值得注意的是，为了利用预训练阶段所获得的丰富知识，同时减少训练数据的需求并防止模型过拟合，微调时应当尽可能保留预训练模型的结构和参数。

3.1.6 优缺点

BERT 利用其先进的预训练和微调机制，在多达 11 项 NLP 任务中展现出了卓越的性能，这得益于它基于 Transformer 架构的设计。该设计相比 RNN 结构，在处理效率和捕获长距离语言依赖方面具有明显优势。

BERT 的一个显著特点是其能够全面理解双向上下文，这使得模型能够洞察复杂的语言现象，如同义词、双关语和语法异质性等。BERT 的通用性也表现突出，它不仅能适用于诸如情感分析、问答系统、命名实体识别等多样的 NLP 任务，还能灵活适应新领域的挑战。

然而，BERT 的高参数量和计算复杂性意味着在实际应用中需要特别关注计算效率和内存管理。此外，它对预训练数据的依赖性强，数据不足可能会影响最终效果。BERT 的模型可解释性也较弱，这在需要清晰解释模型决策的应用中可能不是理想选择。

3.1.7　小结

在本节中，我们介绍了 Transformer 模型的一种重要变体：BERT 模型。它主要使用 Transformer 的编码器来捕获词级和句子级的上下文信息。我们介绍了 BERT 的模型结构，与 Transformer 的区别，以及与同时期两种其他模型的区别，然后介绍了输入的准备，也就是词嵌入。

在预训练环节，我们深入了解了 BERT 的两项核心创新：掩码语言模型和下一句预测。这两步构成了 BERT 的核心；随后讲述了微调过程的概念，这是一种适用于多种任务的相对简洁的步骤；最后总结了 BERT 模型的优势与局限。

3.2　GPT系列模型

生成式预训练（generative pre-training，GPT），包括 GPT、GPT-2 和 GPT-3，是由 OpenAI 公司在 Transformer 架构的基础上开发的一系列改进版模型。作为当前 NLP 领域中非常重要的模型，它在很多 NLP 任务中表现出了令人惊叹的效果，比如语言生成、问答、机器翻译等。GPT 系列的模型结构秉承了不断堆叠 Transformer 结构的思想，通过不断提升语料规模和质量进行预训练，扩充网络参数量来完成迭代更新，面对新的下游任务，通过微调来解决特定领域问题。它的发展也证明了，通过不断提升模型容量和语料规模，模型的能力是可以不断增强的。

Transformer 是 2017 年发布的，初代 GPT 与 BERT 几乎同时提出，之后分别于 2019 年与 2020 年发布了 GPT-2 和 GPT-3（见图 3-9）。

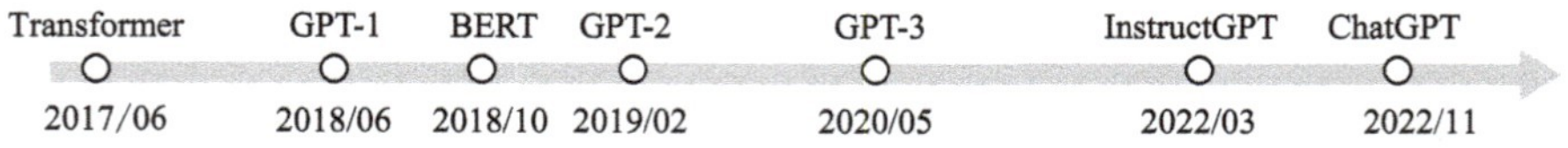

Transformer 2017/06
GPT-1 2018/06
BERT 2018/10
GPT-2 2019/02
GPT-3 2020/05
InstructGPT 2022/03
ChatGPT 2022/11

图 3-9　GPT 系列模型发展时间线

在 GPT 的历次迭代中，参数量几乎会提高一个数量级，如表 3-1 所示。

表 3-1　GPT 系列模型参数量及预训练数据量对比

模型	发布时间	参数量	预训练数据量
GPT-1	2018 年 6 月	1.17 亿	约 5GB
GPT-2	2019 年 2 月	15 亿	40GB
GPT-3	2020 年 5 月	1750 亿	45TB

2022 年年初，InstructGPT 发布（后续章节会对此进一步介绍）。2022 年年底 ChatGPT 发布，2023 年，GPT-4 发布。这样的发展历程也充分说明了坚持的力量，一个公司认准一个方向，专

心做一件事情，不断改进，终成正果，非常值得思考和借鉴。由于 GPT-4 的技术细节未详细披露，因此我们会围绕算法思想、模型结构、预处理方式、数据集以及算法性能来对比介绍 GPT-1、GPT-2 和 GPT-3 之间的异同。

3.2.1 GPT-1模型思想和结构

传统 NLP 模型往往使用大量数据对模型进行任务相关的监督训练，但这种方式有两个问题：一是需要大量的标注数据，但高质量的标注数据往往很难获得；二是根据单个任务训练的模型很难泛化到其他任务中。

面对这两个问题，GPT-1 提出了一种将无监督的预训练与有监督的下游任务微调相结合的思路。换句话说，由于高质量数据少，因此用 Transformer 的解码器（decoder）生成大量数据来预训练，因此它可以称为一种生成式预训练模型，这就是 GPT 名字的由来，也是和 BERT 最大的区别，BERT 用的是 Transformer 的编码器（encoder），而且是监督预训练，如图 3-10 所示。

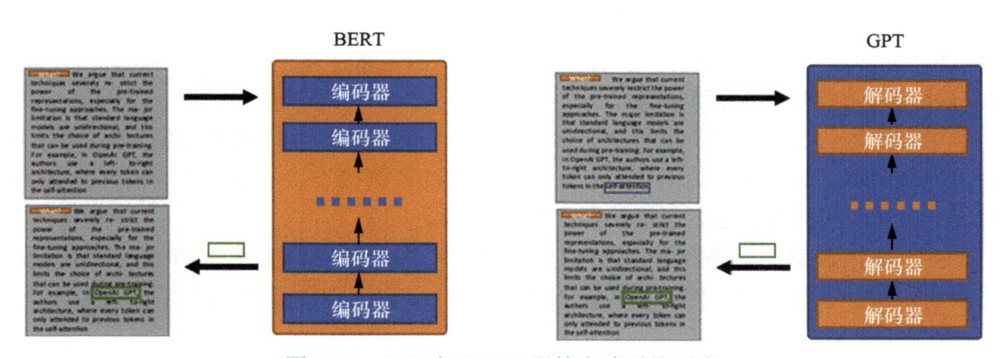

图 3-10 GPT 与 BERT 训练方式对比示意

因此，某种程度上说，虽然二者都源自 Transformer 的注意力架构，但是各自走上了不同的发展道路。GPT 初代效果略逊于 BERT，再加上宣传乏力，影响力也就不及 BERT。但显然 GPT 的解码器模型更适用于文本生成领域。这就好比华山派的剑宗和气宗，源出一家，但关注点和擅长之处越来越不同。

在 GPT-1 中，整个模型是由 12 个 Transformer 块构成的，但这些块只包含了 Transformer 的解码器部分。每个块包括一个多头自注意力机制和一个全连接层，用于生成输出的概率分布。这与标准的 Transformer 模型有所不同，因为标准的 Transformer 通常包含 6 个编码器和 6 个解码器。

在图 3-11 中，左侧展示的是 Transformer 架构概览，其中，词表有 4 万个 token，位置嵌入包含 512 个位置，多头注意力包含 768 维状态和 12 个注意力头，基于位置的前向反馈网络包含 3072 个内部状态。右侧详细展示了不同的 NLP 任务如何利用这个架构来处理输入并生成输出，从上到下包含文本分类、文本蕴含关系、文本相似性和多选题等。

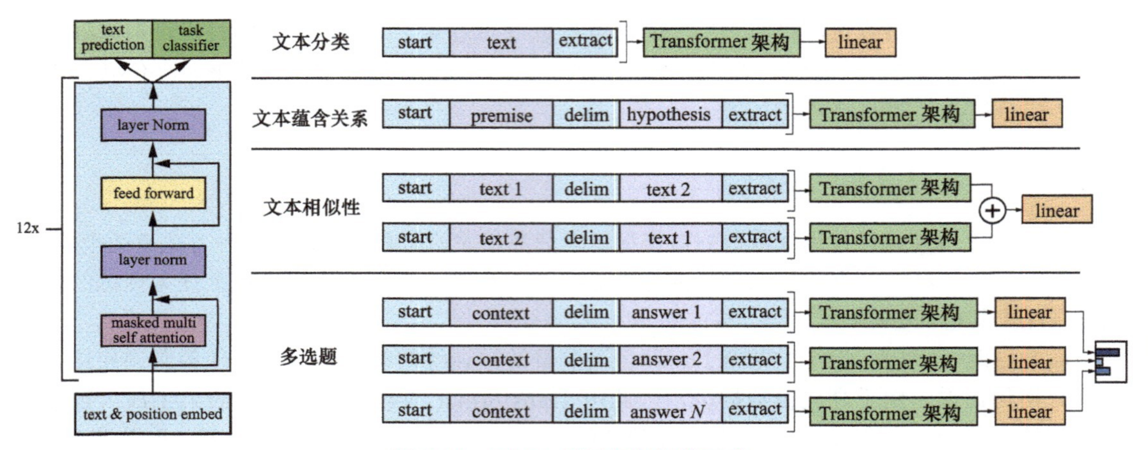

图 3-11　GPT-1 不同任务架构示意

关于文本分类，大家都比较熟悉了。文本蕴含关系是什么呢？举个例子，给定前提“猫在垫子上”和假设“猫正在垫子上睡觉”，它们之间是蕴含关系。这种任务下，将前提（premise）和假设（hypothesis）通过分隔符（delimiter）隔开，两端加上起始和终止 token，再依次通过 Transformer 和全连接层得到预测结果。

文本相似性是什么意思呢？比如两个文本片段“猫是宠物”和“狗是宠物”，二者之间是相似的。这种情况下，对于输入的两个句子，前向和反向各拼接一次，然后分别输入 Transformer，得到的特征向量经拼接后再送入全连接层得到预测结果。

对于多选题，也就是问答和常识推理任务，将n个选项的问题抽象为n个二分类问题，即每个选项分别和内容进行拼接，然后分别送入 Transformer 和全连接层中，最后选择置信度最高的选项作为预测结果。

3.2.2　GPT-1无监督预训练和监督微调

GPT-1 的无监督预训练是基于语言模型进行训练的，给定一个无标签的序列$U = u_1,\cdots,u_n$，语言模型的优化目标是最大化下面的似然函数L。

$$L_1(U) = \sum_i P(u_i \mid u_{i-k},\cdots,u_{i-1};\Theta)$$

其中，k是滑动窗口的大小，P是条件概率，Θ是模型的参数。这些参数可以通过使用随机梯度下降（SGD）进行优化。

GPT 模型结构如图 3-12 所示，其中变换函数为

$$\boldsymbol{h}_0 = \boldsymbol{U}\boldsymbol{W}_\text{e} + \boldsymbol{W}_\text{p}$$

$$\boldsymbol{h}_l = \text{transformer\_block}(\boldsymbol{h}_{l-1}) \,||\, \forall i \in [1,n]$$

$$P(u) = \text{softmax}(\boldsymbol{h}_n \boldsymbol{W}_\text{e}^\top)$$

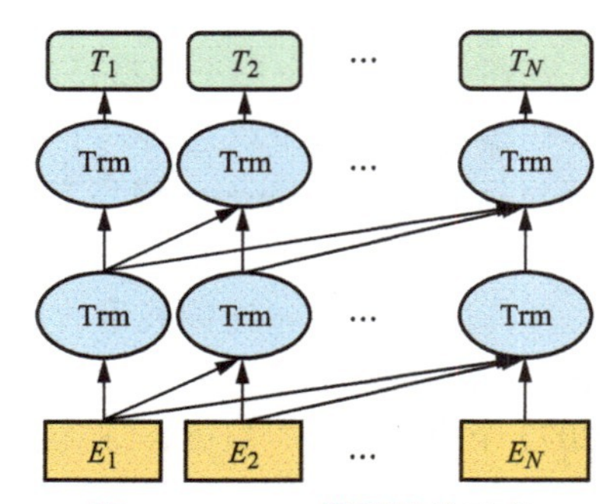

图 3-12　GPT 模型结构示意

其中，$\boldsymbol{U}=(u-k,\cdots,u-1)$是当前时间片的上下文 token，$\boldsymbol{W}_e$是词嵌入矩阵，$\boldsymbol{W}_p$是位置嵌入矩阵。从$\boldsymbol{h}_0$层开始，逐层传递到$\boldsymbol{h}_n$层，$n$是层数。最后用 Softmax 层输出，也就是预测下一个词。

GPT 是通过无监督学习训练的，这意味着它没有明确的标签或正确答案。它首先通过阅读大量文本自主学习，然后利用这些知识去解答具体的问题，就像我们在学校掌握知识后去解决实际问题一样。在实际应用中，我们会通过监督学习微调 GPT，让它在特定的问题上变得更擅长。

对于一个标记好的数据集C，假设我们有输入标记序列$x_1,x_2,\cdots,x_m$，每个输入序列都对应一个标签y。这些输入标记先被输入一个已经通过大量文本数据预训练好的模型中，产生一个高级的特征表示 $\boldsymbol{h}$，再通过一个额外的全连接层来预测输出标签y。这个全连接层是在监督学习阶段添加的，专门用于适应具体的任务，如文本分类或情感分析等。具体计算公式如下。

$$P(y\mid x_1,\cdots,x_m)=\mathrm{softmax}(\boldsymbol{h}_l^m\boldsymbol{W}_y)$$

$$L_2(C)=\sum_{x,y}\log P(y\mid x_1,\cdots,x_m)$$

$$L_3(C)=L_2(C)+\lambda L_1(C)$$

其中，$\boldsymbol{W}_y$为全连接层的参数，m为给定序列中最后一个 token 的索引，l 代表特征向量 $\boldsymbol{h}$ 的某个特定层。$P(y\mid x_1,\cdots,x_m)$是模型基于整个输入序列$x_1,\cdots,x_m$预测标签y的概率。$L_2(C)$是损失函数，$L_3(C)$则表示在微调过程中用来结合预训练损失$L_1(C)$和监督损失$L_2(C)$的总损失函数，其中λ是一个权衡因子，取值一般为0.5。

3.2.3 GPT-1数据集和性能特点

GPT-1 使用了 BooksCorpus 数据集，包含 7000 本没有发布的图书。表 3-2 所示为 GPT-1 和同时期两个典型模型 ELMo、BERT 对比的数据集及相关信息。

表 3-2 GPT-1 数据集及相关信息对比

模型	ELMo	GPT	BERT
训练集	1B Word Benchmark	BookCorpus（800MB 单词量）	BookCorpus 和维基百科（2500MB 单词量）
批处理大小	—	32000 个单词	128000 个单词
特定任务微调	特定任务学习率	所有任务学习率设为 5e-05	特定任务学习率
表示	浅度双向	单向	深度双向
方法	基于特征	微调	微调
模型结构	Char-CNN + biLM	Transformer 解码器	Transformer 编码器

选用 BooksCorpus 数据集的原因如下。

- 该数据集拥有更长的上下文依赖关系，使得模型能学得更长期的依赖关系。
- 所含图书因为未经发布，很难在下游数据集上见到，所以更能验证模型的泛化能力。

从性能上来看，当年 GPT-1 在不少监督学习任务上取得了非常好的效果。GPT-1 比基于 LSTM 的模型稳定，且随着训练次数的增加，其性能逐渐提升，表明它有非常强的泛化能力，能够用于和监督任务无关的其他 NLP 任务中。但总体而言，GPT-1 还只是简单的领域专家，而非通用语言学家。

如果用一句话来概括，GPT 初代的核心思想就是用无监督生成式预训练替代监督学习。类比由猿到人的进化过程，GPT-1 就像最早的猿，虽然有了很大进步，但还比较简单和初级。那么，之后的 GPT-2 有什么进展呢？

3.2.4　GPT-2模型思想和结构

BERT 最初的预训练只涉及类似完形填空这样的任务，这已经显著推动了语言模型的发展。

随着时间的推移，研究者们开始考虑引入多样化的任务来进一步改善训练效果。例如，他们尝试对句子进行重排序，执行句子改错练习，以及将预测词扩展到预测整个实体。

此外，他们发现将多种 NLP 任务（如机器翻译、文本摘要和特定领域的问答）集成到预训练阶段，也可以增强模型的能力。

这种方法在某种程度上模仿了人脑的功能，它可以处理多种任务，从阅读诗歌到学习数学，从掌握外语到理解新闻报道，再到欣赏音乐，其核心理念是大脑的多功能性。

相对于这种多任务处理能力，传统 NLP 任务（如文本分类、分词、机器翻译）通常只专注于一项特定功能，缺乏灵活性。

GPT-2 在 GPT-1 的基础上进行了扩展，不仅增加了任务种类，还扩大了数据集和模型参数的规模，旨在创建一个具有更强泛化能力的词向量语言模型。GPT-2 并未对 GPT-1 的模型结构进行重大革新，而是通过采用更多的模型参数和更庞大的数据集来实现这一目标。

如图 3-13 所示，“小号”的 GPT-2 模型堆叠了 12 层解码器，“中号”24 层，“大号”36 层，还有一个“特大号”堆叠了整整 48 层。大家对它们的参数量可能没有概念，我们来换算一下，最小版至少需要 500MB 空间来存储参数，最大版甚至需要超过 6.5GB 的存储空间。

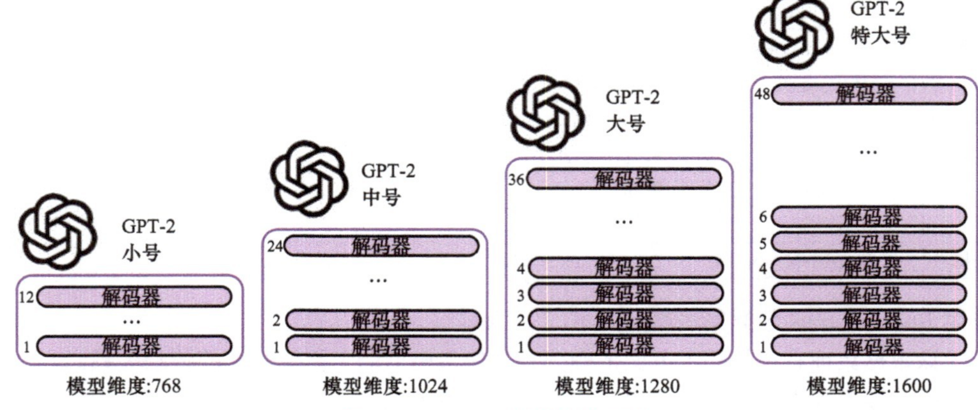

图 3-13　GPT-2 模型结构示意

GPT-2 的学习目标是使用无监督的预训练模型完成监督的任务，因为文本数据的时序性，一个输出序列可以表示为一系列条件概率的乘积：

$$p(x)=\prod_{i=1}^{n}p(s_n \mid s_1,\cdots,s_{n-1})$$

上式也可以表示为$p(s_{n-k},\cdots,s_n \mid s_1,s_2,\cdots,s_{n-k-1})$，其中$k$表示在给定序列中的一个特定位置，实际意义是根据已知的上文input=$s_1,s_2,\cdots,s_{n-k-1}$预测未知的下文output=$s_{n-k},\cdots,s_n$，因此语言模型也可以表示为p(output|input)。

监督学习任务通常可以建模为p(output|input, task)的形式，它本质上是从输入到输出的映射。一个容量充足的无监督语言模型通过学习语料中丰富的语言结构和模式，理论上能够理解和执行这种映射。因此，如果语言模型的容量足够大，那么它不仅可以掌握无监督学习任务，还能扩展到监督学习领域，使得所有的监督学习任务变成其能力范围内的一个子集。

下面我们来看 GPT-2 的模型参数，如表 3-3 所示，相比 GPT-1 有了显著变化。此外，GPT-2 采用字节对编码（byte pair encoding，BPE）方法来构建词表，词表包括 50257 个不同的词汇。滑动窗口的大小为 1024。批处理大小（batch size）被设置为 512，以在训练时处理相应数量的数据样本。在架构改进方面，层归一化移到了每个模块的输入端，而且在每个自注意力模块后额外添加了一个层（即归一化层）。此外，为了改善训练稳定性，残差连接的初始值被缩放了，使用了$1/N$的缩放因子，其中N是残差层的个数。

表 3-3 GPT-2 模型参数

参数量	层数	词向量长度
117M（GPT-1）	12	768
345M	24	1024
762M	36	1280
1542M	48	1600

3.2.5 GPT-2 数据集和性能特点

训练 GPT-2 所使用的数据集名为 WebText，来自 Reddit 网站上筛选出来的高赞文章。整个数据集包含大约 800 万篇文章，总数据量约为 40GB。为了确保质量，并防止与评估阶段可能使用的测试集发生重叠，研发者们从训练集中剔除了所有与维基百科（Wikipedia）相关的内容。

在 8 项语言模型评测任务中，GPT-2 仅通过零样本学习（也就是未经特定任务训练）就在其中 7 项任务上超越了当时最先进的方法。在儿童书籍测试（Children's Book Test）的命名实体识别任务上，GPT-2 的表现优于先前最好的方法约 7%。LAMBADA 数据集用于评估模型理解长距离依赖关系的能力，在这个数据集上，GPT-2 将困惑度显著降低，从 99.8 下降到了 8.6。在阅读理解方面，与 4 个基线模型相比，GPT-2 的表现优于其中 3 个。

GPT-2 的主要成就在于，它证明了通过在大规模数据集上训练的大型词向量模型能够有效地迁移到其他类型的任务上，而不需要进行额外的特定任务训练。然而，许多实验也显示出 GPT-2 在无监督学习方面仍有很大的提升空间，可以看到它在某些任务上的表现甚至不如随机选择的结果。这些发现表明，随着模型容量和数据量的增加，模型的性能有望得到进一步提高。正是这种思考推动了 GPT-3 的诞生，在模型规模和能力上都超越了 GPT-2。

3.2.6　GPT-3 模型思想和结构

如果用一句话来形容 GPT-3，那就是大力出奇迹！惊人的 1750 亿参数量、45TB 的训练数据以及高达 1200 万美元的训练费用，计算量是 BERT-base 的上千倍，堪称大模型中的大模型。这也造就了 GPT-3 在许多十分困难的 NLP 任务，诸如撰写人类难以判别的文章，甚至编写 SQL 语句、React 或者 JavaScript 代码等任务上表现优异。

GPT-3 整体上沿用了 GPT-2 的结构，只是在模型容量上进行了很大的提升。表 3-4 给出了不同版本的参数情况，其中最大版采用了 96 层的多头 Transformer，词向量的长度是 12888，head 数为 96，上下文滑动窗口大小提升至 2048。

表 3-4　GPT-3 模型参数示意

模型名称	参数量	层数	模型维度	head 数	head 维度
GPT-3 Small	125M	12	768	12	64
GPT-3 Medium	350M	24	1024	16	64
GPT-3 Large	760M	24	1536	16	96
GPT-3 XL	1.3B	24	2048	24	128
GPT-3 2.7B	2.7B	32	2560	32	80
GPT-3 6.7B	6.7B	32	4096	32	128
GPT-3 13B	13.0B	40	5140	40	128
GPT-3 175B 或“GPT-3”	175.0B	96	12288	96	128

小　白：语言模型越大越好，想要提升效果，只要增加参数量就行了吧？

梗老师：没有这么简单！参数量越大训练越困难，需要综合考虑各种其他因素，包括计算资源、模型训练时间、数据量等。因此，语言模型不需要一味求大，够用就行。

3.2.7　基于情景学习的对话模式

除了大，GPT-3 还有什么厉害之处呢？首先 GPT 系列模型都是用解码器进行训练，采用“输入一句话，输出一句话”的对话模式，更适合文本生成。想想我们是怎么学会中文的？从婴儿开始，是不是也是一听一说的对话模式？语言模型与其同理，对话是足以囊括一切 NLP 任务的终极任务。

传统 NLP 模型通常遵循两阶段训练流程，如图 3-14 左图所示。首先，模型在一个大规模数据集上进行预训练，以学习语言的广泛特征和模式。然后，为适应特定的下游任务，如文本分类或问答，会在一阶段的基础上进行任务微调。这个流程中，不同任务需要调整和存储一套完整的模型参数。

GPT-3 的出现改变了这种常规做法，如图 3-14 右图所示，它引入了基于提示（prompt）的情境化学习策略。不同任务下，模型不需要对全部参数进行重新训练，而只需要给模型输入特定的任务提示，即可调整预训练模型的行为。这大大缩短了训练时间，并提高了模型的通用性和效率。

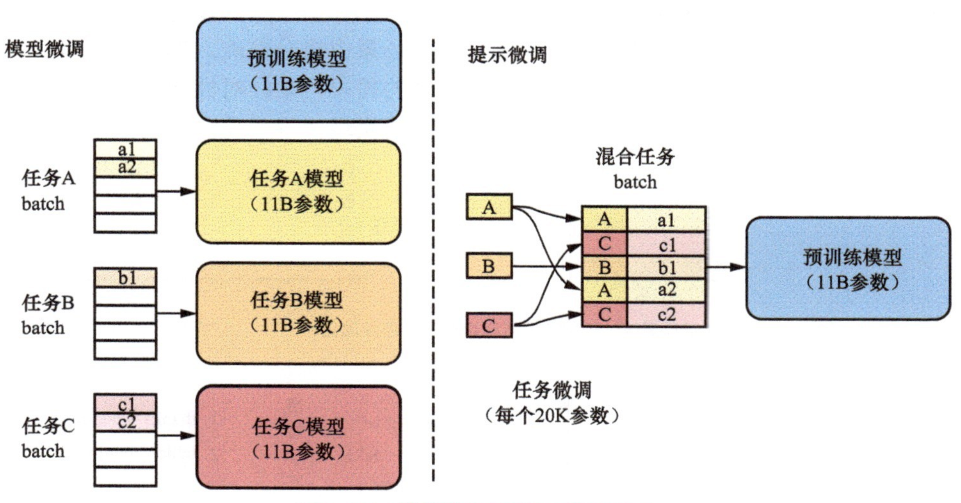

图 3-14 模型微调和提示微调示意

要充分理解 GPT-3 所采用的新方法，需要从机器学习领域的元学习（meta-learning）概念讲起。这种学习策略让模型能够理解不同学习任务的共性和特性，从而迅速适应新的任务。如图 3-15 中左图中的多任务学习依赖共享训练过程和参数，以促进不同任务之间的相互增益和性能优化。而图 3-15 中右图中的元学习，其主要思想是通过分析少量数据来确定最佳出发点，使得模型迅速适应新任务，赋予模型更强的泛化能力，使其能够高效地处理以前未见过的任务。

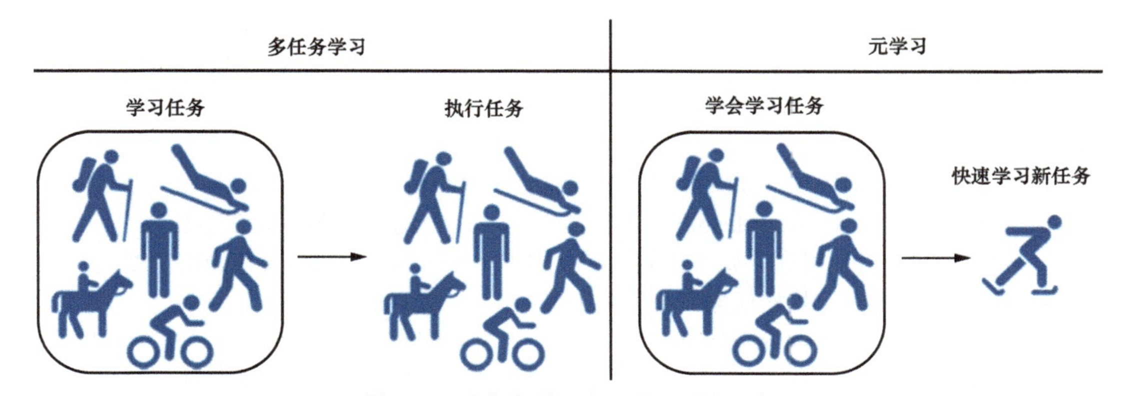

图 3-15 多任务学习和元学习对比示意

元学习的核心是两个嵌套的学习循环：外循环负责在多个任务上训练模型，从而发掘一个好的起始参数集；内循环则使用这些起始参数在新任务上进行快速学习。一个有效的起始参数集会让模型能够在仅有少量数据的情况下迅速适应新任务。如果模型做不到这一点，那么就需要调整起始参数。

GPT-3 吸纳了元学习的理念，在其框架中采用情景学习作为内循环的一部分，而使用随机梯度下降（SGD）作为外循环的优化方法，如图 3-16 所示。情景学习使得 GPT-3 能够通过上下文理解语言的含义和语法规则，从而在不同的任务和场景中提升性能。例如，模型可以通过识别上下文中的算术问题、拼写纠错的提示或单词翻译的需求，来针对性地适应并响应用户的提示。这种方法使得 GPT-3 能够根据所提供的上下文情境实现“举一反三”的效果，对不同的任务给出相应的响应。

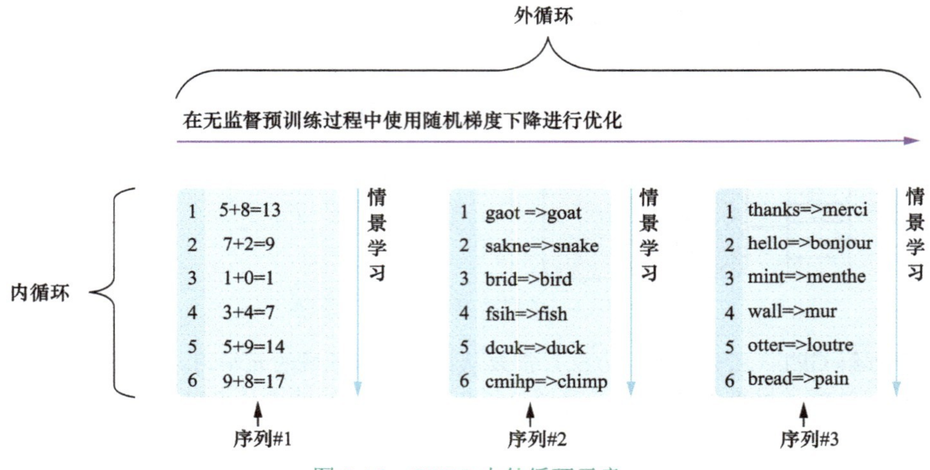

图 3-16　GPT-3 内外循环示意

如图 3-17 所示，我们可以看到如何通过不同程度的提示来引导模型完成特定任务。比如，如果用户输入“翻译成英文：你觉得 TikTok 是个好应用吗？”，模型将其理解为一个翻译任务；如果用户输入“请评价：你觉得 TikTok 是个好应用吗？”，模型则将其视为一个评价任务。这种基于提示的方法非常有助于提升模型的性能，因为它告知模型要执行的具体任务类型。

这种引导式学习可以根据给定的示例数量分为以下 3 种情况。

- 零样本学习（zero-shot learning）。如图 3-17 中的上方部分所示，没有给出任何示例，只提供了任务的描述，如“Translate English to French:”，然后直接给出了要翻译的词 cheese，需要模型根据任务描述来执行翻译。
- 单样本学习（one-shot learning）。如图 3-17 的中间部分所示，给出了一个示例“sea otter => loutre de mer”，以及任务描述，然后提供了新的词 cheese 来翻译。
- 少样本学习（few-shot learning）。如图 3-17 中的下方部分所示，给出了多个示例，使模型有更多的信息来理解和执行任务。

实验结果表明，模型的性能随着示例数量的增加而有所提高，也就是说，少样本学习通常比单样本学习和零样本学习效果更好，而这些方法的效果也随着模型大小的增加而增强。这种基于提示的方法有效地利用了文本提示来指导模型完成任务，成为当前 NLP 领域中的热门技术。

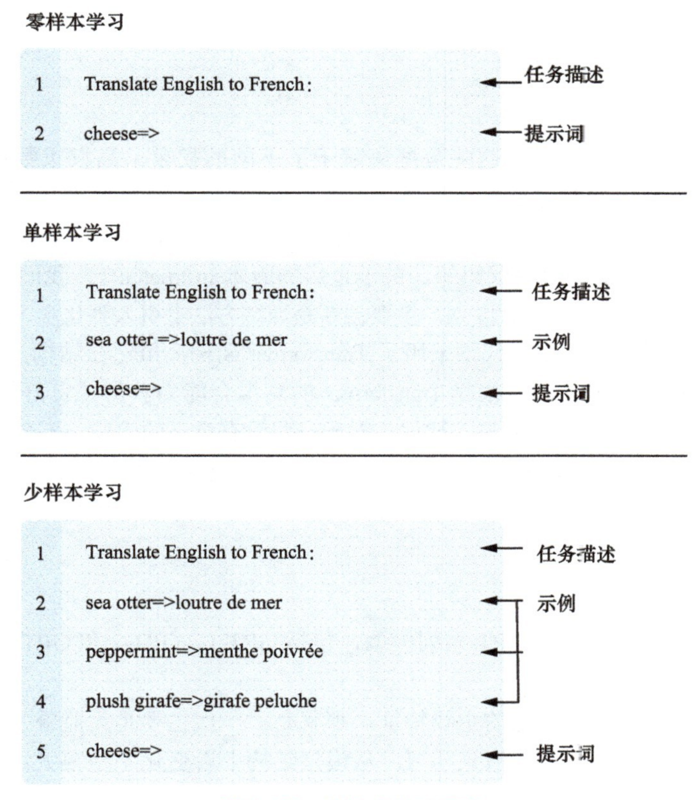

图 3-17 引导式学习示意

这种引导式学习方法在超大规模模型（如 GPT-3）上表现出了显著效果：模型通过仅观察一个或几个例子，就能快速学会并复现相应的任务。虽然从理论上说，GPT-3 是可以进行微调的，这意味着通过大量特定任务的标注数据对模型进行额外训练可以提升其在该任务上的表现，但这种方法可能会导致模型在那些没有经微调的任务上性能下降。因此，GPT-3 通常不采取微调的策略，而是通过灵活运用其预训练的知识来适应各种任务，以避免过度转化的风险。

3.2.8 GPT-3 数据集和性能特点

在构建数据集方面，GPT-3 的训练涵盖了 5 种不同类型的文本语料，包括质量良莠不齐的 Common Crawl 数据以及高质量的 WebText2、Books1、Books2 和维基百科，如表 3-5 所示。

表 3-5　GPT-3 数据集构成示意

数据集名称	参数量（token）	训练集的权重	训练 300B token 所用的 epoch
Common Crawl（过滤后）	4100 亿	60%	0.44
WebText2	190 亿	22%	2.9
Books1	120 亿	8%	1.9
Books2	550 亿	8%	0.43
维基百科	30 亿	3%	3.4

为了优化训练过程，GPT-3 为这些数据集赋予了不同的权重。高权重数据集训练时会被优先选中，从而让生成文本的整体质量得到提高。

GPT-3 在很多复杂的 NLP 任务中取得了惊人的效果，这些任务包括闭卷问答、模式解析、机器翻译、数学加法、文章生成、编写代码等。关于之后的版本 InstructGPT，我们后续会进一步介绍。ChatGPT 在模型上与 GPT-3 没有太大区别，主要创新是训练方法上引入强化学习来优化模型性能。

GPT 系列模型从第一代到第三代均采用了 Transformer 架构，虽然在结构上没有显著创新，但它们通过大量参数和数据的学习，依靠 Transformer 的高拟合能力获得了良好的性能。尽管如此，GPT-3 并不是完美的，还存在一些问题，比如，对于一些没有意义的问题，不会判断命题有效与否，依然拟合出答案；很难保证生成文章不含敏感内容，如种族歧视、性别歧视、宗教偏见等；受限于 Transformer 的建模能力，不能保证生成的长文章的连贯性，以及下文不停重复上文等。

3.2.9　小结

在本节中，我们详细介绍了 GPT 系列模型，包括 GPT-1、GPT-2 和 GPT-3 模型的核心思想、模型结构以及性能参数。

如果用一句话来描述各代模型的主要特征，那就是：一代主要是无监督生成式预训练；二代是多任务学习；三代的典型特点是情景学习。从模型结构上看变化不是很大，主要改进体现在训练数据和参数量的爆炸式增长。在此基础上，又发展了基于人类意图反馈的 InstructGPT，严格意义上它只能算 3.5 代，这将在后续介绍。ChatGPT 的主体框架也是在三代的基础上发展起来的。GPT-4 的主要变化是多模态，利用了更多技术，相关内容我们在后续章节会进一步介绍。

3.3　T5模型

在本节中，我们会介绍 Transformer 模型的一种重要变体，即谷歌于 2019 年提出的预训练模型 T5。

3.3.1　基本思想

T5 模型之所以这样命名，是因为 T5 是“Transfer Text-to-Text Transformer”的简写。图 3-18 总结了各类基于 Transformer 模型的变体，其中 BERT 只用了编码器，GPT 系列只用了解码器的堆叠，T5 则同时用了两种结构，它通过非常详尽的实验证明了同时用两种结构的效果最好。

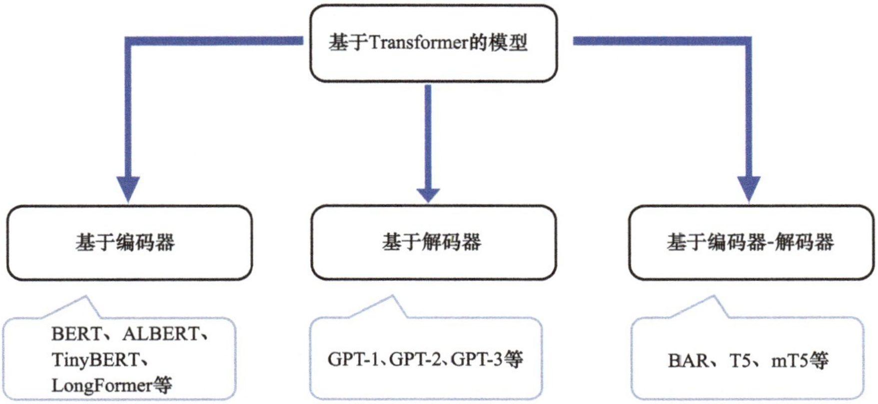

基于Transformer的模型

基于编码器

基于解码器

基于编码器-解码器

BERT、ALBERT、TinyBERT、LongFormer等

GPT-1、GPT-2、GPT-3等

BAR、T5、mT5等

图 3-18　基于 Transformer 的各类变体模型示意

T5 全名中的“Transfer”一词来自 transfer learning，预训练模型基本上都是迁移学习。那么，Text-to-Text 是什么呢？这就是 T5 模型的独特之处，具体说就是将所有 NLP 任务都转换成文本到文本的任务。如图 3-19 中的示例所示，英译德时就在训练数据集输入前都加上“translate English to German”，比如“That is good”会先转换成“translate English to German：That is good.”，将其输入模型，得到右边翻译成的德文。

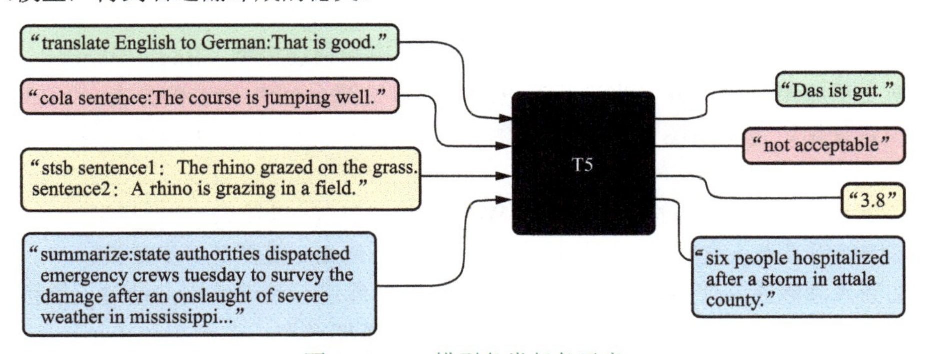

图 3-19　T5 模型各类任务示意

这样一来就可以用同样的模型、同样的损失函数、同样的训练和解码过程来完成所有 NLP 任务，或者说为 NLP 预训练模型提供了一种通用思路，那就是“万物皆可 Seq2Seq”！

BERT 主要用于自然语言理解任务，对于生成类任务显得有点力不从心，但是 T5 用一种统一的思想把两者一起解决了，当年效果突出，轻松问鼎多个 NLP 比赛。以前各种五花八门的 NLP 任务需要学习不同的模型，而 T5 在某种程度上实现了一招胜万招的效果。

3.3.2　词表示发展史

想要搞懂 T5 模型，最好先从词表示（word representation）的发展史讲起，如图 3-20 所示。

在 NLP 中，词表示扮演着至关重要的角色，通过对它进行研究和深入理解，可以展示 NLP 领域不同模型算法间的相互关系，让我们能从全局视角更好地理解 T5 模型的历史地位。

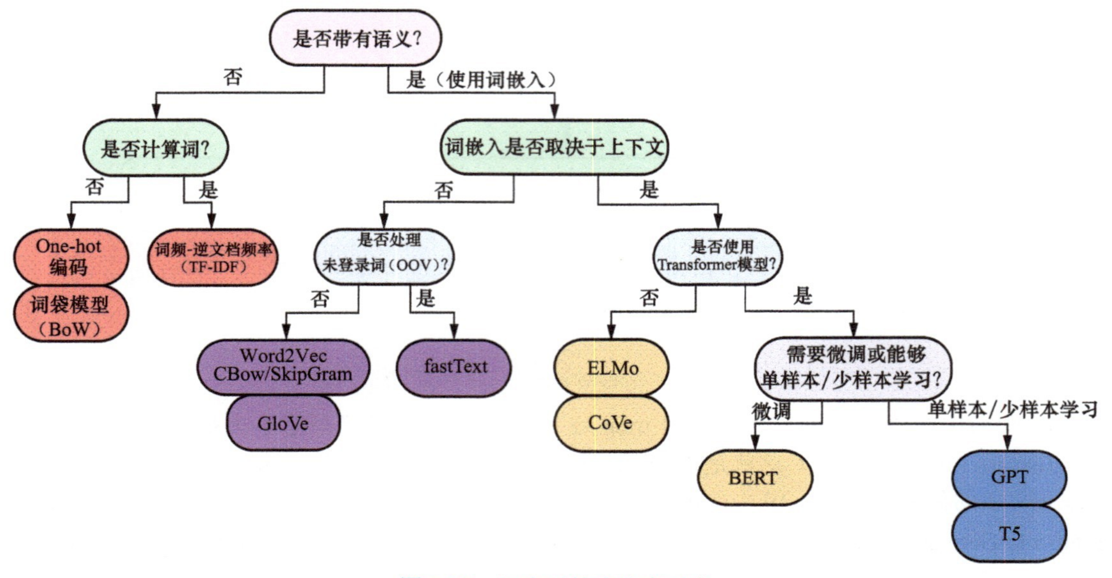

图 3-20　词表示技术分支示意

在深度学习普及之前，人们往往使用 One-Hot 编码和词袋模型（Bag of Words，BoW）以及词频－逆文档频率（TF-IDF）来进行词表示，也就是图 3-20 中的左侧分支。2013 年，词嵌入开始被大量使用，也就是图 3-20 中的右侧分支，根据是否应用了上下文，这类方法又分成两个分支：

- 左侧没有使用上下文的包括常用的 Word2Vec、GloVe 以及 fastText 模型；
- 右侧使用了上下文的又可以根据是否使用 Transformer 模型进一步分类。

上下文嵌入领域通常使用自监督学习下的大型语料库进行预训练，并针对下游预测任务进行微调。其中，左侧的 ELMo 等方法是基于 LSTM 的早期模型，右侧 Transformer 这个分支是当前相对比较先进的模型，其中 BERT、GPT 和 T5 都代表了当前 NLP 领域的最新研究。

3.3.3　模型结构

言归正传，我们来看看 T5 的模型结构。

为了充分论证哪种结构最适合语言模型，T5 模型考虑了三种预训练策略，如图 3-21 所示。

- 编解码器（encoder-decoder）。在该策略中，编码器是双向的，前后都可见，结果传递给解码器，解码器只可见前面的单向信息。BERT 就是只用编码器的典型模型。
- 语言模型（language model，LM）。该策略跟只用解码器的GPT模型很类似，这种单向、自回归的语言模型允许每个输出仅依赖之前的输出，从而能够生成连续的文本。

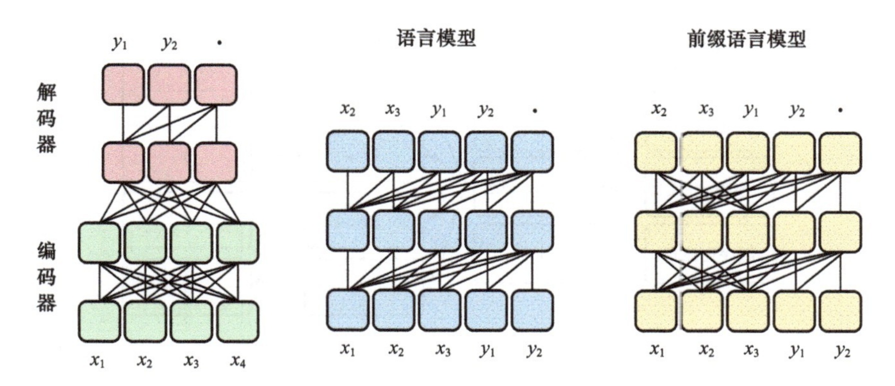

图 3-21 T5 模型三种预训练策略示意

- 前缀语言模型（prefix LM）。可以将该策略看成编码器和解码器的融合体，一部分等效于编码器，前后都可见，另一部分等效于解码器，只可见前面的信息。

就上面三种基于 Transformer 架构的预训练策略来说，它们最本质的区别是对注意力机制中掩码（mask）操作的应用，依次对应如图 3-22 所示。

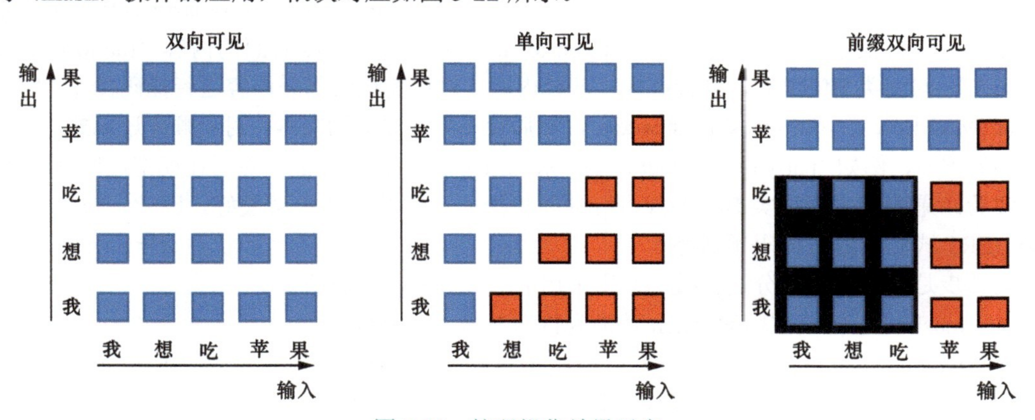

图 3-22 掩码操作效果示意

第一种双向可见机制比较简单，每个字符不管顺序都可见全体。

第二种单向可见机制考虑顺序，每个字符只可见当前以及之前的部分，比如对于字符“吃”来说，只能看到“吃”以及之前的字符“我”和“想”。

最复杂的第三种前缀双向可见机制部分考虑顺序。对于前缀“我想吃”来说每个字符是双向可见的，但是对于后面的字符“苹果”来说是单向可见的。

T5 模型的实验结果表明，在这三种结构中，编解码器策略实现了最佳效果。一旦确定了最有效的策略，接下来要做的是扩大预训练目标的范围，进行更广泛的搜索，以优化流程。

3.3.4 预训练流程

T5 模型在对比研究中对预训练阶段的关键步骤进行了探索，流程如图 3-23 所示。

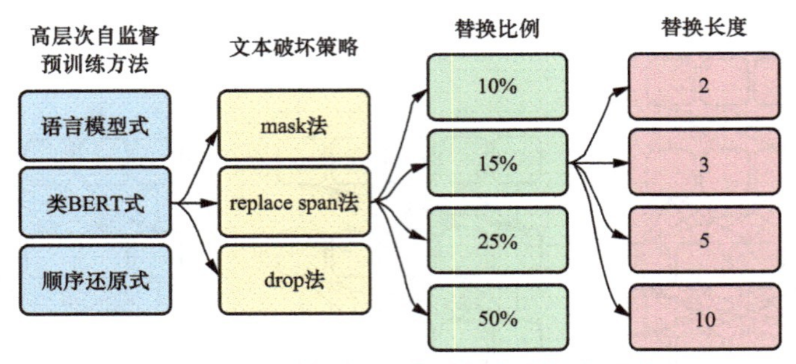

图 3-23　T5 模型预训练关键步骤探索示意

该流程从左到右涉及 4 个步骤。

第一步是高层次自监督预训练方法，尝试了 3 种方式。

- 语言模型式：像 GPT-2 那样从左到右预测。
- 类 BERT 式：将一部分文本随机破坏，然后还原出来。
- 顺序还原式（deshuffling）：将文本顺序打乱，然后还原出来。

举例来说，假设有一条原始文本“Thank you for inviting me to your party last week”。对于前缀语言模型，它会根据一部分内容“Thank you for inviting”依次预测后面的内容“me to your party last week”。对于类 BERT 式，它会破坏一部分内容，例如随机将部分内容进行掩码操作：“Thank you for [Mask] me to your [Mask] last week”，然后让模型还原原始文本。对于顺序还原式，它会打乱语句的顺序，例如“party me for your to. last week. Thank you inviting”，然后让模型还原原始文本。

实验结果表明，使用类 BERT 式进行的随机掩码预训练方式效果最好。因此，T5 模型采用了类 BERT 式进行随机掩码预训练。

第二步是针对文本部分进行破坏时所采用的策略，也有 3 种方法。

- mask 法。将被破坏的 token 替换为特殊符号，如 [M]。
- replace span 法。即小段替换，类似于将相邻的 [M] 合并成一个特殊符号，每个小段替换为一个特殊符号，以提高计算效率。例如，对于句子“我喜欢吃苹果，还喜欢跑步”，用这种方法将完整的词“苹果”和“跑步”都进行了掩码操作。
- drop 法。没有替换操作，直接随机丢弃一些字符。

通过实验发现，replace span 法的效果最好。

在确定使用随机小段替换的文本破坏方式后，第三步是选择替换比例。原生 BERT 使用的替换比例是 15%，而 T5 模型选了 10%、15%、25% 和 50% 这 4 个比例分别尝试。通过实验，最终发现 15% 的效果是不错的，这也证明了 BERT 模型的选择是正确的。

在确定好文本破坏比例后，第四步是确定小段替换的长度。T5 模型对比了 2、3、5、10 这 4 个值，最终发现替换长度为 3 时效果最好。

3.3.5　预训练数据集

预训练数据集采用了常见的抓取网页提取文本方式，在此基础上应用了一些非常简单的启发式过滤，如连续三句话重复出现时只保留一句。以图 3-24 为例，在这三页中，中间页的最后一段会被删除，因为第一页有与之相同的内容。T5 的整个训练数据集被命名为 C4，大小为 750GB。

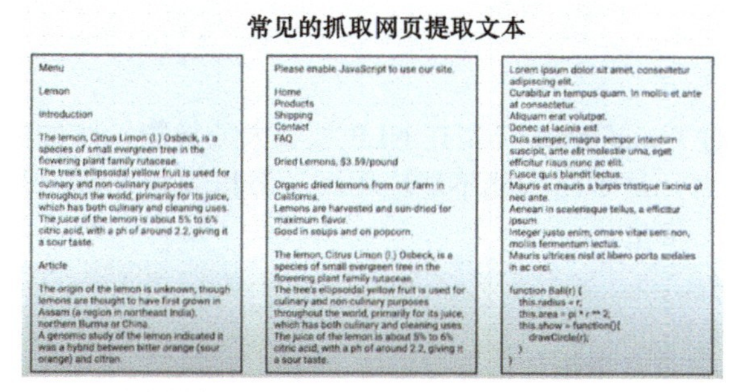

图 3-24 网页文本示意

3.3.6 模型版本

T5 模型训练后，共发布了 5 个不同版本的预训练模型，从低到高如表 3-6 所示。

表 3-6 T5 模型参数示意

模型	参数量	层数	词向量长度	dff	dkv	head 数
Small	60M	6	512	2048	64	8
Base	220M	12	768	3072	64	12
Large	770M	24	1024	4096	64	16
3B	3B	24	1024	16384	128	32
11B	11B	24	1024	65536	128	128

梗老师：现在你能讲一讲 T5 模型和 GPT-2 模型有哪些异同吗？

小　白：最大的区别是 GPT-2 只有解码器，而 T5 同时有编码器和解码器。相同点为都是多任务模型，支持少样本和零样本。

梗老师：没错，它们虽然模型结构不一样，但思想上有相似之处，现在异常火爆的大模型技术普遍基于这两种框架。

最小的 Small 版本使用 8 头注意力机制，每个编码器和解码器只有 6 层，总共 6 千万个参数。最大的 11B 版本则使用了 128 头注意力机制，每个编码器和解码器有 24 层，总共 110 亿个参数。结果再次证明了参数量越大，模型的效果越好。

3.3.7 小结

在本节中，我们详细讲解了 T5 模型。首先介绍了它取名的由来，然后简述了 NLP 领域中词表示的发展史，接着详细剖析了 T5 模型的结构和训练步骤，包括自监督预训练方式、文本破坏方式、文本替换比例以及小段替换长度的选择，接着介绍了 T5 的训练数据集 C4 以及清洗和加工步骤，最后概述了 T5 的各种开放模型版本。

3.4　ViT模型

用了自注意力机制的 Transformer 模型在 NLP 领域大放异彩，比如前面介绍的 BERT、GPT、T5 等模型。你有没有好奇，这种结构能不能应用到计算机视觉领域呢？这就涉及本节要介绍的 ViT（Vision Transformer）模型。

3.4.1　Transformer的好处

先来快速回顾一下 Transformer 的好处。与 RNN 相比（见图 3-25），Transformer 有如下优势。

- 它不是顺序输入的，假如输入是一个句子，RNN 一次将一个词作为输入，而 Transformer 可以将句子中的所有词作为输入，因此能方便地并行化处理。
- 它使用了注意力机制，能了解上下文并可以访问过去的信息，而 RNN 只能在一定程度上访问过去的信息，存在长期信息易丢失的问题。
- Transformer 使用位置嵌入存储了有关词在句子中的位置信息。

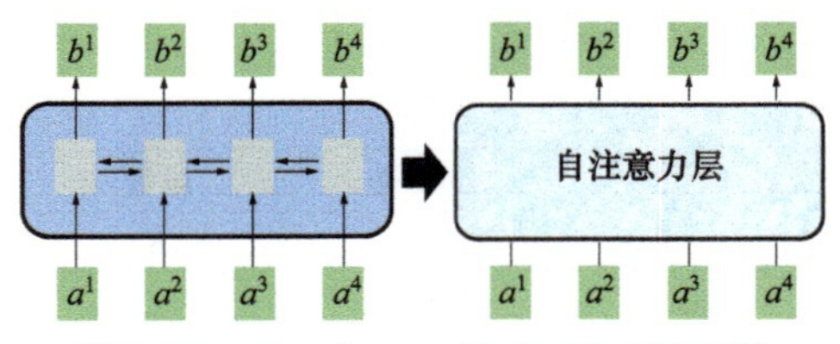

图 3-25　Transformer 和 RNN 对比示意

上述特点是 Transformer 在各类 NLP 任务中超越 RNN 并快速流行起来的重要原因。类似地，Transformer 也可以迁移到图像处理领域。

3.4.2　模型结构

先来看看 ViT 模型的整体架构，如图 3-26 所示。

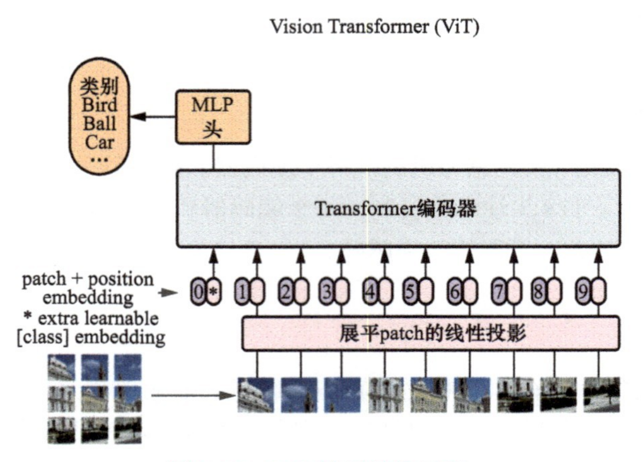

图 3-26　ViT 模型结构示意

主体仍然是 Transformer 编码器，但是输入输出改变了。为了把图像这种空间数据序列化，我们增加了图片的切分预处理以及图片块 + 位置嵌入。此外，输出部分有多层感知机（MLP）头和分类结构。我们接下来分别详细讲解。

3.4.3 数据预处理

假设输入的原始图片数据是$H \times W \times C$，我们需要对图片进行块切分，假设图片块（patch）大小为$P_1 \times P_2$，则最终的图片块数量$N = (H / P_1) \times (W / P_2)$。

如图 3-27 所示，图片块被拉成一个线性排列的序列，也就是“一维”的，以此来模拟 Transformer 中输入的词序列。我们可以把一个图片块看作一个词，然后把切分好的图片块进行展平操作，那么每个向量的长度为$patch_{\text{dim}} = P_1 \times P_2 \times C$。

图 3-27 ViT 模型图片块效果示意

经过上述两步操作后，我们得到了一个$N \times patch_{\text{dim}}$的输入序列。

3.4.4 图片块和位置嵌入

仅仅展平成$P_1 \times P_2 \times C$的向量是不够的，我们需要用一个全连接层对维度进行缩放以得到图片块嵌入，缩放后的维度为 dim，如图 3-28 所示。用公式表示如下：

$$\boldsymbol{z}_0 = \left[\boldsymbol{x}_{\text{class}}; x_p^1 \boldsymbol{E}; x_p^2 \boldsymbol{E}; \cdots; x_p^N \boldsymbol{E}\right] + \boldsymbol{E}_{\text{pos}}, \| \boldsymbol{E} \in \mathbb{R}^{(P^2 \cdot C) \times D}, \boldsymbol{E}_{\text{pos}} \in \mathbb{R}^{(N+1) \times D}$$

注意，这里有三个变量，即$\boldsymbol{x}_{\text{class}}$、$\boldsymbol{E}$和$\boldsymbol{E}_{\text{pos}}$，其中$\boldsymbol{E}$是线性投影矩阵（即全连接层的权重），用于将图片块向量投影到 D 维空间，$\boldsymbol{E}_{\text{pos}}$是位置编码（positional encoding），那么$\boldsymbol{x}_{\text{class}}$有什么作用呢？

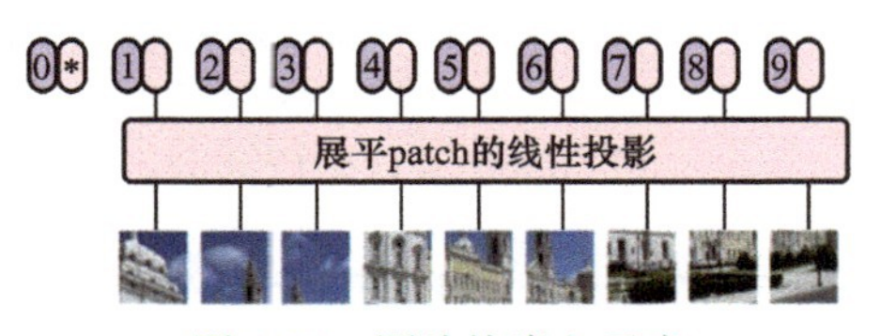

图 3-28 图片块嵌入示意

我们知道，在传统的 Transformer 中，模型设计为序列到序列（Seq2Seq）的形式，比如机器翻译中，输入是一种语言的文本序列，输出是另一种语言的文本序列。但 ViT 没有输出序列，我们的目标是对整张图片进行分类。因此，需要一种机制来代表整张图片的信息。这就是分类向量$\boldsymbol{x}_{\text{class}}$的作用。

训练开始时，我们引入一个可学习向量，通常初始化为零或者很小的随机数。这个向量会作为序列的一部分输入 Transformer 中，接着通过注意力机制和多层处理，这个向量会不断更新，从而学习到代表整张图片的信息。最终输出时，这个更新后的分类向量就包含了整张图片的特征，可以直接用于分类任务。

换句话说，分类向量就像一个特殊的“虚拟”图片块，其职责是收集整张图片的关键信息并用于分类。分类向量是 Transformer 在处理图像时的一个创新应用。在 NLP 中，我们通常用一个特殊的标记（如“[CLS]”）来获取整个序列的概要信息。ViT 模型采用类似的思想，通过学习一个额外的向量来捕获图像的整体信息并进行分类。

图 3-29 给出了更加直观的解释。

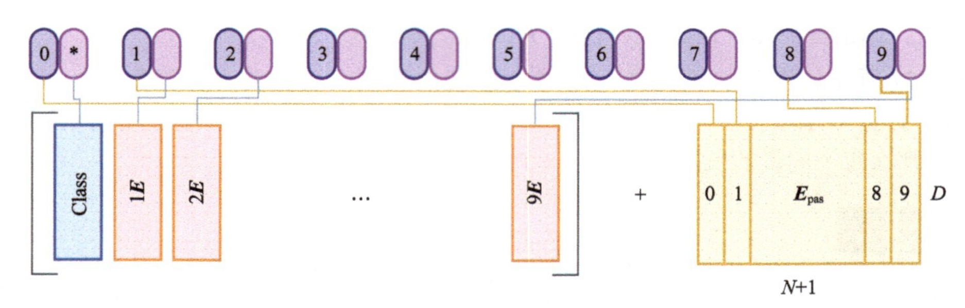

图 3-29　分类向量效果示意

其中蓝色框代表分类向量$\boldsymbol{x}_{\text{class}}$，可以把它想象成一个空的容器，随着模型的训练，它会逐渐被填充用于图片分类的关键信息。彩色的图片块向量（$1\boldsymbol{E}, 2\boldsymbol{E},\cdots, 9\boldsymbol{E}$）代表的是图片块经展平和线性投影变换（即乘以矩阵 $\boldsymbol{E}$）后得到的向量。这些向量用来捕获每个图片块的视觉信息。

黄色框代表位置编码，它的作用是给模型提供每个图片块的位置信息。因为在展平和线性投影变换之后，我们丢失了每个图片块在原始图片中的位置关系，而这对于理解图片是很重要的。位置编码通过加法（逐元素加和）的方式，被加到每个图片块向量和分类向量上，从而恢复了位置信息。

将所有这些向量结合起来得到序列$\boldsymbol{z}_0$，其中既包含了图片的视觉信息和位置信息，还包含专门用于分类的向量，接着把它输入 Transformer 模型的编码器中。

3.4.5　Transformer编码器

之前经过处理的$\boldsymbol{z}_0$接着进入 Transformer 编码器层，其详细结构如图 3-30 所示。先要经过层归一化处理，在进入多头自注意力层前通过变换生成 $\boldsymbol{Q}$、$\boldsymbol{K}$、$\boldsymbol{V}$ 三个向量，之后的操作与 Transformer 一致。注意，右边还有个残差连接，然后是层归一化步骤。

$\boldsymbol{Q}$、$\boldsymbol{K}$两向量内积可以看作计算图片块之间的关联性，获得注意力权重后再缩放乘以 $\boldsymbol{V}$，接着通过 MLP 层获得编码器部分的输出。

你可能会问，这里的多头是什么意思呢？与 Transformer 类似，我们希望模型学习全方位、多层次、多角度的信息，即更丰富的特征。对于同一张图片来说，每个人看到的、注意到的部分会存在一定差异，因此，这部分中的多头就是用来把图片中这些差异综合起来学习。

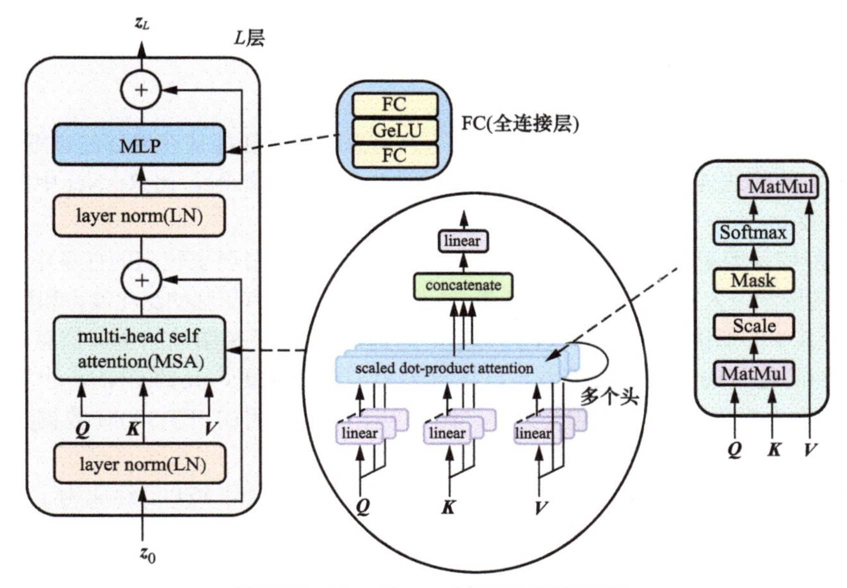

图 3-30 Transformer 编码器结构示意

3.4.6 MLP头

编码器输出之后就是最终的分类处理部分 MLP 头，如图 3-31 所示。此时要把$\boldsymbol{x}_{\text{class}}$映射到最终的分类结果上。通常，这个 MLP 头会包含一到两个线性层和非线性激活函数。

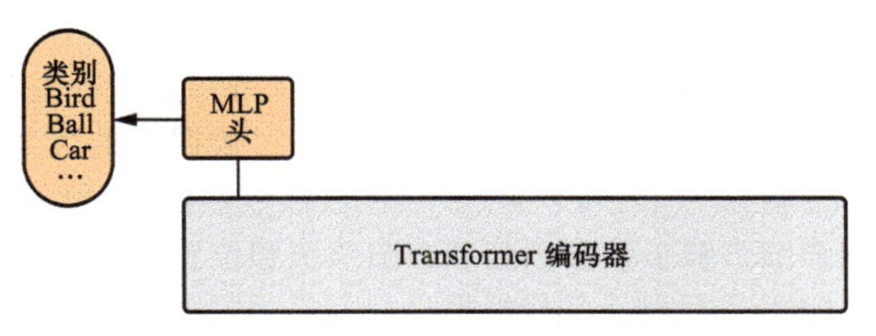

图 3-31 MLP 头效果示意

3.4.7 性能对比

ViT 使用图片块来表示输入图片，并通过直接预测图片的分类标签来完成任务，就像在文本 Transformer 中使用词嵌入一样。

打个比方，把一张图片比作一本书。我们把这本书分成多个段落（图片块），每个段落对应书中的一部分。然后，我们给每个段落加上页码（位置编码），以保持它们的顺序。接着，我们把这些带页码的段落和一个空的摘要页（分类向量）放入一个智能文件夹（Transformer 编码器）。这个智能文件夹可以理解段落内容，并在摘要页上总结整本书。最后，通过阅读这个摘要页，我们就能快速知道书的主题，也就是图片的分类。

与 CNN 相比，ViT 具有许多优势。

- 浅层和深层表示之间具有更多的相似性。
- 即使在浅层，它也能够获取全局的上下文信息，同时还能捕获局部的详细信息。
- ViT 中的跳线连接对于表示的性能和相似性有显著的影响，比 ResNet 中的跳线连接更加重要。
- ViT 能够保留更多的空间信息，这使得其在对空间细节要求较高的任务中具有优势。
- ViT 能够学习大规模数据中的高质量中间表示，从而具有更强的泛化能力和更好的性能。

仔细分析其中的原因，CNN 只关注感受野内的信息，而不是图片的全局信息，因此可以将 CNN 视为一种简化版的自注意力模型。自注意力模型是一种更广义的 CNN，也更加灵活。但是，训练自注意力模型所需的数据量更大，比如 ViT 模型使用的 JFT-300M 数据集就有 3 亿张图片，如果换用 ImageNet 数据集，ViT 的性能还不如 CNN。

尽管 CNN 多年来一直占据计算机视觉领域的主导地位，但是 ViT 已经成为了非常有竞争力的 CNN 替代品，在大数据环境中具有近四倍于 CNN 的计算效率和准确性。这展示了 ViT 在计算机视觉领域的全新发展方向。

> **梗老师：** 学完本节，你知道 ViT 模型中的自注意力机制是如何工作的吗？
>
> **小　白：** 当然，在 ViT 中，每个像素都可以与其他像素建立关联，也就是自注意力，通过训练自注意力权重，能够捕获图像中不同位置的长距离依赖关系。

3.4.8　小结

在本节中，我们介绍了 Transformer 应用在计算机视觉领域的一种重要变体：ViT 模型。

首先，我们回顾了 Transformer 模型在并行处理序列数据上的优势，换句话说，它能以 CNN 的方式处理 RNN 的事情，而这可以被应用到图像领域并带来很多好处；接着我们从 ViT 模型结构入手，分步骤详细讲解了数据预处理、图片块和位置嵌入，编码器及 MLP 头输出结构，最后对比了 ViT 与 CNN 在性能上的优缺点。

ViT 只是 Transformer 在计算机视觉领域最典型的变体之一，其细分领域的模型还有很多。如果你本身从事计算机视觉领域的工作，可以以此为开端进一步深入学习。

3.5　Swin Transformer模型

ViT 模型解决了 Transformer 应用于计算机视觉领域的问题，但是依然面临许多挑战。在本节中，我们再来介绍一种更新、更有效的 Transformer 变体——Swin Transformer 模型。Swin 是指 shifted window，也就是移动窗口。这个模型将 Transformer 与 CNN 成功结合，并获得了出色的性能，曾荣获 ICCV 2021 的最佳论文奖。我们先来看看 Swin Transformer 要解决的问题。

3.5.1 要解决的问题

我们知道 Transformer 起源于 NLP 任务，当应用于计算机视觉任务时，面临下面两大挑战：

- 图像目标变化大，在不同场景下可能会造成 Transformer 的性能不稳定；
- 与文本相比，图像分辨率高、像素点多，如果使用全局自注意力机制，那么计算量会非常大。

Swin Transformer 针对上述挑战提出了一种新思路。具体来说，就是使用移动窗口，将注意力限制在局部范围内，但保持跨窗口连接。如图 3-32 所示，右侧 ViT 模型中各隐藏层特征图的分辨率是相同的，而左侧 Swin Transformer 中，由于移动窗口的使用，不同层特征图具有级联的分辨率，能够产生类似 CNN 的效果，新的基于窗口的注意力计算大大节省了计算量。这就是 Swin Transformer 的主要思想。

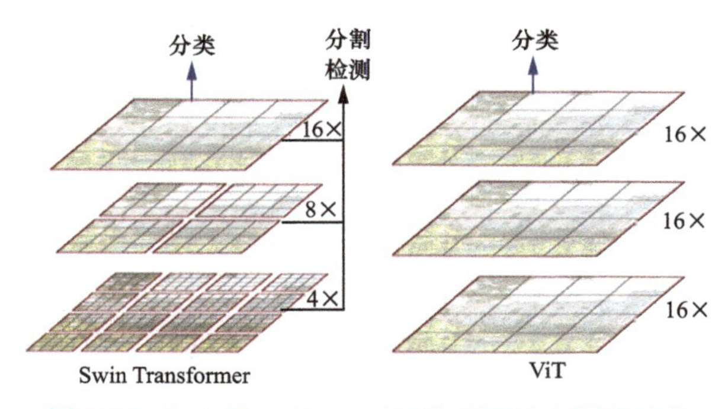

图 3-32 Swin Transformer 与 ViT 移动窗口对比示意

我们来具体看看 Swin Transformer 具体的实现方式。

3.5.2 模型结构

模型结构如图 3-33 所示，主体为层次化设计，包含 4 个阶段（stage）。每个阶段都会缩小输入特征图的分辨率，从1/4、1/8、1/16到1/32。与此同时，感受野会像 CNN 一样逐层扩大。图 3-33 的右侧是两个连续的 Swin Transformer 块结构示例。

在整个模型最左侧，输入之前会类似 ViT 模型那样进行图像预处理。具体就是把图片切分成一个个小图片块（patch），然后进行嵌入操作，也就是把输入标记表示为密集的低维向量，以便神经网络处理。

接下来的每个阶段都包括图片块合并和多个 Swin Transformer 块（block）。图片块合并的目的是降低图片分辨率，有点像 CNN 中的池化层。Swin Transformer 块的结构如最右侧所示，包含层归一化（LN）、多层感知机（MLP）以及两种特别的结构：窗口多头自注意力模块（window multi-head self attention，W-MSA）和移动窗口多头自注意力模块（shifted window multi-head self attention，SW-MSA）。这两种特殊结构是和 ViT 等模型最大的区别。

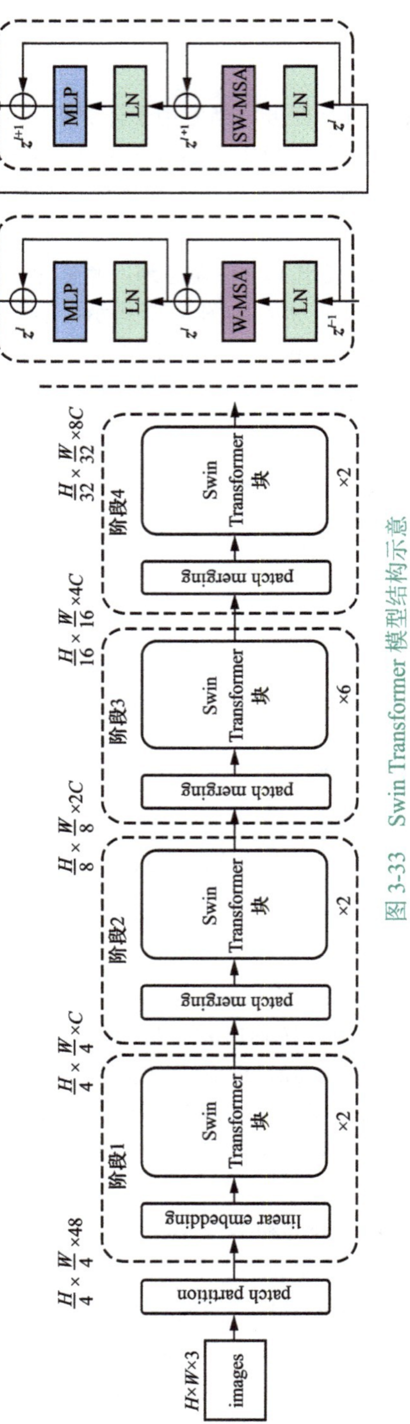

图 3-33　Swin Transformer 模型结构示意

接下来我们具体介绍各个组件的构成。

3.5.3　输入预处理

标准的 Transformer 是面向文本数据设计的，因此对于图像数据，在输入模型前，我们需要先将高为 H、宽为 W 的彩色图片切分成一个个小图片块，然后通过嵌入操作把它向量化。这个步骤和 ViT 模型是类似的，如图 3-34 所示。

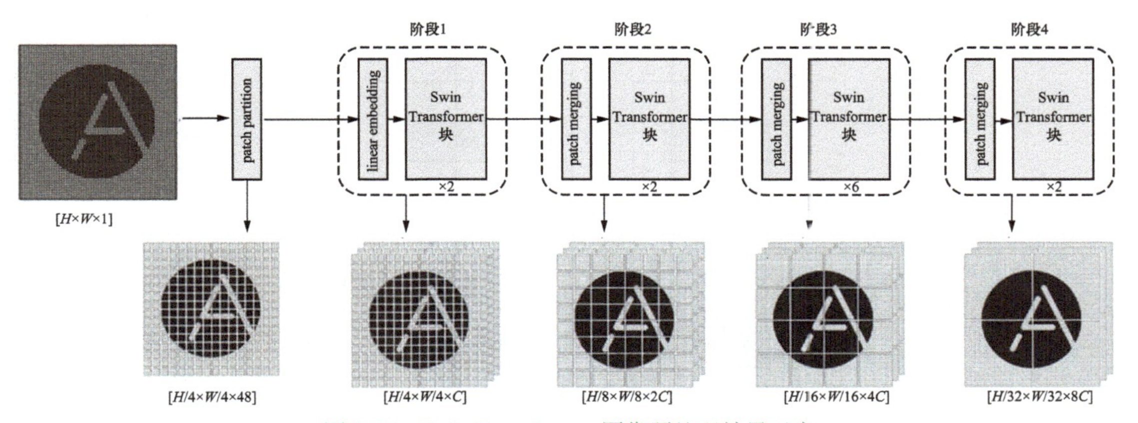

图 3-34　Swin Transformer 图像预处理效果示意

每个图片块大小都是4×4，因为是 RGB 三通道图像，所以其特征维度为$4\times4\times3=48$。切分后的维度从$H\times W\times3$变成了$H/4\times W/4\times48$。假定输入图像大小为64×64，那么共有$64/4\times64/4=256$个图片块。接着，我们可以进一步通过使用线性嵌入层把这些原始特征从 48 维映射到任意维度C。

3.5.4　四个阶段

第一阶段包含一个线性嵌入，它将每个图片块的 48 维投影到C维标记中。随后，这些 token 被送入两个 Swin Transformer 块中。稍后我们再具体介绍 Swin Transformer 块。

第二～四阶段都有图片块合并机制，然后接两个 Swin Transformer 块。以64×64的输入图像为例，在第二阶段图片块合并后其数量就会从 256 变成$64/8\times64/8=64$。

第三阶段和第四阶段重复与第二阶段相同的操作，但是 Swin Transformer 块的数量分别变为 6 和 2。对于刚才的例子，图片块数量将分别变成$64/16\times64/16=16$和$64/32\times64/32=4$。

> **注意**
>
> 整个过程中图像本身的大小并没有变化，但是图片块的大小变化会改变计算注意力的区域。

3.5.5　Swin Transformer块

现在我们来看看 Swin Transformer 块，如图 3-35 所示。两个模块分别是窗口多头自注意力模块（W-MSA）和移动窗口多头自注意力模块（SW-MSA）。第一个模块是窗口内部的标准多头自注意力机制，这种基于窗口的区域计算使得注意力机制变得有些局部化，为此需要进一步使用移动窗口多头自注意力来补偿。换句话说，就是让窗口之间能够“交流信息”。它们之间具体如何配合呢？

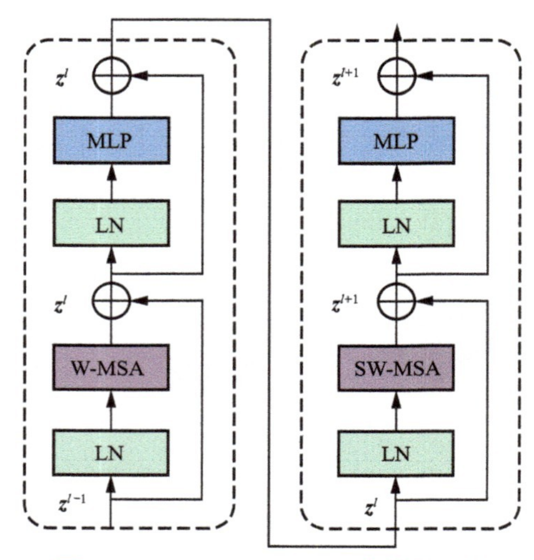

图 3-35　Swin Transformer 块结构示意

3.5.6　窗口注意力

传统的 Transformer 都是基于全局来计算注意力的，因此计算复杂度会非常高。Swin Transformer 则将注意力的计算限制在固定大小的图片块窗口内，大大降低了计算量。从注意力计算公式的角度来看，主要区别是加入了相对位置编码$\boldsymbol{B}$。

$$\text{Attention}(\boldsymbol{Q},\boldsymbol{K},\boldsymbol{V})=\text{Softmax}\left(\frac{\boldsymbol{Q}\boldsymbol{K}^{\top}}{\sqrt{d}}+\boldsymbol{B}\right)\boldsymbol{V}$$

需要注意的是，在 Swin Transformer 中，窗口大小会随着模型加深而变大，以便模型能够捕获更大范围的上下文信息。但不管窗口大小怎么变，注意力机制的计算都会局限在窗口内部，因而大大降低了计算量。我们来看看具体的计算复杂度分析。

3.5.7　计算复杂度分析

给定一个带有$h\times w$块的图像，可以计算出一个常规的多头自注意力模块的计算复杂度为

$4\times h\times w\times C^2+2(h\times w)^2\times C$。相比之下，窗口多头自注意力模块的计算复杂度为$4\times h\times w\times C^2+2\times \mathrm{M}^2\times h\times w\times C$。这表明常规多头自注意力模块的计算复杂度是关于$h\times w$的二次方，即$O((h\times w)^2)$，而窗口多头自注意力模块的计算复杂度关于$h\times w$是线性的，即$O(\mathrm{M}^2\times h\times w)$，因为M是固定的，所以计算复杂度大大降低。但是这种窗口化的操作也带来了自注意力局部化的新问题，怎么应对呢？这就是移动窗口多头自注意力机制的妙用了。

3.5.8 移动窗口多头自注意力机制

以第四阶段为例，图 3-36 展示了一种策略：通过在图像上移动窗口的位置来创建新窗口，这样，原来不相邻的图片块现在可以在新窗口内进行信息交互。

左图中假定开始有$2\times 2=4$个窗口，通过在水平和垂直方向上移动窗口大小的一半，也就是两个小格，得到了右图中的 9 个窗口。换句话说，原图没变，但是窗口的划分方式变了。

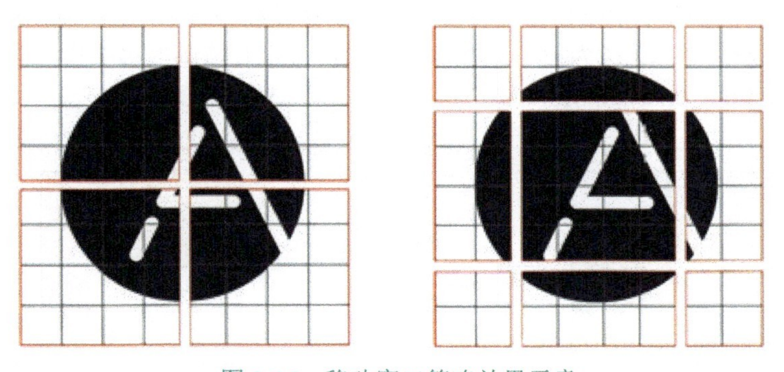

图 3-36 移动窗口策略效果示意

这种通过在水平和垂直方向上移动一定步长生成新窗口的机制，把邻域因素考虑了进来，让不同区域的图片块能够相互“沟通”，某种程度上扩大了注意力机制的感受野，有助于模型更全面地理解整个图像，特别是那些跨越较大空间距离的特征和关系。

移动窗口的策略固然有效，但引入了新问题：窗口数量变多会增加计算量，同时窗口大小不一致会导致不易并行计算。为此，Swin Transformer 模型进一步提出了一种更有效的计算方式。

3.5.9 特征图循环移位计算

如图 3-37 所示，首先将特征数据进行循环移位（cyclic shift）操作。例如，A、B、C 三个区域移动到新位置后，窗口划分后的大小就变得一致了，这使得模型能够高效并行计算每个窗口内部的自注意力；然后，对每个窗口进行 masked MSA 操作；最后将不同窗口的数据移回原来的位置，方便之后其他层的计算，也就是所谓的逆循环移位操作（reverse cyclic shift）。

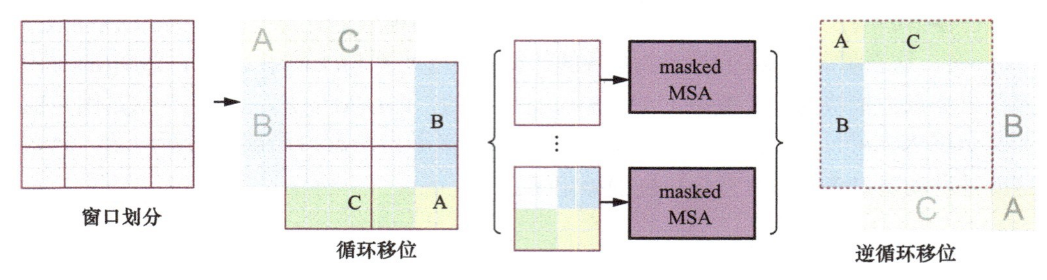

图 3-37　特征图循环移位效果示意

在这个过程中，比较有特色的 masked MSA 具体是怎么操作的呢？我们继续往下看。

3.5.10　masked MSA操作

如图 3-38 所示，先将 9 个方块编号为 0 ～ 8；经过循环移位后，每个区域的位置分布如右上侧所示。然后在新图中以2×2为窗口，在每个窗口内做带有掩码的多头自注意力计算（masked multi-head self attention，masked MSA）。

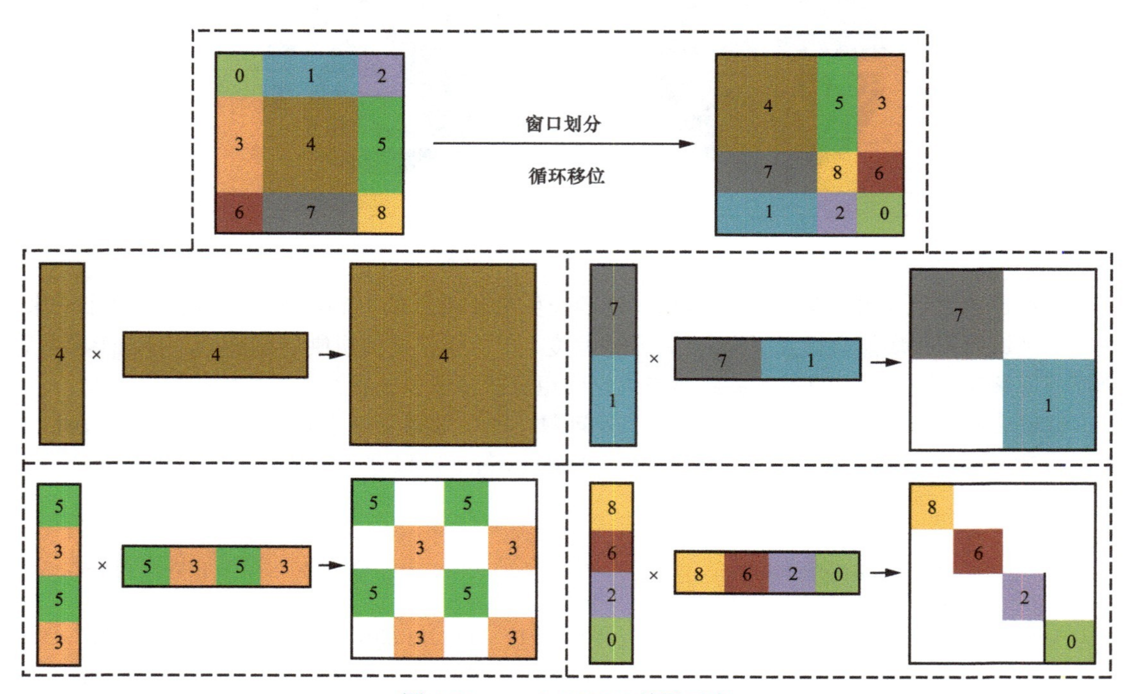

图 3-38　masked MSA 效果示意

也就是说，同编号区域计算注意力时没有掩码，不同编号区域间计算注意力时有掩码。比如，右下侧窗口内有 4 个区域数据（8,6,2,0），那么区域 8 的 $\boldsymbol{Q}$ 和本区域的$\boldsymbol{K}^{\top}$相乘时不受影响，与其他区域$\boldsymbol{K}^{\top}$相乘时有掩码。这样一来，掩码就像一张遮罩纸，覆盖在不应该相互影响的小图片块之间，避免它们在注意力计算时被考虑进来。

梗老师：考考你，Swin Transformer 模型相对于我们前面学过的计算机视觉模型有哪些优势？

小　白：Swin Transformer 特别适合处理大尺寸图像和多尺度特征的任务。它具有较低的计算复杂度，更适合于实际部署。

3.5.11 小结

在本节中，我们讲解了 Transformer 模型应用于计算机视觉领域中的一种重要变体：Swin Transformer。我们从两个挑战开始讲起，介绍了模型的整体结构，包括输入图像预处理和四个处理阶段。每个阶段都有多个 Swin Transformer 块，这是该模型的主要创新点。它通过引入窗口多头自注意力，大大降低了计算复杂度。同时，又借助移动窗口多头注意力，进一步弥补了窗口化导致的注意力计算上局部性的缺陷，具体操作是利用特征图循环移位和 masked MSA 这种创新设计实现的。

总体来说，Swin Transformer 模型借鉴了 CNN 局部特征捕获的思想，借助“窗口”这一概念，有效控制了模型的整体计算量，非常值得思考和学习。它也因此成为了一种比较典型的 Transformer 变体。

第 4 章
深度生成模型：不确定性的妙用

前面详细介绍了卷积神经网络（CNN）、循环神经网络（RNN）和基于自注意力机制的 Transformer 模型的各种复杂变体。不过，无论多么复杂，它们都可以看作单一的神经网络组件。

在深度学习中，如果模型的主要目标是对输入数据进行分类或回归，将输入映射到预定义的类别或连续值输出，我们通常称之为判别式模型。

如图 4-1 中的左图所示，判别式模型就是要找到中间这样一条“线”，用来对数据进行分类或者预测。从概率角度来说，模型的核心思想是对条件概率$P(\boldsymbol{Y} \mid \boldsymbol{X})$进行建模，其中$\boldsymbol{Y}$表示输出（类别标签或真实值），$\boldsymbol{X}$表示输入（特征或数据）。

与判别式模型相对的是生成式模型，也称为深度生成模型或概率生成模型，如图 4-1 中的右图所示。它可以被视为使用多种神经网络组件（如 CNN、RNN、Transformer 等）以及其他技术实现的组合体。这类模型的目标不是对现有数据进行分类或预测，而是生成新的数据，比如文本、图像、音视频等。

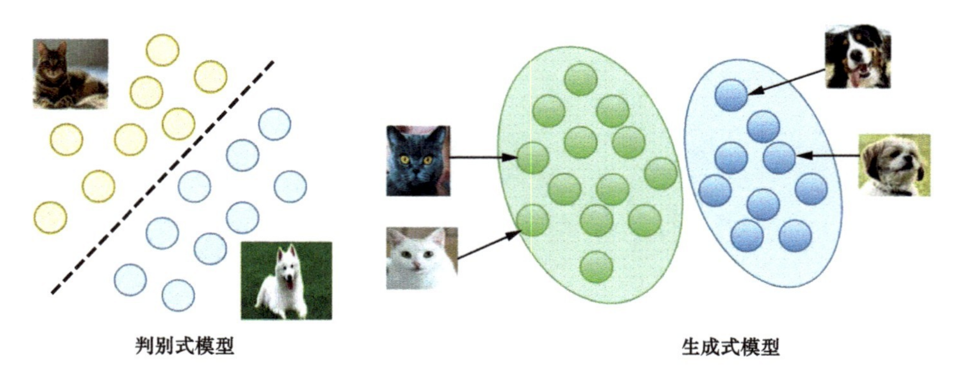

图 4-1　判别式模型与生成式模型差异示意

从图 4-1 可以看出，生成式模型的目标不再是去找一条“线”，而是要找到数据的“分布区域”。从概率角度来看，这类模型不再是对条件概率$P(\boldsymbol{Y} \mid \boldsymbol{X})$建模，而是对更加复杂的联合概率分布$P(\boldsymbol{X},\boldsymbol{Y})$进行建模，因为后者更全面，可以用于新样本的生成。简单来说，生成式模型比判别式模型更加“高级”，因为它是以判别式模型为基础组合而来的复杂模型。

为了帮助大家直观理解，我们可以将不同模型用积木类比，以加深对它们异同点的认知，如图 4-2 所示。

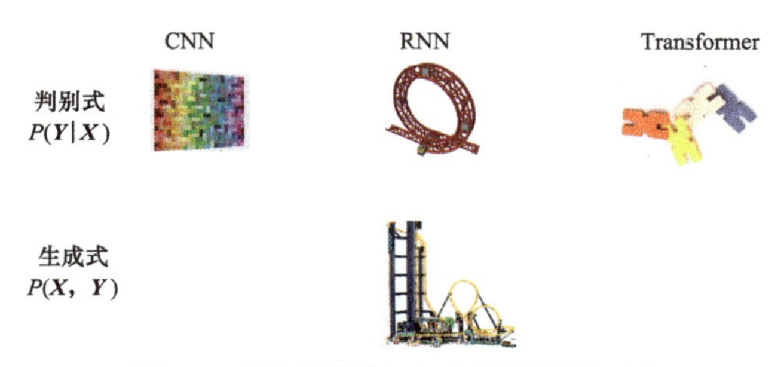

图 4-2 判别式模型和生成式模型类比示意

CNN 就像积木中的“滑块”或“拼图”，卷积核在图像的不同位置滑动，提取特征，经过组合后，可以形成更高层次的抽象特征，用于图像分类和其他计算机视觉任务。RNN 如同积木中的”环状连接”，模型中通常有环状连接，允许信息以内循环传递，在处理序列数据时能够保持记忆。Transformer 则像积木中的“互锁砖块”，自注意力机制允许不同位置的信息相互关联，兼顾对全局和局部特征的把握，从而能更好地处理长期依赖关系。

与上述基础组件不同，生成式模型更像复杂的“创意积木”。它通过多个不同类型的组合，构建各种新奇的形状和模式，进而在不同任务中展现出创造力。基于神经网络的深度生成式模型比积木更加精妙，因为它们涉及很多数学知识和计算。希望这样的类比能让你对这些看似深奥的概念有直观感性的认知。

考虑到深度生成模型的损失函数通常更加复杂且难以直接求解，本章先介绍两种求近似解的常用方法：蒙特卡洛方法和变分推断方法。前者相对传统且经典，可以说是深度生成模型的必学方法；后者则是用深度神经网络解决深度生成模型优化问题的主流技术。

然后，我们将重点介绍三种典型的深度生成模型：变分自编码器（VAE）、生成对抗网络（GAN）、扩散模型（diffusion model，DM）。前两种已广为人知，后一种则是近两年非常流行的图像生成网络。

最后，我们还是会坚持理论联系实际，通过代码实现让大家加深对所学模型的理解。

4.1 蒙特卡洛方法

蒙特卡洛方法属于数值计算的范畴，是一种基于统计学原理的计算方法，通常用于求解复杂的数学问题或在实际问题中模拟概率事件，在深度生成模型的发展史上起到过非常重要的作用。简单来说，它是用来求解复杂概率分布的一种近似方法。深度生成模型学习的目的就是要估计训练数据的概率分布，因此少不了求近似解。

4.1.1 采样

在深度学习中，采样（sampling）是一种常见技术，通常用于模型的训练和推断过程。为什么要进行这个操作呢？主要是因为对于许多求和或者积分运算，精确求值很困难，而通过采样可以大大降低计算量，便于各种统计推断和模型优化。比如下面这样一个积分或者期望较难计算，其中x是随机变量，p是它的分布。

$$s=\int p(x)f(x)\mathrm{d}x=E_p[f(x)]$$

那么，我们可以通过从p中抽取n个样本x_i来近似s，并得到一个经验平均值$\hat{s}$：

$$\hat{s}_n=\frac{1}{n}\sum_{i=1}^{n}f(x_i)$$

简单来说，其实就是用“部分”估计“整体”。采样有很多种，比如随机采样、束搜索（beam search）等。蒙特卡洛采样也是其中一种，它从概率分布中采样出样本，根据计算出的统计量得出对概率分布的估计结果。这看起来有点反直觉，容易让人误解，好像数据都是实时采集的新数据，既然概率分布未知，那么怎么采样呢？

其实很多情况下，指的是我们已经有了足够多的数据，假设它们来自同样一个概率分布，而我们不知道，然后用数据的统计量去揣测这个概率分布。样本越多，估计越准确。比如，图 4-3 就是用不同数量的样本估计一个高斯分布，显然，1000 个样本时估计最准确。

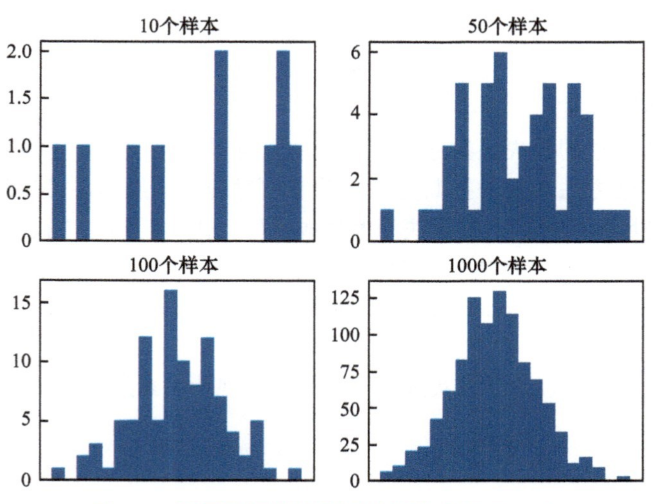

图 4-3　不同数量样本估计高斯分布效果示意

小　白：蒙特卡洛方法听起来挺高大上的，其实不就是遇到求解不了的问题时多试几次吗？

梗老师：理解得不错，实践出真知嘛。

4.1.2　重要性采样

在蒙特卡洛采样方法中，可能会出现某个概率分布不易采样的情况。比如在上面的求积分的式子中，可能完全不知道目标分布p的具体形式，也没有现成的数据。此时就可以理解为无法从p中直接采样。这种情况下，我们可以考虑使用一种称为重要性采样（importance sampling）的技术，不从p上直接采样，而是从另一个易采样的概率分布q上采样，例如高斯分布。

$$p(x)f(x)=q(x)\frac{p(x)f(x)}{q(x)}$$

这样，经验平均值$\hat{s}$就有了新的计算式子：

$$\hat{s}_n=\frac{1}{n}\sum_{i=1,x^i\sim q}^{n}\frac{p(x_i)f(x_i)}{q(x_i)}$$

> **注意**
>
> 此时，这些样本x_i不再服从原来的p分布了，而服从新分布q。这么一来，原来不易采样的分布现在都能处理了。重要性采样的思想是在面对难以直接采样的问题时，选择一个替代的、易于采样的方法，然后通过调整权重来纠正偏差。

如果你觉得理解起来还是有些困难，我们以“采血”做检查来类比解释。假设有兄弟俩，给哥哥p采血很困难，他的血管很细看不清，而弟弟q的血管则比较清晰，更容易找到。此时假如知道两兄弟血液间的遗传差异，也就是比值$\frac{p(x_i)f(x_i)}{q(x_i)}$，那么我们可以通过弟弟的血液样本来推测哥哥的信息，这就是重要性采样的基本原理。

总结来说，重要性采样比蒙特卡洛方法“高级”一些，能解决p分布直接采样困难时如何生成数据集的问题，但是依然要知道p和q的比值。如果连这个比值都不知道，那么重要性采样方法也不适用。

4.1.3　马尔可夫链蒙特卡洛方法

在很多问题中，直接使用蒙特卡洛方法或者重要性采样比较困难。比如当问题涉及高维空间时，需要采样大量样本才能获得较高精度。这时，马尔可夫链蒙特卡洛（Markov Chain Monte Carlo，MCMC）方法就能派上用场了，它是一种利用马尔可夫链进行概率分布采样的方法，可以从任意分布中采样。简单理解，可以认为它是用迭代的方法来动态估计概率分布。

在这种方法中，我们首先定义一个状态转移概率矩阵，用于表示随机变量从当前状态转移到下一个状态的概率。例如，图 4-4 描述了晴天和下雨两种天气状态的状态转移概率矩阵。

接下来，我们可以从任意初始状态出发，不断地利用状态转移概率矩阵来生成一连串状态。如果今天是晴天，那么明天的天气状态将依赖状态转移概率矩阵中对应的值。由于这些状态是根据状态转移概率矩阵随机产生的，因此经过一系列状态转移后，状态序列会逐渐收敛到一个稳定的分布。

与直接的蒙特卡洛采样方法相比，MCMC 采样方法通过产生一系列相互关联的状态来模拟目标分布，从而避免了在整个概率分布空间中进行均匀采样。这使得我们更有效地探索分布，并因此减少了所需的采样数量，提高了采样效率。这种方法在实际应用中非常广泛，特别是在贝叶斯统计推断中可以帮助我们对复杂的后验概率分布进行采样。这部分内容超出了本书的范围，深入理解起来也需要花费较多时间，希望这里先给你一些感性认知，大致知道 MCMC 的作用就行了，需要的时候再深入学习。

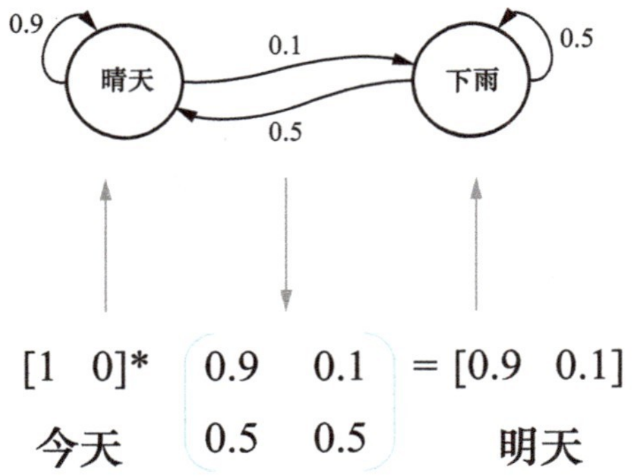

图 4-4　晴天和下雨间状态转移概率矩阵示意

4.1.4　小结

在本节中，我们探讨了在深度学习中，尤其是在深度生成模型中，如何利用蒙特卡洛方法进行近似计算。当面对难以计算的复杂积分时，采样成了一个可行的替代方法。其中，蒙特卡洛方法提供了一种对概率分布进行估计的策略。重要性采样又是其中的一个特定应用，其核心思想是当不能直接从目标分布p中采样时，可以从另一个已知分布q中采样，并利用适当的权重进行纠正以获得近似估计，前提是必须知道两个分布的比值p/q。

随后，我们又简要介绍了马尔可夫链蒙特卡洛方法。

尽管本节涉及很多深入的数学知识，但在实际应用中，并不总是需要深入了解所有细节。建议大家重点掌握这些方法的基本原理，了解它们在实践中的应用场景，并在需要深入理解时寻找更详细的参考资料学习，这样可以事半功倍。

4.2　变分推断方法

在本节中，我们将介绍深度生成模型中另一种常用的近似方法：变分推断（variational inference，VI）。它是贝叶斯近似推断中的一大类方法，广泛应用于机器学习和统计学中，在当前机器学习的许多热门研究方向中，比如深度隐变量模型（deep latent variable model）和不确定性预测（uncertainty prediction）等，扮演着重要角色。

你可能会好奇，为什么之前没有详细介绍这么重要的方法呢？实际上，变分推断与我们之前讨论的最大似然估计（MLE）和最大后验（MAP）等方法密切相关，它们都是估计模型参数的手段。不同之处在于，MLE 和 MAP 等传统方法仅关注参数点估计，而变分推断则着眼于获得参数的完整后验概率分布。它的核心思想是将原始的复杂后验概率分布估计转化为优化问题，通过寻找与真实后验概率分布最接近的简单概率分布来逼近后验概率分布。

在本节中，我们将提供一个全局视角来深入介绍变分推断方法的基本原理和应用，并将其与传统的 MLE 和 MAP 方法比较，帮助你更好地理解它们在深度生成模型中的作用和意义。

4.2.1 参数估计

机器学习可以被视为一个基于数据逆向推导分布参数的过程。它的核心理论基础源于概率统计，更具体地说是参数估计，而求解这些参数的方法所采用的是最优化理论。

统计学存在两大学派：频率学派和贝叶斯学派。频率学派基于一个假设，即数据是客观存在的，因此他们认为观测到的数据$\boldsymbol{x}$是确定的，不存在先验分布。这个学派主要关注条件概率分布$p(\boldsymbol{x} \mid \boldsymbol{z})$，即似然函数。如图 4-5 中的左图所示，根据足够多的数据计算出现的频率，就能模拟概率分布。常见的 MLE 就基于频率学派的上述假设。

贝叶斯学派则假定数据是主观的，如图 4-5 中的右图所示，他们认为观测到的数据$\boldsymbol{x}$是基于某种隐变量$\boldsymbol{z}$生成的，并且有先验概率分布$p(\boldsymbol{z})$。贝叶斯学派关注的不是似然函数$p(\boldsymbol{x} \mid \boldsymbol{z})$，而是后验概率分布$p(\boldsymbol{z} \mid \boldsymbol{x})$。其研究方式通常是利用贝叶斯公式先分解，再进行参数估计。MAP 就是其中一种。可以证明，MAP 与带有正则化项的 MLE 是等价的，而正则化项就是先验分布。

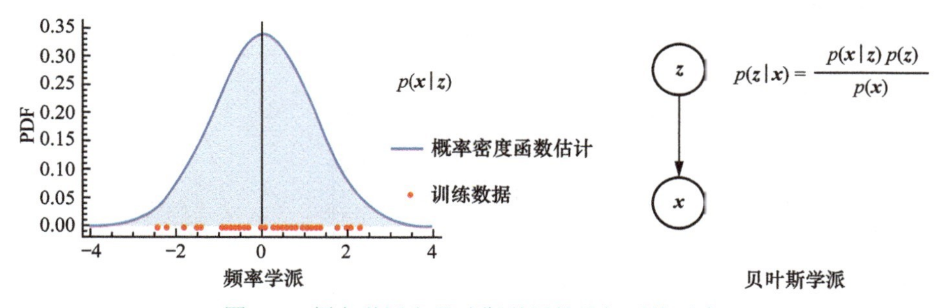

图 4-5 频率学派和贝叶斯学派的认知对比示意

这两个学派就像武侠小说中华山的剑宗与气宗。频率学派如同剑宗，相信剑法是固定和客观的，通过不断训练和实战研究各种剑法动作数据出现的频率，找出最有效的剑招（即 MLE）来对抗敌人。他们认为，只要积累足够多的实战经验，这个最有效的剑招就能接近真实的最佳剑招。

贝叶斯学派如同气宗，认为剑法不仅是招式，还受内力、心态等先验分布的影响。因此，他们不只是寻找最有效剑招，而是会根据当前因素调整剑法（后验概率分布）。换句话说，他们会使用贝叶斯公式结合先验信息和观测到的数据，更准确地评估某一剑招在特定情境下的有效性（即 MAP）。

不论是 MLE 还是 MLP，都属于点估计范畴。这意味着它们都基于参数确定性的假设，试图从数据中寻找一组最佳参数。与此不同，贝叶斯估计的处理方式更为精细，不但追求最佳参数，而且推导整个后验分布。它的核心思想是，参数并非固定不变，而是存在于某种分布中。

与上述观点相对应，深度学习模型可以分为如下两大类型。

- 频率学派的基础深度学习模型。比如前面章节介绍过的 CNN、RNN 以及注意力机制下的各类模型及其变体。

- 贝叶斯学派的深度生成模型。比如我们将介绍的各类先进模型。

4.2.2　问题定义

许多深度学习任务最终都可以视作贝叶斯推断问题，核心是求解后验概率分布。然而，当尝试用贝叶斯公式展开并计算时，我们会发现分母，也就是常被称作证据（evidence）的$p(\boldsymbol{x})$是一个复杂的、难以求积分的项，这导致后验概率分布$p(z \mid \boldsymbol{x})$很难获得明确的解析解。

$$p(z \mid \boldsymbol{x}) = \frac{p(\boldsymbol{x} \mid z)p(z)}{p(\boldsymbol{x})} = \frac{p(\boldsymbol{x} \mid z)p(z)}{\int p(z)p(\boldsymbol{x} \mid z)\mathrm{d}z}$$

面对这种情况，应当如何应对呢？

4.2.3　算法思路

我们用一种更形象的方式来理解算法的关键思路。

观察图 4-6，设想黄色区域表示我们想要估计的后验概率分布$p(z \mid \boldsymbol{x})$。由于这个分布形态复杂，直接获取它的精确形状可能会很困难。但是，仅凭其大致外观，我们可以猜测其与高斯分布有某种相似性。

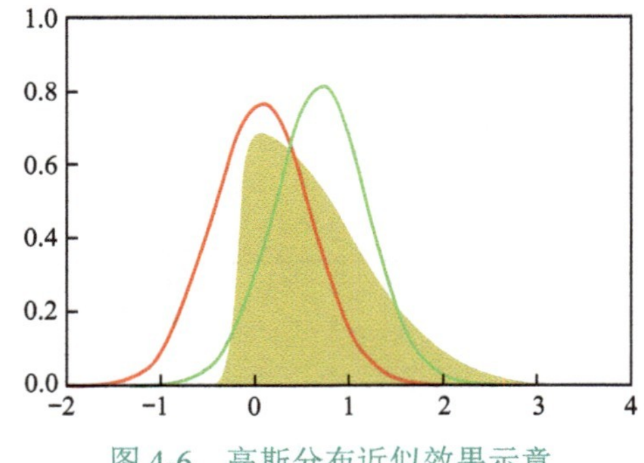

图 4-6　高斯分布近似效果示意

因此，我们的策略是，首先选择一个高斯分布q（见图 4-6 中的红线）作为初步近似。然后，评估这个红色高斯分布与黄色分布的重合区域，这个区域的大小可以看作两个分布的“匹配度”。随后，我们调整红色高斯分布的参数，以使其与黄色分布的重合部分最大化。

多次迭代后，我们可能会将图中的绿色高斯分布作为最终选择，因为它与黄色分布的重合部分最大，这意味着该绿色高斯分布最接近黄色的复杂后验分布。

> **小　白**：那么我们该如何选择适当的变分分布来近似真实的后验分布呢？
>
> **梗老师**：选择适当的变分分布通常依赖问题和模型的特性，常见的选择包括高斯分布、混合高斯分布等，但也可以使用更复杂的分布。

用数学语言来描述上述过程，就是最小化两个分布q与$p(z \mid \boldsymbol{x})$之间的 KL 散度。换句话说，就是通过求解使得两个分布距离最小的变分分布参数θ，从而得到近似后验分布。

$$\min_{\theta} \mathrm{KL}(q(z;\theta) \parallel p(z \mid \boldsymbol{x};\phi))$$

其中，θ是q的参数，ϕ是后验分布$p(z \mid \boldsymbol{x})$的参数。那么，这个 KL 散度具体是什么呢？

4.2.4 KL散度

KL 散度通常用来衡量两个分布之间的距离或者相似度，从熵的角度来看它就是相对熵，等于两个分布的交叉熵减去第一个分布的自熵，如图 4-7 所示。

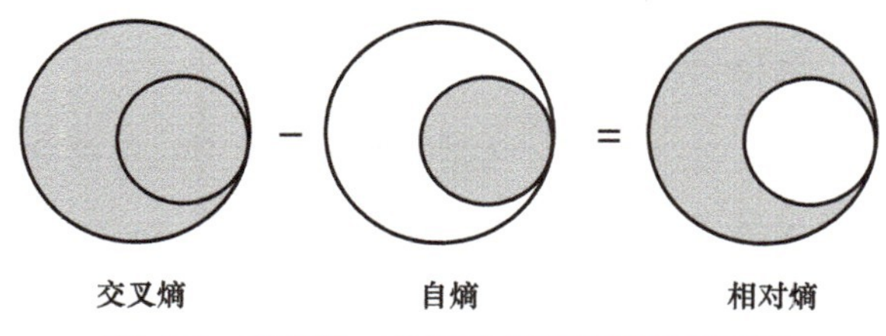

图 4-7 交叉熵、自熵及相对熵的关系示意

KL 散度的计算可以展开为期望和log运算，但在此过程中，我们必须特别关注两个分布的顺序。$\mathrm{KL}(q\|p)$与$\mathrm{KL}(p\|q)$表示的计算方法是完全不一样的。在此，我们主要讨论的是前者，因此期望是针对分布q来计算的。

$$\begin{aligned}&\mathrm{KL}(q(z;\theta)\,\|\,p(z\mid \boldsymbol{x}))\\&=E_{q(z;\theta)}\left[\log\frac{q(z;\theta)}{p(z\mid \boldsymbol{x})}\right]\end{aligned}$$

这么讲可能还是有点难懂，我们来用示例比拟一下。假设你自己做了一种新口味的饼干，现在你想知道它和市场上其他热门饼干有什么不同，以及人们是否会喜欢它。自熵看的是你自己产品的多样性，相对熵是看你的产品和其他产品不一样的程度，交叉熵则是看你的预测和实际情况不符的程度。总体来说，这三种熵都是用来评估“不同”和“不确定性”的。

掌握了这些初步概念后，我们可以进一步推导变分推断的相关公式。

4.2.5 公式推导

在下面的公式推导中，第一步是 KL 散度的定义式；在第二步根据log运算的性质展开，其中除法转化为了减法；第三步将贝叶斯公式代入；第四步，我们进一步利用期望的性质和对数运算法则来展开；最终，我们重新整合$q(z)$和$p(z)$这两部分，依照 KL 散度的定义将它们再次结合。

$$\begin{aligned}&\mathrm{KL}(q(z;\theta)\,\|\,p(z\mid x))\\&=E_q\left[\log\frac{q(z)}{p(z\mid \boldsymbol{x})}\right]\\&=E_q[\log q(z)-\log p(z\mid \boldsymbol{x})]\\&=E_q\left[\log q(z)-\log\frac{p(\boldsymbol{x}\mid z)p(z)}{p(\boldsymbol{x})}\right]\\&=E_q[\log q(\boldsymbol{x})]-E_q[\log p(\boldsymbol{x}\mid z)]-E_q[\log p(z)]+E_q[\log p(\boldsymbol{x})]\\&=-E_q[\log p(\boldsymbol{x}\mid z)]+\mathrm{KL}(q(z)\,\|\,p(z))+E_q[\log p(\boldsymbol{x})]\end{aligned}$$

在上面这个等式中，由于数据$\boldsymbol{x}$是已知的，因此最后一项$E_q[\log p(\boldsymbol{x})]$实际上是一个常数。当我们将前面部分的负号提取出来后，这个部分通常称为证据下界（evidence lower bound，ELBo）。为什么叫这个名字呢？因为 KL 散度是两个概率分布间差异的非负度量，即

$$\begin{aligned}&\mathrm{KL}(q(z;\theta)\,\|\,p(z\mid\boldsymbol{x}))\\&=-E_q[\log p(\boldsymbol{x}\mid z)]+\mathrm{KL}(q(z)\,\|\,p(z))+E_q[\log p(\boldsymbol{x})]\\&=-\mathrm{ELBo}+E_q[\log p(\boldsymbol{x})]\geqslant 0\end{aligned}$$

这样一来，

$$E_q[\log p(\boldsymbol{x})]\geqslant E_q[\log p(\boldsymbol{x}\mid z)]-\mathrm{KL}(q(z)\,\|\,p(z))=\mathrm{ELBo}$$

显然，ELBo正如其名，就是证据$E_q[\log p(\boldsymbol{x})]$的下界。

此时，因为$E_q[\log p(\boldsymbol{x})]$这项是常数，所以最小化$\mathrm{KL}(q(z;\theta)\,\|\,p(z\mid\boldsymbol{x}))$就等价于最小化–ELBo，也就相当于最大化ELBo。

$$\begin{aligned}&\arg\min_{\theta}\mathrm{KL}[q(z;\theta)\,\|\,p(z\mid\boldsymbol{x})]\\&=\arg\max_{\theta}\mathrm{ELBo}\\&=\arg\max_{\theta}\{E_q[\log p(\boldsymbol{x}\mid z)]-\mathrm{KL}(q(z)\,\|\,p(z))\}\end{aligned}$$

最大化ELBo的过程相当于在最大化期望对数似然的同时，尽量减少$q(z)$和$p(z)$之间的 KL 散度。这两个目标往往是对立的。因此，在优化ELBo时，我们需要在这两个目标之间找到适当的平衡。

4.2.6　高斯混合模型实例

对很多读者而言，光看公式推导未必能一下子领悟实际含义，为此我们用一个高斯混合模型的例子来帮助直观地理解推断的过程。如图 4-8 所示，假定一堆数据点在二维空间中的分布未知，我们的目标是根据这些数据推断后验分布$p(z\mid\boldsymbol{x})$。

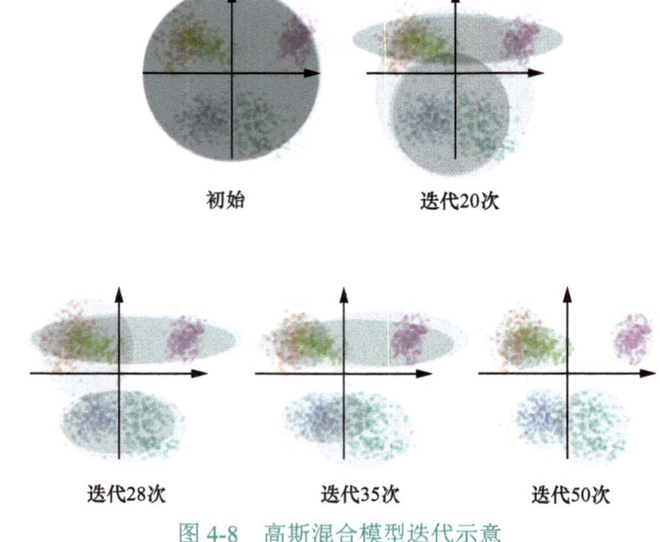

图 4-8　高斯混合模型迭代示意

直接求解很困难，因此用变分推断，先假定一个高斯混合模型$q(z;\theta)$，其中θ是参数，这里既包括高斯分布的均值，又包括它们的标号。随着迭代循环，这些高斯分布逐步拟合数据，也就是最小化q和p之间的 KL 散度，从图 4-9 所示的曲线中可以看出 ELBo 的值逐渐变大。

$$\begin{aligned}&\arg\min_{\theta}\mathrm{KL}(q(z;\theta)\|\ p(z\mid \boldsymbol{x}))\\&=\arg\max_{\theta}\mathrm{ELBo}\\&=\arg\max_{\theta}\{E_q[\log p(\boldsymbol{x}\mid z)]-\mathrm{KL}(q(z)\|\ p(z))\}\end{aligned}$$

这样就通过迭代近似逼近的思想实现了对后验分布的估计。

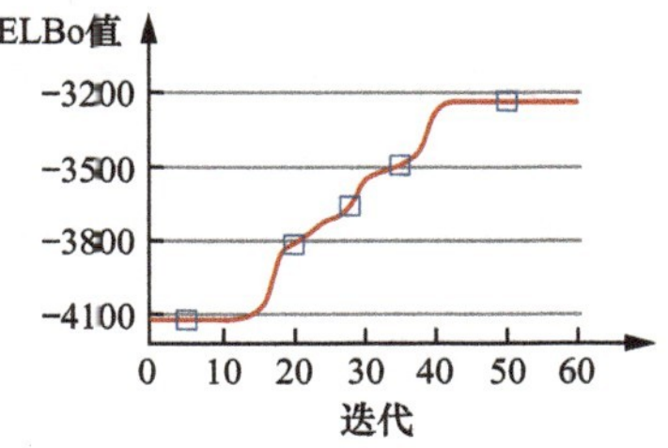

图 4-9 ELBo 值随迭代变化效果示意

4.2.7 与MCMC方法对比

MCMC 和变分推断均是概率推断的主流方法，各有其独特之处。

从计算效率来看，MCMC 需经历大量的迭代并伴随高时间复杂度，因此对计算资源的要求也相对较高。尤其在高维数据场景中，为了获得精确的后验分布，更多的迭代是不可避免的，这使得 MCMC 在大规模或高维数据的场景中表现不佳。相较之下，变分推断在计算上更为迅速，迭代次数有限，因此更适用于大规模或高维数据集。

从准确性角度考虑，MCMC 能够处理多种形态的后验分布，而无须进行任何近似；而变分推断则需要对后验分布的形态进行一定假设，因而只能获得后验分布的近似而非其真实形态。

综合来看，尽管 MCMC 在准确性上更胜一筹，其计算代价却相对较高，因此更适用于小规模或低维数据；与此相反，变分推断在处理大规模或高维数据时则显得更为高效。

4.2.8 小结

本节介绍了深度生成模型中的核心近似算法：变分推断。

我们首先梳理了参数估计的三大方法：最大似然估计（MLE）、最大后验（MAP）和贝叶斯推断，旨在让大家从概率统计的视角深入理解深度学习中的模型差异。其中，贝叶斯推断作为一种更为精细的方法，其复杂性使得深度生成模型超越了如 CNN、RNN 之类的基本模型。

接下来，我们着重探讨了问题的核心——后验分布估计，引入了算法的分布逼近思想。基于此，我们探讨了 KL 散度，并详细推导了证据下界（ELBo）的公式，它在变分推断中至关重要。为了更生动形象地展示这些概念，我们用高斯混合模型作为实例进行了讲解。

最后，我们比较了变分推断和马尔可夫链蒙特卡洛（MCMC）方法的性能特点。

这部分内容为后续模型学习提供了坚实的基石，其中涉及很多有一定深度的数学概念，刚开始可能不是很容易懂，建议反复阅读，逐步加深理解。

4.3 变分自编码器

在过去几年里，基于深度学习的生成式模型受到了越来越多的关注。通过大量数据、巧妙设计的模型结构和训练技术，深度生成模型展示了令人难以置信的能力，可以生成高度逼真的各种内容，如图像、文本和声音。在这些深度生成模型中，有两个值得特别关注：变分自编码器（VAE）和生成对抗网络（GAN）。在本节中，我们将讲解前者，随后在 4.4 节介绍后者。

4.3.1 降维思想

无论是机器学习还是深度学习，本质上都是在研究训练数据，希望从特征中找到规律。机器学习有种重要思想称为降维，能大大减少描述数据的特征数量，主成分分析（PCA）就是其中的一种常用方法。降维在可视化、数据存储等许多需要低维数据的场景中非常有用。

我们讲过的编码器 - 解码器结构也可以用来实现降维思想。以图 4-10 中的人脸识别为例，编码器压缩数据，解码器用于解压缩。中间的编码空间也称为隐空间（latent space），和原始空间相比，它的维度大大降低。通过压缩表示可以捕获数据原始空间中的重要特征，同时减少了噪声和冗余信息。在隐空间中，相似样本的距离相近，这使得在隐空间中对它们进行操作和处理更加容易和方便。

图 4-10　编码器 - 解码器结构降维效果示意

4.3.2 自编码器

自编码器（auto-encoder，AE）是一种能够实现降维目的的神经网络模型。如图 4-11 所示，自编码器通常由三层网络组成：输入层、隐藏层和输出层。输入层和输出层具有相同的大小，隐藏层的大小通常小于输入层和输出层。编码器将输入数据映射到隐藏层，解码器将隐藏层映射回输出层。在训练过程中，自编码器通过最小化输入数据和解码数据之间的重建误差来学习参数。图 4-11 中的e（和d）分别是编码器和解码器的映射函数，$\boldsymbol{x}$为输入，$\boldsymbol{z}$为隐变量，$\hat{\boldsymbol{x}}$为预测的输出。

直觉上，整个自编码器结构为数据制造了一个瓶颈，确保只有信息的主要结构化部分可以通过并被重建。假设编码器和解码器都只有一层线性层，此时就和 PCA 方法非常类似。图 4-12 给出了二者的直观对比：位于左侧的是原始空间中的数据，共有三维；位于右侧的是分别通过

PCA 方法和自编码器降维投影到二维空间的示意图，其中 PCA 有两个正交的基向量，而自编码器的特征轴不一定是正交的，换句话说，神经网络中没有正交约束。

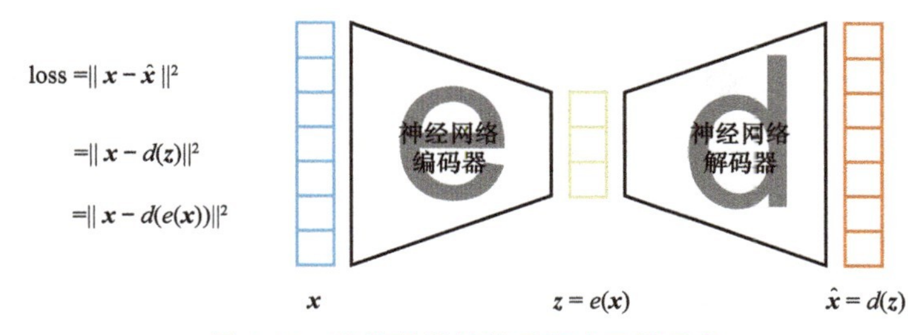

图 4-11 自编码器结构及损失函数示意

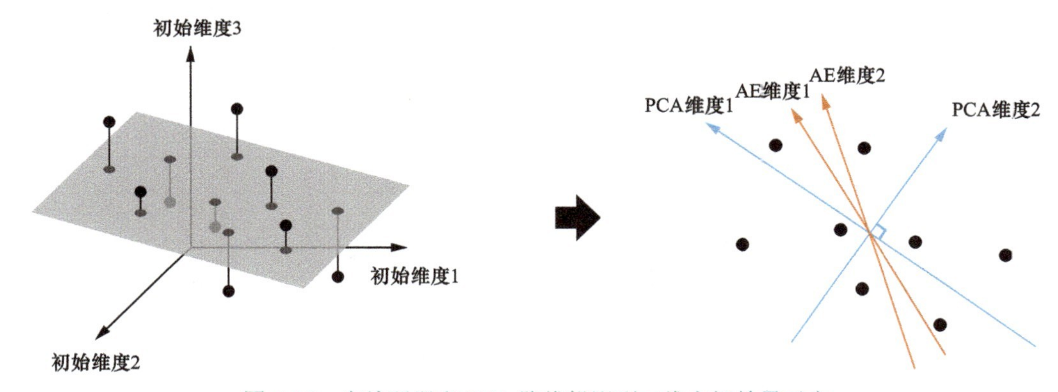

图 4-12 自编码器和 PCA 降维投影到二维空间效果示意

当编码器和解码器都为深度非线性时，模型结构越复杂，自编码器越能在保持低重建损失的同时进行降维。如果编解码器有足够的自由度，甚至可以将任意初始维度降低到 1。实际上，具有“无限大能力”的编码器理论上可以将 N 个初始数据编码为实轴上 N 个整数，相关的解码器再进行逆变换，在这个过程中不会造成任何损失。但需要注意的是，降维的最终目的不仅是减少数据维数，而且要尽量将数据的主要结构信息保留在简化的表示中。因此，要仔细控制和调整隐空间维度的大小和自编码器的“深度”，也就是压缩的程度和质量。

以图 4-13 为例，位于中间的是原始数据，特征数据有九维（表示为格子）。假如现在要根据这些特征数据对 4 种物体进行分类，位于左右两边的分别是两种不同的降维方式，左边降到了一维，貌似更简单，实际上损失了很多信息。右边降到了两维，损失的信息大大减少，反倒更容易分类。

因此，隐空间维度的大小或者自编码器的深度都是非常重要的模型参数。如果没有任何先验或者约束的话，自编码器的应用是有缺陷的。为什么这么说呢？因为在自编码器的训练中，如果仅以尽可能小的损失为目标，而不管隐空间如何组织，那么即使训练得再好，换到测试数据上效果就会变差，也就是会导致严重的过拟合，在解码时给出无意义的内容。因此，自编码器这种结构如果直接用于内容生成应用的话，会出现严重缺陷。

图 4-13　自编码器降维到不同维度效果示意

训练完成后，我们如何使用编码器和解码器来实现生成的目的呢？我们可以在隐空间中进行随机采样，然后通过解码器生成新的内容，如图 4-14 所示。但要确保这种生成是有意义的，隐空间必须是连续且规则的。这正是变分自编码器所要解决的问题，接下来我们将详细介绍这一思想。

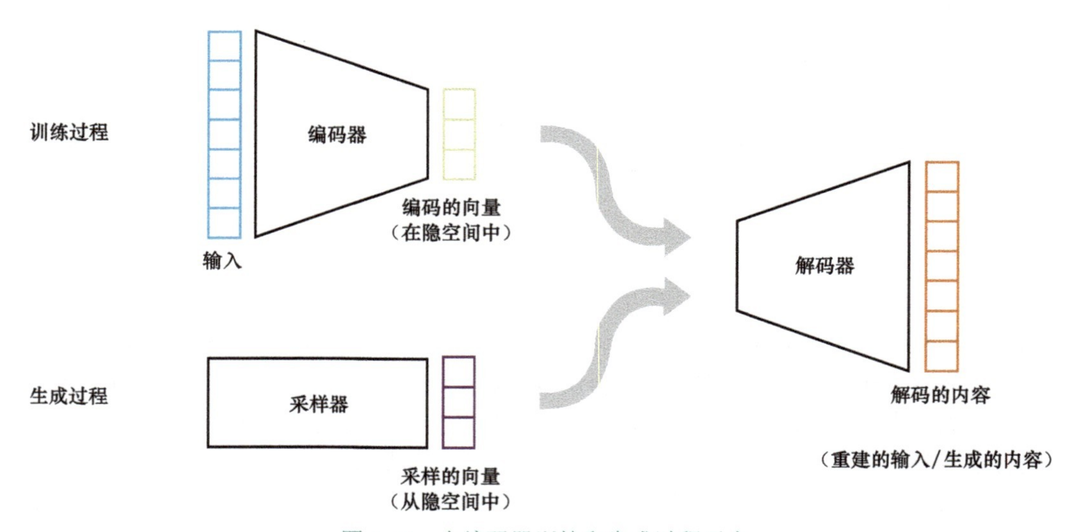

图 4-14　自编码器训练和生成过程示意

4.3.3　VAE基本思想

变分自编码器（variational auto-encoder，VAE）在训练过程中加入了正则化项，以防止过拟合。至于为什么它被称为“变分”，我们稍后会进行讲解。不同于传统的自编码器，它并不直接将输入数据编码为隐空间中的具体点，而是将其表示为隐空间中的概率分布。

举例来说，当输入是一张图片时，常规的自编码器可能会将其映射为“微笑度”的一个固定值，也就是在数轴上的一个点，如图 4-15 所示。我们可以设定微笑度从上到下变化，那么微笑度从小到大变化时，其值可能从负数逐渐增大为正数。而在 VAE 中，这样的输入会被映射到一个概率分布上，而不仅仅是一个点。

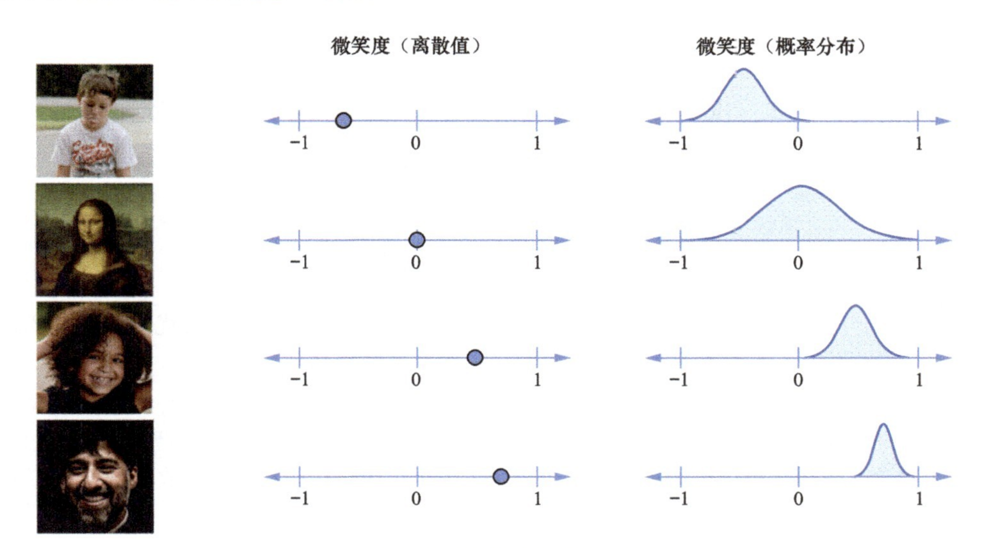

图 4-15 VAE 隐空间概率分布效果对比示意

从统计学的角度理解，这种正则化可以看作从最大似然估计（MLE）转向估计后验概率分布$p(\boldsymbol{z}\mid\boldsymbol{x})$。如图 4-16 所示，输入数据 $\boldsymbol{x}$ 可以被视为由隐变量$\boldsymbol{z}$生成的。我们可以观测到$\boldsymbol{x}$，但真正要推断的是特征$\boldsymbol{z}$。通过贝叶斯公式，我们可以得到这一后验概率分布。而先验概率分布$p(\boldsymbol{z})$在这里起到了正则化的作用。具体地，当$p(\boldsymbol{z})$是拉普拉斯分布时，它对应 L1 正则化；当$p(\boldsymbol{z})$是高斯分布时，它对应 L2 正则化。在 VAE 中，通常假设$p(\boldsymbol{z})$为高斯分布。但实际上，直接计算$p(\boldsymbol{z}\mid\boldsymbol{x})$通常非常困难，因为它涉及$p(\boldsymbol{x})$中棘手的积分运算，没有直接的解析解。这时，我们可以采用变分推断方法来求解，这就是变分自编码器名称中“变分”一词的由来。

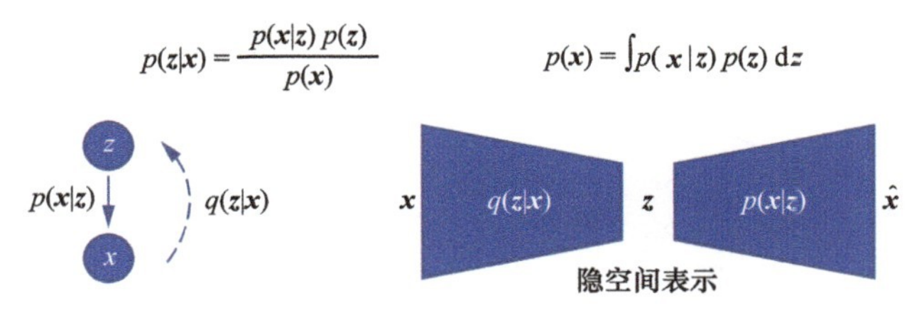

图 4-16 VAE 基于统计学的理解示意

具体来说，可以用高斯分布$q_{\boldsymbol{x}}(\boldsymbol{z})$来近似$p(\boldsymbol{z}\mid\boldsymbol{x})$，$q_{\boldsymbol{x}}(\boldsymbol{z})$其实就是$q(\boldsymbol{z}\mid\boldsymbol{x})$的意思，是对$p(\boldsymbol{z}\mid\boldsymbol{x})$的近似，或者说对给定$\boldsymbol{x}$下$\boldsymbol{z}$的分布的近似，因为$p(\boldsymbol{z}\mid\boldsymbol{x})$实际是什么无从得知。详细推导过程如下：

$$
\begin{aligned}
(g^*,h^*) &= \underset{(g,h)\in G\times H}{\operatorname{argmin}} \operatorname{KL}(q_x(z)\parallel p(z|x)) \\
&= \underset{(g,h)\in G\times H}{\operatorname{argmin}} \left\{E_{z\sim q_x}[\log q_x(z)] - E_{z\sim q_x}\left[\log\frac{p(x\mid z)p(z)}{p(x)}\right]\right\} \\
&= \underset{(g,h)\in G\times H}{\operatorname{argmin}} \{E_{z\sim q_x}[\log q_x(z)] - E_{z\sim q_x}[\log p(z)] - E_{z\sim q_x}[\log p(x|z)] + E_{z\sim q_x}[\log p(x)]\} \\
&= \underset{(g,h)\in G\times H}{\operatorname{argmax}} \{E_{z\sim q_x}[\log p(x|z)] - \operatorname{KL}(q_x(z)\parallel p(z))\} \\
&= \underset{(g,h)\in G\times H}{\operatorname{argmax}} \left\{E_{z\sim q_x}\left[-\frac{\parallel x - f(z)\parallel^2}{2c}\right] - \operatorname{KL}(q_x(z)\parallel p(z))\right\}
\end{aligned}
$$

其中，函数g和h分别定义了高斯分布q的均值和方差，因此，确定它们的最优值就意味着确定了整个分布。

上述推导过程中，第一行简明地描述了问题——最小化近似分布q与真实分布之间的 KL 散度，从而在这个分布族中找到最佳近似。第二行是 KL 散度的公式及其变形。特别需要注意的是，z是从q_x这个分布中采样得到的。第三行进一步对第二行中的第二项使用对数公式进行转换，展开项中最后一项$E_{z\sim q_x}[\log p(x)]$本质上是常数，而前两项结合实际上表示$\operatorname{KL}(q_x(z)\parallel p(z))$，从而得到了第四行。第五行是基于高斯分布的定义。这里，$f()$是解码器的映射函数。

最优的g、h和f要实现两个主要目标：

- 从近似得到的隐空间分布q_x中采样z并进行解码，期望得到的输出尽可能接近原始数据x；
- 这个q_x应当接近一个标准高斯分布。

这可以通过图 4-17 进行可视化。简而言之，我们希望损失函数为“最大程度地重建 + 正则化”这样一个组合。前者确保编解码过程的有效性，而后者则使隐空间保持正则化。常数c决定了上述两个目标之间的平衡。c越大，我们对模型中的概率解码器假设$f(z)$周围的方差就越大，也就越关注正则化项。

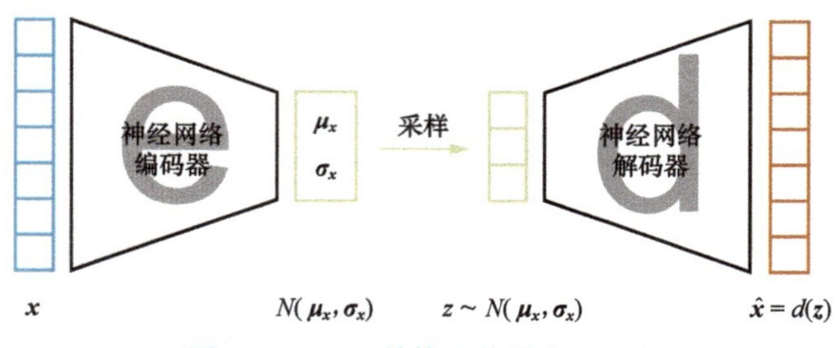

图 4-17　VAE 结构及数学表示示意

> 小　白：VAE 是如何工作的呢？看多了公式，有点困惑。
>
> 梗老师：VAE 的工作原理并不复杂，就是借助一个编码器和一个解码器。就像文件压缩和解压缩，压缩过程中，编码器将输入数据映射到隐空间中的概率分布，并生成隐表示。解压缩过程中，解码器从隐表示中生成重建数据，同时使隐表示接近标准高斯分布。

4.3.4 隐空间可视化

为了更直观地理解，我们通过一个具体的例子来对比变分自编码器在隐空间的优势。我们将标准的自编码器（仅基于重建损失项）、仅基于 KL 散度的模型以及同时考虑这两个损失项的模型进行了比较（见图 4-18），所选用的数据集为 MNIST。

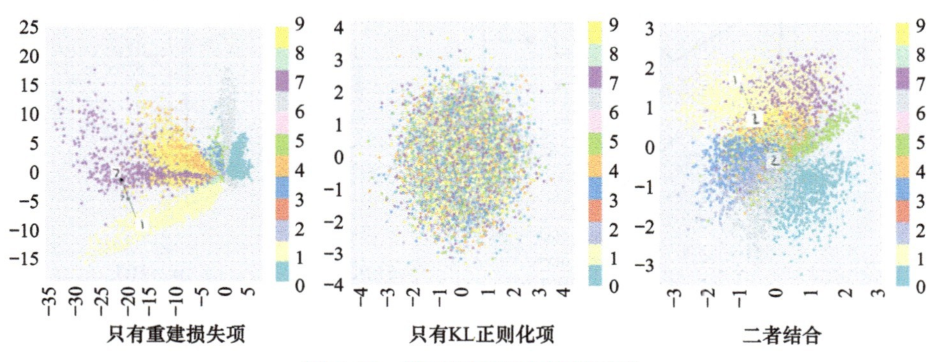

图 4-18 隐空间可视化效果示意

当我们仅依赖重建损失时，虽然模型能够分离出不同类别，并且解码器也能够还原出原始的手写数字，但在隐空间中数据的分布会呈现出不均匀状态。这意味着隐空间中的某些区域并没有对应在数据集中观测到的任何数据，所以如果我们从这些区域进行采样来生成数据，结果可能是无意义的。

而当我们仅使用 KL 散度作为损失函数时，模型最终会倾向于使用一个统一的高斯分布来描述所有的训练数据，这导致隐空间中的所有数据点很难区分，换言之，隐表示失去了对不同数据点的区分能力。

但当我们同时考虑这两种损失项来进行优化时，模型会被鼓励让隐变量的分布接近于高斯先验分布，但在描述输入的特定、显著特征时允许其有所偏离。这样，模型就能够学习到一个对输入数据有平滑表示的隐空间，既保证了数据的分布性质，也确保了数据的区分度。

4.3.5 神经网络实现

到目前为止，我们已经构建了一个由函数f、g和h构成的概率模型，并利用变分推断来解决相应的优化问题，如图 4-19 所示。

在实际中，这些函数可以通过三个神经网络来实现。具体来说，编码器部分中的g和h是部分共享网络结构和权重的，而并非由两个完全独立的网络来描述。为了简化计算，我们约束协方差矩阵为对角矩阵，即只考虑各维度的方差而不考虑各维度之间的协方差。因此，均值和方差（对角线上的元素）都可以通过全连接层来输出。

整个模型是通过将编码器与解码器连接在一起构建的。在优化过程中，我们需要从编码器得到的分布中采样$\boldsymbol{z}$，但是直接采样操作不可导，会导致无法直接使用常规的反向传播算法。为了解决这个问题，VAE 引入了重参数化技巧，使得依然可以使用梯度下降算法进行优化。

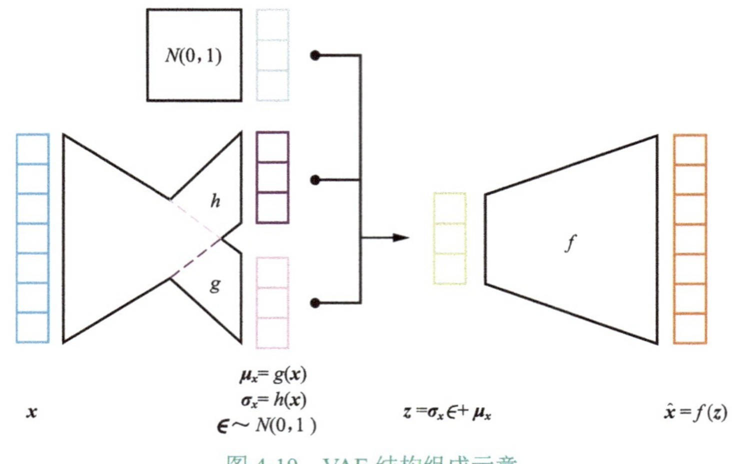

图 4-19　VAE 结构组成示意

4.3.6　重新参数化技巧

重新参数化技巧的基本思想是：如果有一个随机变量z，它遵循均值为$g(\boldsymbol{x})$、协方差为$h(\boldsymbol{x})$的高斯分布，那么我们可以将z重新参数化为

$$z = \boldsymbol{\sigma}_x \epsilon + \boldsymbol{\mu}_x$$

这里，$\boldsymbol{\mu}_x$和$\boldsymbol{\sigma}_x$都是可导的，因为它们是由编码器输出的，而ϵ是一个不可导的随机变量，从标准高斯分布中采样。但要注意，通过这种重新参数化的方式，z仍然维持其原始分布，也就是均值为$\boldsymbol{\mu}_x$、方差为$\boldsymbol{\sigma}_x^2$的高斯分布。尽管ϵ从标准高斯分布中采样，但整体的操作（乘以$\boldsymbol{\sigma}_x$并加上$\boldsymbol{\mu}_x$）是可导的。这意味着我们可以在采样z后，将其传递给解码器，然后在整个过程中使用标准的反向传播方法。

听上去很玄奥，其实就是“狸猫换太子”的思想，把随机变量z表示为一个确定性函数和独立噪声项ϵ的和，噪声服从标准高斯分布，这样一来整个采样过程依旧梯度可导，随机性被转嫁到了ϵ上。重新参数化技巧允许我们将一个不可导的采样步骤转化为可导操作，使得整个模型可以进行端到端训练和优化。

这么讲不太好理解，我们用简单的示例来解释这个相对复杂的概念。

想象你在做炒饭，你知道炒饭最终的味道会受到很多因素的影响，比如米饭、鸡蛋、蔬菜等，这些是随机变量z。现在的目标是找到一种方式制作出美味的炒饭，同时要确保该方法是可复制和可改进的，也就是“可导性”。原先，你直接根据感觉随意加各种食材，这相当于一个不可导的随机过程。但后来，你决定换一个方法：先确定食材的基础部分（$\boldsymbol{\mu}_x$和$\boldsymbol{\sigma}_x$），比如米饭、鸡蛋和盐，这部分是可以量化和控制的；然后随机加点调料（ϵ）增加风味，比如一点酱油、辣椒或者香料。最终的炒饭就是这两部分组合的结果。

通过这种方式，既保持了炒饭味道的随机性，同时也能确保整个烹饪过程是可以控制和改进的。这就相当于你通过“重新参数化”将一个原本复杂而难以控制的问题转化为了一个相对简单、可控且可优化的问题。

4.3.7 小结

在本节中，深入探讨了一种用于内容生成的特殊编解码器结构：变分自编码器（VAE）。我们首先从机器学习中的降维思路出发，了解了什么是自编码器，并探讨了其在内容生成上的局限性。这为我们引出 VAE 的核心思想——隐空间的正则化提供了铺垫。

紧接着，我们详细探索了 VAE 的深度生成模型以及如何通过变分推断来进行近似优化。为了帮助大家更直观地理解，我们提供了隐空间的可视化解释。在结尾部分，我们深入了解了如何利用神经网络实现 VAE。

VAE 的数学背景的确有些复杂，特别是对于初次接触变分推断的读者来说可能会觉得有些晦涩难懂。建议读者多读几遍、深入思考并多加实践，这样才能更好地掌握其中的精髓。

4.4 生成对抗网络

我们之前已经探讨了生成式模型中的经典之作：变分自编码器（VAE）。接下来，我们将深入介绍另一种具有代表性的方法：生成对抗网络（generative adversarial network，GAN）。它是由 Ian Goodfellow 于 2014 年在论文“Generative Adversarial Nets”中提出的。

GAN 的核心理念是利用两个神经网络（生成器和判别器）通过对抗性的方式协同工作，生成图像、音频和视频等高质量的数据。这种方式与传统的基于规则或统计分布的方法截然不同。传统的方法往往依赖烦琐的人工设计和数学建模，而 GAN 能够直接从训练数据中学习并把握数据的内在分布。

GAN 的引入为深度学习和机器学习领域带来了翻天覆地的变革，尤其在图像生成、自然语言处理和视频生成等领域中。其成功应用进一步激发了人们对于人工智能与机器创造力的探讨。由此，GAN 逐渐成为研究的热点，众多科研工作者和从业者开始对其进行改进和优化，导致各式各样的 GAN 变体层出不穷。

那么，GAN 到底是什么？又有哪些优势呢？接下来，我们将进行深入探讨。

4.4.1 什么是对抗生成思想

顾名思义，GAN 是深度生成模型的一种，而训练是通过对抗博弈来实现的。为了说明它的基本思想，我们先来举一个通俗易懂的例子。

假设有一个画家和一个鉴赏家，画家想要创作出逼真的画作，鉴赏家希望能够分辨出真假（见图 4-20）。但是画家并不知道如何让画作更加逼真，而鉴赏家也没有一个固定的准则来分辨画作的真伪。于是他们开始对抗学习。画家开始画画，鉴赏家则不断地给出评判，判断画作是否真实。画家会根据反馈不断改进，鉴赏家也会根据画家的画作提高自己的判别标准。随着对抗的不断进行，最终画家的画作足够真实，而鉴赏家也能够准确地判别真伪。

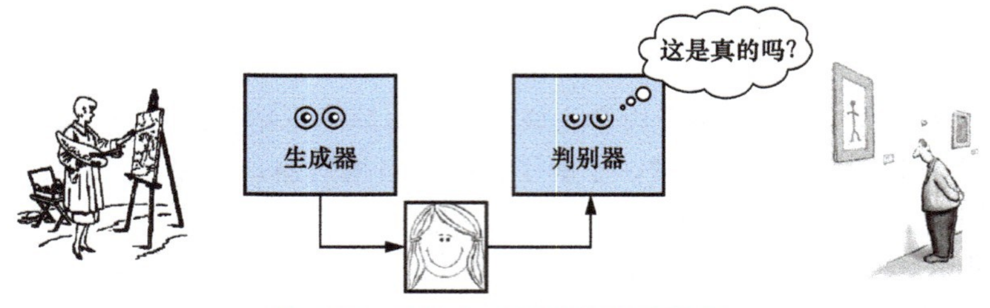

图 4-20　对抗生成思想的直观表示

这就是对抗学习的基本思想：通过对抗双方的不断改进，获得一个最优解。在深度学习中，对抗学习就是通过生成器和判别器两个模型不断对抗，最终生成逼真的图像或文本等内容。

4.4.2　模型结构

GAN 由两个主要部分组成：生成器（generator）和判别器（discriminator）。生成器可以视作画家，判别器则可以视作鉴赏家。在这场对抗博弈中，二者相互挑战，共同进步。

我们以一个手写数字图片生成的例子来说明整个模型的结构。生成器接收随机的噪声向量作为输入，并输出模拟的手写数字图片。判别器的任务是从训练集中的真实图像和生成器产生的图像中进行区分，并判断哪些是真实的，哪些是伪造的，如图 4-21 所示。

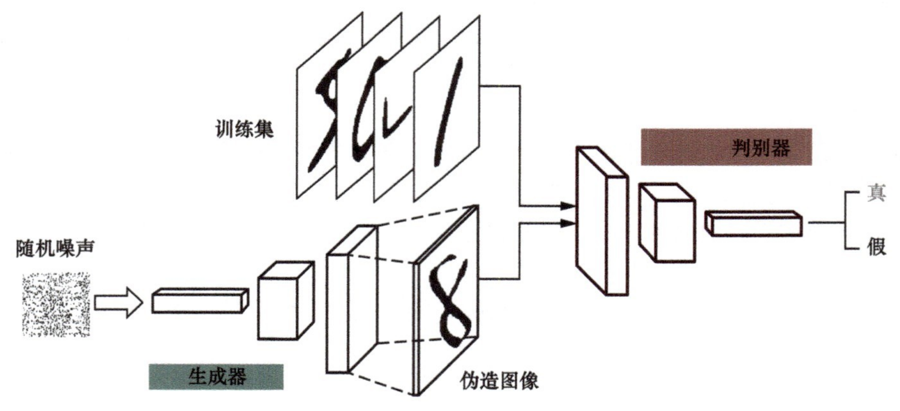

图 4-21　GAN 模型结构及处理逻辑示意

从结构上看，判别器是一个常规的 CNN，对输入图片进行分类。相对地，生成器可以看作一个逆 CNN，接收随机噪声向量作为输入，然后在其上采样成完整的图像。

这两个网络在零和游戏中相互竞争，各自努力优化它们独立的目标函数或损失函数。从更高层级的角度看，它们形成了一种 Actor-Critic 结构，相互合作，能够实现逼真数据的生成。

> **小　白：** GAN 与其他深度生成模型（如我们学过的 VAE）有什么不同呢？
>
> **梗老师：** GAN 和 VAE 的最大区别在于，GAN 不使用概率分布来建模数据生成过程，而是通过竞争生成和判别来学习数据的分布。

4.4.3 判别器

先来看看判别器，前文提到，它实际上是一个分类器，任务是区分真实数据与生成器创建的数据。对于这个分类器，我们之前学习过的众多模型结构，如 ResNet、VGGNet 和 DenseNet，都可以用其来构建。

判别器的训练数据有两个来源（见图 4-22）：

- 真实数据集，在训练期间被视为正例；
- 生成器生成的数据，被视为负例。

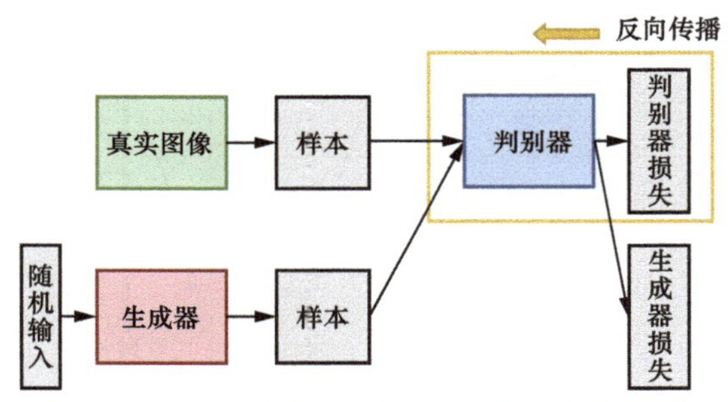

图 4-22　GAN 模型数据来源及判别器更新示意

需要强调的是，在判别器的训练过程中，生成器保持不变，不进行权重更新，这样可以确保训练的稳定性。

虽然整个 GAN 系统包含两个损失函数，但在判别器的训练过程中，我们仅关注并使用判别器的损失函数，并通过反向传播来更新其权重。

4.4.4 生成器

GAN 中最为神奇的部分无疑是生成器。很多人会很好奇：生成器是如何从随机噪声中构造出一幅有意义图像的呢？参考图 4-23，事实上，答案比我们想象的简单得多。

如果没有判别器，生成器实际上不能产生逼真的图像。生成器在训练过程中，可以说是“闭着眼睛”盲目地尝试构造图像。但是，有了判别器的存在，生成器就可以使用判别器的输出来计算其损失函数，然后根据这个损失来更新参数。

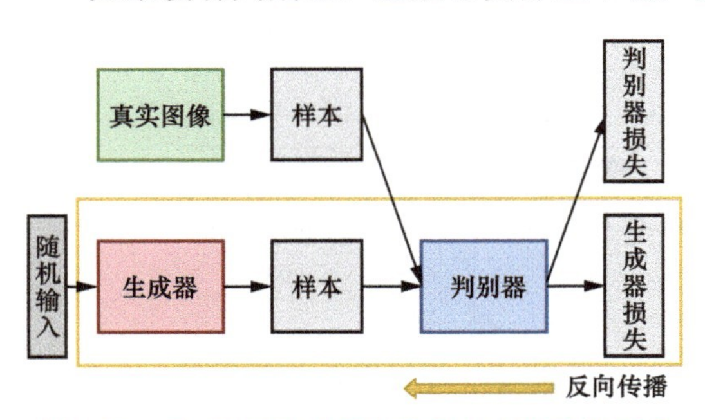

图 4-23　GAN 模型数据来源及生成器更新示意

换句话说，生成器构造的图像的质量是由判别器来评估和指导的。因此，从这个角度看，生成器的输入（随机噪声）并不是决定性的。但要注意的是，在训练生成器的时候，判别器的参数是被冻结的，不会进行更新。

4.4.5 训练流程

生成器和判别器遵循各自的训练策略。那么，如何协同地进行 GAN 的整体训练呢？答案是采用交替方式。

首先，判别器会经历一轮或多轮的训练，如图 4-24 所示。完成后，生成器随后进行一轮或多轮的训练，然后回到判别器。这样的循环持续进行，以逐步优化这两个网络。总体而言，基本策略是先解决一个相对简单的分类问题，随后转向更具挑战性的生成任务。

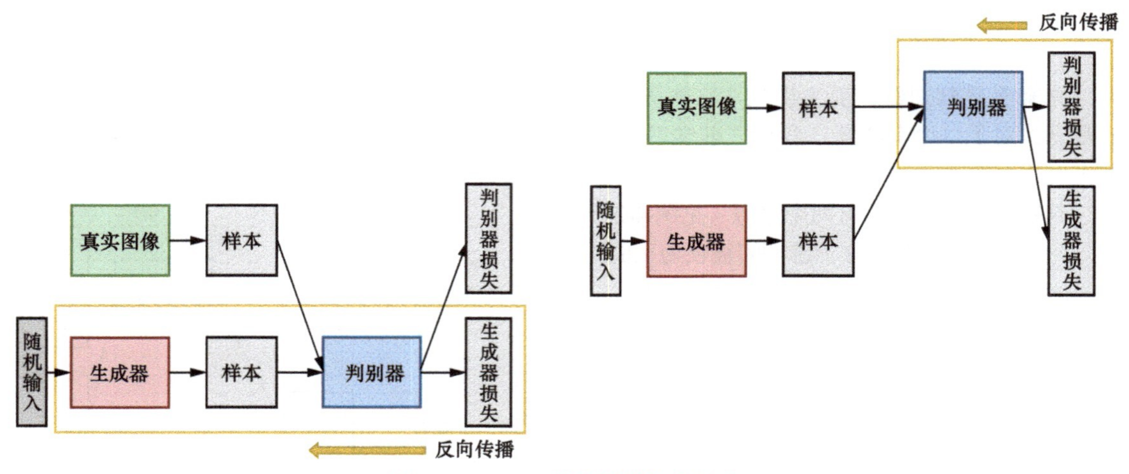

图 4-24　GAN 模型训练策略示意

随着生成器的不断进步，判别器面临的挑战也越来越大，因为真实数据与生成数据之间的差异变得越来越细微。当生成器的性能达到一定水平时，判别器的准确率将趋近于 50%。这种情况使 GAN 的收敛性变得复杂：由于判别器提供的反馈逐步变得不十分明确，GAN 的训练稳定性可能会受到影响，因此可能导致训练过程出现波动。图 4-25 清晰地描绘了整个训练过程中概率分布的演变，有助于进一步深化我们的理解。

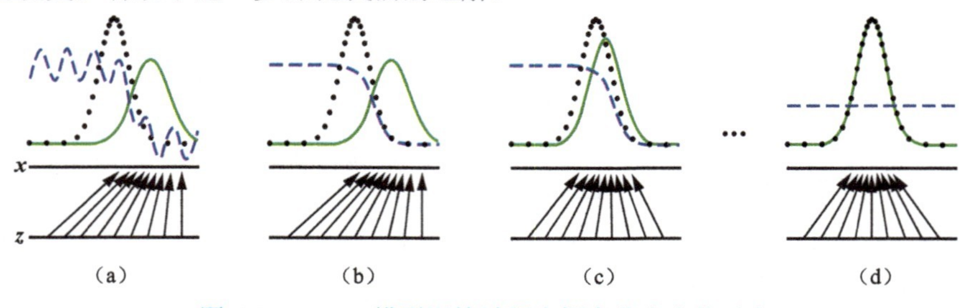

图 4-25　GAN 模型训练过程中概率分布变化示意

其中，黑色虚线代表真实样本的分布，蓝色虚线代表判别器对于真假样本的判别概率分布，而绿色实线则是生成样本的分布。这里，z代表输入给生成器的噪声，而z到x的映射描述了噪声通过生成器转变成的样本分布。

我们的目标是使生成的样本分布（绿色实线）接近真实的样本分布（黑色虚线），从而能够生成逼真的样本。初始时为（a）状态，生成器和判别器的性能都不是很好。因此，首先对判别器进行训练，即调整蓝色虚线，使其能更准确地分辨真实样本与生成的样本。

经过若干轮的训练，到达了（b）状态，此时的判别器能够较好地区分正负样本。接下来，开始训练生成器，也就是调整绿色实线，且使其更接近于黑色虚线，也就是（c）状态。

最终绿色实线与黑色虚线重合，即真实样本的分布，也就是（d）状态。

4.4.6 损失函数

GAN 包括两个损失函数，分别对应判别器和生成器的训练过程。如前所述，判别器是一个二分类器，所以其损失函数可以选择交叉熵。具体来说，该损失函数如下。

$$
\begin{aligned}
H((x_i, y_i)_{i=1}^{N}, D) &= -\sum_{i=1}^{N} y_i \log D(x_i) - \sum_{i=1}^{N}(1-y_i)\log(1-D(x_i)) \\
&= E_x[\log(D(x))] + E_z[\log(1-D(G(z)))]
\end{aligned}
$$

可以看出，损失函数由两部分构成：基于真实样本的评估和基于生成器输出的伪样本评估。这两部分共同反映了真实样本和生成样本之间的差距。其中，D表示判别器，G表示生成器，$\boldsymbol{x}$是从真实数据集中采样的样本，而$\boldsymbol{z}$是随机噪声，这些噪声先通过生成器G转换为伪样本，然后由判别器D进行评估。

对于判别器D，其目标是在生成器G固定的情况下最大化损失函数，也就是最大化真实数据与生成数据之间的差异；反过来，生成器G希望在判别器D固定的情况下最小化这个差异。因此，这两个目标可以结合为一个优化问题，公式如下。

$$
\min_G \max_D V(D,G) = E_x[\log(D(x))] + E_z[\log(1-D(G(z)))]
$$

4.4.7 小结

本节深入探讨了极具影响力的生成式模型——GAN。我们从其发展历程和在深度学习领域的贡献出发，首先介绍了对抗生成的核心思想，接着详解了模型结构。某种意义上，这种生成式模型可以看作判别式模型的进一步扩展和整合。无论是 VAE 中的编码器和解码器，还是 GAN 中的生成器和判别器，它们的基础框架都源于我们之前所学的网络。唯一的区别在于，这些组件如何被整合和协同训练，以实现数据的生成效果。这正是我们先学习判别式模型，再转向生成式模型的原因。

之后，我们进一步探讨了生成器和判别器的工作细节、交替训练流程以及损失函数的构建方法。作为深度学习领域的重要里程碑，GAN 及其众多变体一直是近些年研究的焦点。希望通过本节的学习，能够为你深入研究该领域打下坚实基础。

4.5 扩散模型

在本节中，我们详细介绍 2019 年提出的深度生成模型：扩散模型（diffusion model，DM）。在图像合成任务上，它的性能甚至超越了 GAN，在学术界和业界中都受到了极大的关注，成为新一代图像生成技术的典型代表。

4.5.1　模型对比

我们先来比较扩散模型与之前介绍的 VAE 和 GAN 的异同。

VAE 和 GAN 在某种程度上都呈现出了类似“瓶颈”的结构，如图 4-26 所示。无论是 VAE 的编解码器还是 GAN 的判别器和生成器，都可以理解为：先将一个高维图像输入$\boldsymbol{x}$进行降维，得到隐变量$\boldsymbol{z}$，再进行上采样提升其维度，从而得到新的输出$\boldsymbol{x}'$。

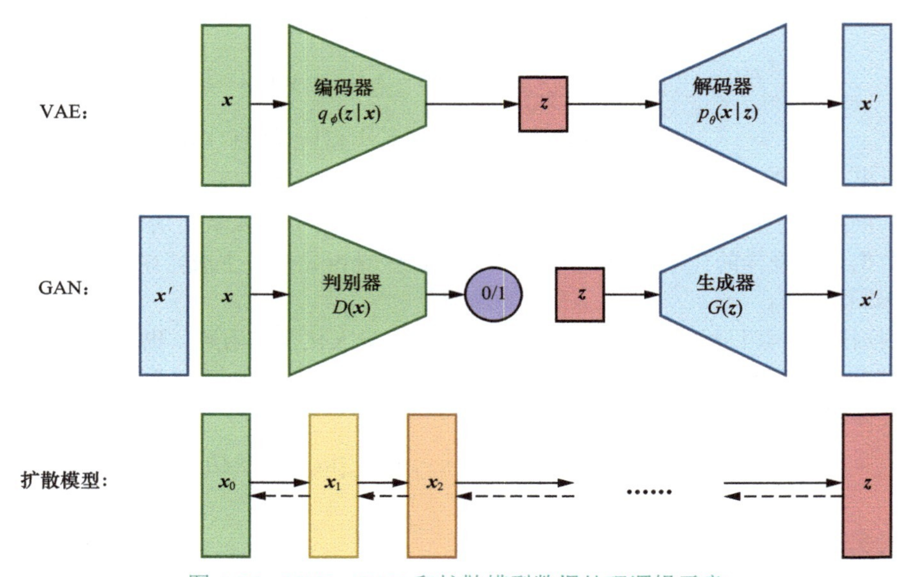

图 4-26　VAE、GAN 和扩散模型数据处理逻辑示意

扩散模型的主要区别在于，其隐变量的尺寸与原始图像保持一致。它有两条往返的传播链，实线表示把输入图片$\boldsymbol{x}_0$变为纯高斯噪声$\boldsymbol{x}_T$，虚线表示把这个纯高斯噪声复原回图片$\boldsymbol{x}_0$。这两条链都是我们之前介绍过的马尔可夫链。

4.5.2　基本思想

我们来看看“扩散”思想的由来。模型结构中的马尔可夫链具有平稳性，这意味着，无论从哪个初始状态开始，随着时间的推移，它都会趋于一个稳定状态，这种状态被称为平稳状态或稳态分布。

简单来说，马尔可夫链在每次状态转移时都像在添加噪声，这正是扩散模型名字中“扩散”的由来。这个过程很像物理学中溶质在溶液中的扩散而逐步达到均匀状态的现象，如图 4-27 所示。

图 4-27　扩散效果的现实理解示意

具体来说，这是通过前向过程来实现的。

4.5.3 前向过程

如图 4-28 所示，给定真实图片$\boldsymbol{x}_0$，它服从分布$q(\boldsymbol{x})$，扩散的前向过程通过T次传播不断添加高斯噪声，得到一个序列状态$\boldsymbol{x}_1,\cdots,\boldsymbol{x}_T$。这个过程中，每个时刻$t$只与前一时刻$t-1$的状态相关，也就是标准的马尔可夫过程。随着$t$的增大，$\boldsymbol{x}_t$越来越接近纯噪声。$p$表示逆向传播状态转移分布，我们稍后再讲。

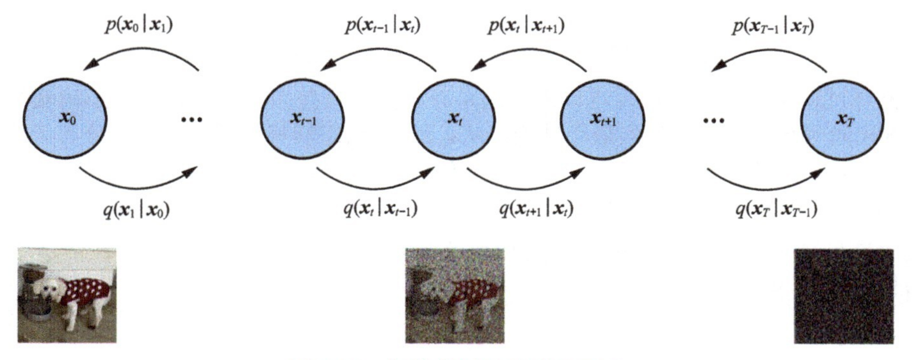

图 4-28 扩散模型过程效果示意

根据马尔可夫链的条件独立性质，所有状态的联合概率分布就等于各步骤状态转移分布的乘积：

$$q(\boldsymbol{x}_{1:T} \mid \boldsymbol{x}_0) = \prod_{t=1}^{T} q(\boldsymbol{x}_t \mid \boldsymbol{x}_{t-1})$$

这里的状态转移分布是由参数β_t控制的高斯分布：

$$q(\boldsymbol{x}_t \mid \boldsymbol{x}_{t-1}) = N(\boldsymbol{x}_t; \sqrt{1-\beta_t}\,\boldsymbol{x}_{t-1}, \beta_t \boldsymbol{I})$$

其中，均值基于前一时刻的$\boldsymbol{x}_{t-1}$，并乘以缩放系数$\sqrt{1-\beta_t}$，方差是标量乘以单位矩阵$\boldsymbol{I}$，这意味着各个维度都是独立的，并且每个维度上的方差是β_t。

在上述假设下，$\boldsymbol{x}$的前向传播可以直接求解。借助在 4.3 节中讲过的重新参数化技巧，任意时刻的$\boldsymbol{x}$都可以由初始的$\boldsymbol{x}_0$和β表示。这为后续扩散模型的推断和理解提供了极大的便利。令$\alpha_t = 1-\beta_t$，$\bar{\alpha} = \prod_{i=1}^{t}\alpha_i$，则

$$\begin{aligned}
\boldsymbol{x}_t &= \sqrt{\alpha_t}\,\boldsymbol{x}_{t-1} + \sqrt{1-\alpha_t}\,\boldsymbol{\epsilon}_{t-1} \\
&= \sqrt{\alpha_t\alpha_{t-1}}\,\boldsymbol{x}_{t-2} + \sqrt{1-\alpha_t\alpha_{t-1}}\,\bar{\boldsymbol{\epsilon}}_{t-2} \\
&= \dots \\
&= \sqrt{\bar{\alpha}_t}\,\boldsymbol{x}_0 + \sqrt{1-\bar{\alpha}_t}\,\boldsymbol{\epsilon}
\end{aligned}$$

在上式中，状态转移分布$q(\boldsymbol{x}_t \mid \boldsymbol{x}_{t-1})$的均值为前一时刻的$\boldsymbol{x}_{t-1}$乘以系数$\sqrt{1-\beta_t}$，只不过改用了$\alpha$来表示。这种变量替换的主要目的是导出一个参数的阶乘形式，正如我们在上式第二步中看到的那样。同时，引入了一个随机噪声项，也就是方差ϵ与系数的乘积。值得注意的是，任意时刻的ϵ都服从标准高斯分布：

$$\epsilon_{t-1}, \epsilon_{t-2}, \cdots \sim N(0, \boldsymbol{I})$$

在第二步中，$\bar{\epsilon}$可以视为两个高斯分布的结合。经进一步推导，我们发现最终结果与原始形式相似，只不过使用了$\bar{\alpha}$。从$\boldsymbol{x}_0$到$\boldsymbol{x}_t$的状态转移可以表示为高斯分布：

$$q(\boldsymbol{x}_t \mid \boldsymbol{x}_0) = N\left(\boldsymbol{x}_t; \sqrt{\bar{\alpha}_t}\boldsymbol{x}_0, (1-\bar{\alpha}_t)\boldsymbol{I}\right)$$

整个推导过程中，可能最让人难以理解的是开始的变量替换。这种数学变形确实很巧妙，核心目的是导出阶乘形式，从而证实最终结论：从$\boldsymbol{x}_0$到$\boldsymbol{x}_t$的状态转移仍然服从高斯分布。简言之，这一推导的要点是表明前向传播过程本质上是高斯传播，尽管其中的均值和方差一直在变化。

由于α是小于 1 的小数，因此其阶乘值会逐渐减小。这意味着，状态转移分布的方差会逐渐增大。这个前向传播的过程可以被解释为噪声逐渐增强的过程，与溶质粒子在溶液中逐渐扩散后方差增大的现象相似。

4.5.4　逆向过程

如果将前向（forward）过程视为加噪过程，那么逆向（reverse）过程则可以被看作扩散去噪的推断步骤。它同样是马尔可夫链，因此，也可以表示为阶乘形式。其中，状态转移分布仍旧采用高斯分布。这种设定是基于一个合理假设：既然前向过程是高斯分布，那么逆向过程也应该是高斯分布。

图 4-29 可以帮助大家更为直观地理解这个过程。其中，右侧图像的第一行表示前向过程，第二行表示逆向过程，而第三行则展示了两个过程之间的差异。

如果我们能确定逆向状态转移分布$p(\boldsymbol{x}_{t-1} \mid \boldsymbol{x}_t)$中的参数值，理论上就可以从噪声$\boldsymbol{x}_T$重建出原始图像$\boldsymbol{x}_0$。可是，这里的挑战在于这些参数是未知的，因此需要借助神经网络进行学习。直接从一堆噪声中恢复出原图显然是一项极具挑战性的任务，近乎于异想天开。但可以借助这样一个思路，既然在训练过程中我们是知道原图$\boldsymbol{x}_0$的，那么能否先计算出后验的扩散条件概率分布$q(\boldsymbol{x}_{t-1} \mid \boldsymbol{x}_t, \boldsymbol{x}_0)$呢？

在$\boldsymbol{x}_0$已知的情况下，通过贝叶斯公式推导之后，可以证明$q(\boldsymbol{x}_{t-1} \mid \boldsymbol{x}_t, \boldsymbol{x}_0)$也是高斯分布，可以用如下公式表示。

$$q(\boldsymbol{x}_{t-1} \mid \boldsymbol{x}_t, \boldsymbol{x}_0) = N(\boldsymbol{x}_{t-1}; \tilde{\mu}(\boldsymbol{x}_t, \boldsymbol{x}_0), \tilde{\beta}_t\boldsymbol{I})$$

其中均值 $\tilde{\mu}$ 和方差系数 $\tilde{\beta}$ 如下。

$$\tilde{\mu} = \frac{1}{\sqrt{\alpha_t}}\left(\boldsymbol{x}_t - \frac{1-\alpha_t}{\sqrt{1-\bar{\alpha}_t}}\epsilon_t\right),\ \tilde{\beta} = \frac{1-\bar{\alpha}_{t-1}}{1-\bar{\alpha}_t} \cdot \beta_t$$

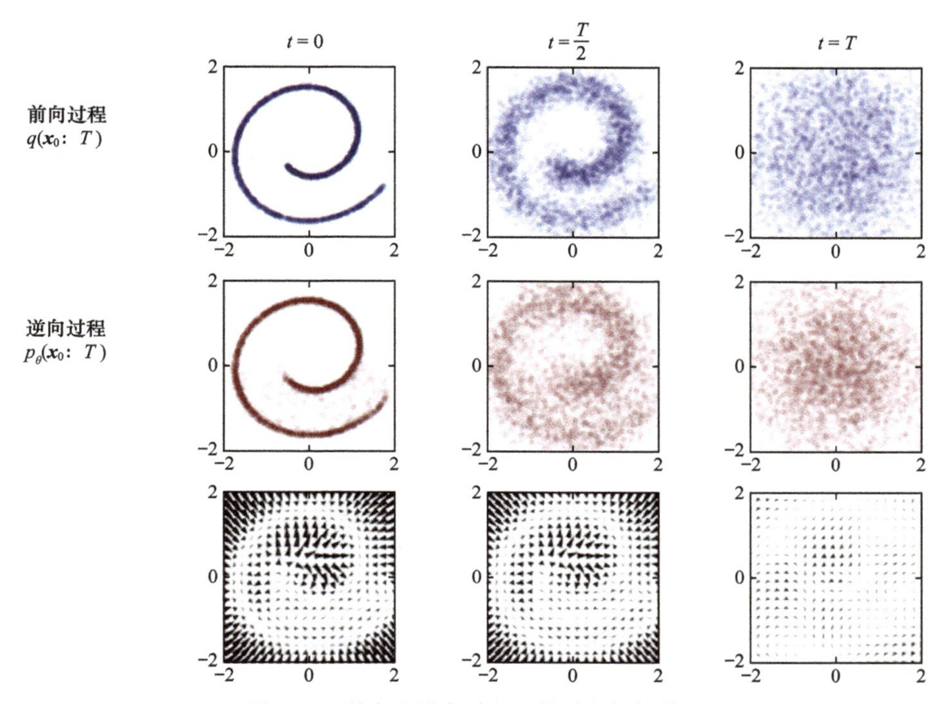

图 4-29 前向和逆向过程及其过程间的差异

具体的推导过程其实不太复杂，但因公式较长，可能一眼看上去有些难懂。就学习来说，重复推导并不会有助于理解。这些推导主要涉及高斯分布的均值和方差的转换，如果大家感兴趣，建议参考原始论文，这里我们主要关注基本原理。

简而言之，扩散模型的重要意义在于提供了一种全新的深度生成模型范式，可以更好地描述数据的演化过程。总体来说，前向和逆向两个过程都是马尔可夫链，其中前向过程是确定的、可控的，通过不断调整系数β_t逐步添加噪声，状态转移分布$q(\boldsymbol{x}_t|\boldsymbol{x}_{t-1})$是高斯分布；逆向过程虽然复杂，但是状态转移分布$p_\theta(\boldsymbol{x}_{t-1}|\boldsymbol{x}_t)$也可以假设为高斯分布，我们可以用神经网络来逼近求解。直接求解缺少有效数据，为此先推导得到了更容易求的、有解析形式的前向过程后验条件概率分布$q(\boldsymbol{x}_{t-1}|\boldsymbol{x}_t,\boldsymbol{x}_0)$，打算用它来逼近$p_\theta(\boldsymbol{x}_{t-1}|\boldsymbol{x}_t)$。

这三个分布在某种意义上刻画了扩散模型的全部演化过程，在下面求损失函数的过程中也会用到。整个过程为什么选择高斯分布作为基本假设呢？主要是因为高斯分布简单、计算效率高，这也是其快速传播的关键原因。

小　白：扩散模型的前向和逆向是不是就像水蒸发和凝结的过程？

梗老师：是的，如果把水看作$\boldsymbol{x}_0$状态，水蒸气是$\boldsymbol{x}_t$状态，那么前向过程就是蒸发，水分子之间间距增大，不再稳定，变得无序，就好像引入了噪声。逆向过程就像凝结，水分子之间相互靠近，噪声逐渐变小，变得有序。

4.5.5 损失函数

现在我们来推导扩散模型的损失函数。先来求数据的负对数似然函数，直接求不好求，可以变通一下，找它的上界。方法很简单，加上一个 KL 散度，因为 KL 散度是非负数。最大化对数似然$\log p_\theta(\boldsymbol{x}_0)$，也就是最小化负对数似然，等价于最小化它的上界，公式如下：

$$\begin{aligned}
-\log p_\theta(\boldsymbol{x}_0) &\leqslant -\log p_\theta(\boldsymbol{x}_0) + D_{\mathrm{KL}}(q(\boldsymbol{x}_{1:T}|\boldsymbol{x}_0) \| p_\theta(\boldsymbol{x}_{1:T}|\boldsymbol{x}_0)) \\
&= -\log p_\theta(\boldsymbol{x}_0) + E_{q(\boldsymbol{x}_{1:T}|\boldsymbol{x}_0)}\left[\log \frac{q(\boldsymbol{x}_{1:T}|\boldsymbol{x}_0)}{p_\theta(\boldsymbol{x}_{0:T})/p_\theta(\boldsymbol{x}_0)}\right] \\
&= -\log p_\theta(\boldsymbol{x}_0) + E_{q(\boldsymbol{x}_{1:T}|\boldsymbol{x}_0)}\left[\log \frac{q(\boldsymbol{x}_{1:T}|\boldsymbol{x}_0)}{p_\theta(\boldsymbol{x}_{0:T})} + \underbrace{\log p_\theta(\boldsymbol{x}_0)}_{\text{与 } q \text{ 无关}}\right] \\
&= E_{q(\boldsymbol{x}_{1:T}|\boldsymbol{x}_0)}\left[\log \frac{q(\boldsymbol{x}_{1:T}|\boldsymbol{x}_0)}{p_\theta(\boldsymbol{x}_{0:T})}\right]
\end{aligned}$$

其中，第二步根据 KL 散度公式进行展开，分母用了贝叶斯公式；第三步根据 log 运算后乘除法变为加减法，后面这项与预测分布 q 无关，因此不受前面对 q 求期望的影响，可以拿到求期望的外面与第一项抵消。最后得到第四步的期望。不等号两边都加上一个对$q(\boldsymbol{x}_0)$的期望，不等号左边就是交叉熵，右边就变成对$q(\boldsymbol{x}_{0:T})$求期望：

$$E_{q(\boldsymbol{x}_0)}[-\log p_\theta(\boldsymbol{x}_0)] \leqslant E_{q(\boldsymbol{x}_0)}\left(E_{q(\boldsymbol{x}_{1:T}|\boldsymbol{x}_0)}\left[\log \frac{q(\boldsymbol{x}_{1:T}|\boldsymbol{x}_0)}{p_\theta(\boldsymbol{x}_{0:T})}\right]\right) = E_{q(\boldsymbol{x}_{0:T})}\left[\log \frac{q(\boldsymbol{x}_{1:T}|\boldsymbol{x}_0)}{p_\theta(\boldsymbol{x}_{0:T})}\right] = L_{\mathrm{VLB}}$$

最右边的这个期望记为L_{VLB}，VLB 就是变分下界（variational lower bound）的缩写。对这个不等式而言，最小化不等号左边等价于最小化不等号右边。这个L_{VLB}可以进一步展开，因为分子就是前向过程的条件概率分布，分母是逆向过程的联合概率分布，这些都是我们前面分析两个过程时推导过的式子。推导过程如下：

$$\begin{aligned}
L_{\mathrm{VLB}} &= E_{q(\boldsymbol{x}_{0:T})}\left[\log \frac{q(\boldsymbol{x}_{1:T}|\boldsymbol{x}_0)}{p_\theta(\boldsymbol{x}_{0:T})}\right] \\
&= E_q\left[\log \frac{\prod_{t=1}^{T} q(\boldsymbol{x}_t|\boldsymbol{x}_{t-1})}{p_\theta(\boldsymbol{x}_T)\prod_{t=1}^{T} p_\theta(\boldsymbol{x}_{t-1}|\boldsymbol{x}_t)}\right] \\
&= E_q\left[-\log p_\theta(\boldsymbol{x}_T) + \sum_{t=1}^{T} \log \frac{q(\boldsymbol{x}_t|\boldsymbol{x}_{t-1})}{p_\theta(\boldsymbol{x}_{t-1}|\boldsymbol{x}_t)}\right] \\
&= E_q\left[-\log p_\theta(\boldsymbol{x}_T) + \sum_{t=2}^{T} \log \frac{q(\boldsymbol{x}_t|\boldsymbol{x}_{t-1})}{p_\theta(\boldsymbol{x}_{t-1}|\boldsymbol{x}_t)} + \log \frac{q(\boldsymbol{x}_1|\boldsymbol{x}_0)}{p_\theta(\boldsymbol{x}_0|\boldsymbol{x}_1)}\right]
\end{aligned}$$

$$
\begin{aligned}
&= E_q\left[-\log p_\theta(\boldsymbol{x}_T) + \sum_{t=2}^{T}\log\left(\frac{q(\boldsymbol{x}_{t-1}|\boldsymbol{x}_t,\boldsymbol{x}_0)}{p_\theta(\boldsymbol{x}_{t-1}|\boldsymbol{x}_t)}\cdot\frac{q(\boldsymbol{x}_t|\boldsymbol{x}_0)}{q(\boldsymbol{x}_{t-1}|\boldsymbol{x}_0)}\right) + \log\frac{q(\boldsymbol{x}_1|\boldsymbol{x}_0)}{p_\theta(\boldsymbol{x}_0|\boldsymbol{x}_1)}\right] \\
&= E_q\left[-\log p_\theta(\boldsymbol{x}_T) + \sum_{t=2}^{T}\log\frac{q(\boldsymbol{x}_{t-1}|\boldsymbol{x}_t,\boldsymbol{x}_0)}{p_\theta(\boldsymbol{x}_{t-1}|\boldsymbol{x}_t)} + \sum_{t=2}^{T}\log\frac{q(\boldsymbol{x}_t|\boldsymbol{x}_0)}{q(\boldsymbol{x}_{t-1}|\boldsymbol{x}_0)} + \log\frac{q(\boldsymbol{x}_1|\boldsymbol{x}_0)}{p_\theta(\boldsymbol{x}_0|\boldsymbol{x}_1)}\right] \\
&= E_q\left[-\log p_\theta(\boldsymbol{x}_T) + \sum_{t=2}^{T}\log\frac{q(\boldsymbol{x}_{t-1}|\boldsymbol{x}_t,\boldsymbol{x}_0)}{p_\theta(\boldsymbol{x}_{t-1}|\boldsymbol{x}_t)} + \log\frac{q(\boldsymbol{x}_T|\boldsymbol{x}_0)}{q(\boldsymbol{x}_1|\boldsymbol{x}_0)} + \log\frac{q(\boldsymbol{x}_1|\boldsymbol{x}_0)}{p_\theta(\boldsymbol{x}_0|\boldsymbol{x}_1)}\right] \\
&= E_q\left[\log\frac{q(\boldsymbol{x}_T|\boldsymbol{x}_0)}{p_\theta(\boldsymbol{x}_T)} + \sum_{t=2}^{T}\log\frac{q(\boldsymbol{x}_{t-1}|\boldsymbol{x}_t,\boldsymbol{x}_0)}{p_\theta(\boldsymbol{x}_{t-1}|\boldsymbol{x}_t)} - \log p_\theta(\boldsymbol{x}_0|\boldsymbol{x}_1)\right] \\
&= E_q\left[\underbrace{D_{\mathrm{KL}}(q(\boldsymbol{x}_T|\boldsymbol{x}_0)\,\|\,p_\theta(\boldsymbol{x}_T))}_{L_T} + \sum_{t=2}^{T}\underbrace{D_{\mathrm{KL}}(q(\boldsymbol{x}_{t-1}|\boldsymbol{x}_t,\boldsymbol{x}_0)\,\|\,p_\theta(\boldsymbol{x}_{t-1}|\boldsymbol{x}_t))}_{L_{t-1}} \underbrace{-\log p_\theta(\boldsymbol{x}_0|\boldsymbol{x}_1)}_{L_0}\right]
\end{aligned}
$$

上面这一推导乍一看特别吓人，但其实不复杂，结论更简单。

- 第二步用了马尔可夫链的条件独立性质写成了阶乘的形式。
- 第三步根据 log 运算展开，阶乘变成了求和。
- 第四步把$t=1$时刻分离出来以进行一些数学变形。
- 第五步其实就是用条件概率的链式法则引入了$\boldsymbol{x}_0$，目的是凑出 4.5.4 节中讲逆向过程时提到的扩散条件概率分布$q(\boldsymbol{x}_{t-1}|\boldsymbol{x}_t,\boldsymbol{x}_0)$。
- 第六步又是log运算展开。
- 第七步其实是将log运算反向展开，把求和移到log运算内变成乘积，然后约掉分子分母进行简化。
- 第八步进行整理，可以看成先将log运算展开，整理后再反向移到log运算内。之所以这样操作是为了凑出 KL 散度的形式。
- 最后是三个 KL 散度。其中，因为前向$q(\boldsymbol{x}_T|\boldsymbol{x}_0)$没有可学习的参数，$p(\boldsymbol{x}_T)$是纯高斯噪声，所以第一项$L_T$可以当成常数忽略。最后一项其实可以合并到第二项中，看成 t=1 时的简化，因为此时$q(\boldsymbol{x}_0|\boldsymbol{x}_1,\boldsymbol{x}_0)$就是 1，另一个分布就是$p(\boldsymbol{x}_0|\boldsymbol{x}_1)$，所以不用单独求最后一项了。第二项$L_{t-1}$是两个高斯分布的 KL 散度，其中$q(\boldsymbol{x}_{t-1}|\boldsymbol{x}_t,\boldsymbol{x}_0)$的均值和方差在前面推导中都直接算出来了。在分布$p_\theta(\boldsymbol{x}_{t-1}|\boldsymbol{x}_t)=N(\boldsymbol{x}_{t-1};\mu_\theta(\boldsymbol{x}_t,t),\Sigma_\theta(\boldsymbol{x}_t,t))$中，方差$\Sigma_\theta(\boldsymbol{x}_t,t)$被假设是一个只与$\beta$相关的固定值，因此要学习的只有均值$\mu_\theta(\boldsymbol{x}_t,t)$。

4.5.6 损失函数的参数化

两个高斯分布p和q的 KL 散度其实是可以直接求解的，只与它们的均值和方差有关。假设$p(\boldsymbol{x})=N(\mu_1,\sigma_1^2)$，$q(\boldsymbol{x})=N(\mu_2,\sigma_2^2)$，那么它们的 KL 散度如下：

$$
\mathrm{KL}(p,q)=\log\frac{\sigma_2}{\sigma_1}+\frac{\sigma_1^2+(\mu_1-\mu_2)^2}{2\sigma_2^2}-\frac{1}{2}
$$

经推导得到 KL 散度的损失函数中，两个高斯分布的方差都是常数，因此对最优化没有贡献，可以忽略，只剩下含有两个均值μ的部分：

$$
\begin{aligned}
L_t &= E_{x_0,\epsilon}\left[\frac{1}{2\|\boldsymbol{\Sigma}_\theta(\boldsymbol{x}_t,t)\|_2^2}\|\tilde{\mu}_t(\boldsymbol{x}_t,\boldsymbol{x}_0)-\mu_\theta(\boldsymbol{x}_t,t)\|^2\right] \\
&= E_{x_0,\epsilon}\left[\frac{1}{2\|\boldsymbol{\Sigma}_\theta\|_2^2}\left\|\frac{1}{\sqrt{\alpha_t}}\left(\boldsymbol{x}_t-\frac{1-\alpha_t}{\sqrt{1-\bar{\alpha}_t}}\epsilon_t\right)-\frac{1}{\sqrt{\alpha_t}}\left(\boldsymbol{x}_t-\frac{1-\alpha_t}{\sqrt{1-\bar{\alpha}_t}}\epsilon_\theta(\boldsymbol{x}_t,t)\right)\right\|^2\right] \\
&= E_{x_0,\epsilon}\left[\frac{(1-\alpha_t)^2}{2\alpha_t(1-\bar{\alpha}_t)\|\boldsymbol{\Sigma}_\theta\|_2^2}\|\epsilon_t-\epsilon_\theta(\boldsymbol{x}_t,t)\|^2\right] \\
&= E_{x_0,\epsilon}\left[\frac{(1-\alpha_t)^2}{2\alpha_t(1-\bar{\alpha}_t)\|\boldsymbol{\Sigma}_\theta\|_2^2}\left\|\epsilon_t-\epsilon_\theta\left(\sqrt{\bar{\alpha}_t}\boldsymbol{x}_0+\sqrt{1-\bar{\alpha}_t}\epsilon_t,t\right)\right\|^2\right] \\
L_t^{\text{simple}} &= E_{t\sim[1,T],x_0,\epsilon_t}\left[\|\epsilon_t-\epsilon_\theta(\boldsymbol{x}_t,t)\|^2\right] \\
&= E_{t\sim[1,T],x_0,\epsilon_t}\left[\left\|\epsilon_t-\epsilon_\theta\left(\sqrt{\bar{\alpha}_t}\boldsymbol{x}_0+\sqrt{1-\bar{\alpha}_t}\epsilon_t,t\right)\right\|^2\right]
\end{aligned}
$$

第二步将之前得到的逆向扩散条件概率分布的均值代入公式。接下来的部分表示的是前向传播条件概率分布的均值。我们之前已给出了不同时间点状态间的迭代公式，只需简单推导即可得到这一结果，之后的步骤就是简化和整合。从中可以明显看出，扩散训练的核心目标是最小化高斯噪声ϵ_t和ϵ_θ的均方误差（MSE）。

在真正的训练中，损失函数前的权重通常不是主要关注点，因此可以进一步简化，只需要计算高斯噪声ϵ_t和ϵ_θ的 MSE。换言之，经过一系列的计算和推导，我们最终得到了这两个高斯噪声的最小化 MSE 形式的损失函数。尽管整个推导过程相当复杂，但其结果却清晰且具有美感。这正体现了扩散模型的魅力。

4.5.7　训练流程

最后我们再来看看完整的训练流程，如图 4-30 所示。

首先获取输入$\boldsymbol{x}_0$，从$1,\cdots,T$ 随机采样一个t；然后从标准高斯分布采样一个噪声ϵ；接着最小化两个高斯噪声的 NSE，不断迭代，直至收敛。也就是说，在每轮迭代中，通过逆向扩散噪声序列，将两个时刻噪声间的差异作为当前时刻的梯度，以此来更新模型参数。

```
1: repeat
2:   x_0 ~ q(x_0)
3:   t ~ Uniform({1, ⋯, T})
4:   ϵ ~ N(0, 1)
5:   Take gradient descent step on
         ∇_θ ‖ϵ − ϵ_θ(√ᾱ_t x_0 + √(1 − ᾱ_t) ϵ, t)‖²
6: until converged
```

图 4-30　扩散模型训练流程伪代码

4.5.8　小结

在本节中，我们详细介绍了扩散模型的原理和技术细节，先从它和 VAE/GAN 在模型结构上的区别讲起，它最大的特色就是隐变量维度与输入输出相同；然后通过类比讲解了模型的核心思想；接着详细介绍了前向和逆向两个过程，通过一步步数学推导，搞清楚了扩散的原理，其实就是高斯噪声的不断扩散和逆向去噪。

损失函数的推导公式比较多，但是只要静下心来其实也不难，主要用到变分推断的知识和一些变换技巧，最终目的是推导出不同时刻高斯噪声的均方误差。

扩散模型这样一种图像生成方式可以控制图像模糊程度，在生成高质量图像的同时，有效避免了模式崩溃等问题，取得了很好的效果。这使得扩散模型成为近年来图像生成领域研究的热点方法。

本节内容一开始理解起来会有些困难，建议大家与 VAE、GAN 模型对比学习，同时适当复习变分推断的相关内容。

4.6　深度生成模型项目实战

前面几节讲了常见的深度生成模型，但光懂原理还不够，为此我们用代码实现简单的 VAE 和 GAN 模型，帮助大家加深理解。

4.6.1　代码实现

首先是导入必要的库，主要包括 torch、torchvision、numpy 和 matplotlib。

```
# 导入必要的库
import torch
import torch.nn as nn
import torch.nn.functional as F
import torch.optim as optim
from torch.autograd import Variable

import torchvision
from torchvision import datasets, transforms

import numpy as np
import matplotlib.pyplot as plt
```

接下来准备数据，首先配置 device，若能检测到 CUDA 设备则在 GPU 上加速运行，若未检测到则在 CPU 上运行。这里没有 GPU 的读者也不用担心，我们准备的例子在 CPU 上稍微多运行一会的效果是一样的，读者可以放心实践。

接下来定义一个数据预处理方法 transform，以把数据转换为张量。随后加载 MNIST 数据集，指定路径 root 参数，train 参数设为 True 表示选择训练集，这样数据量会大一些，传入刚刚定义的 transform 方法，download 设置为 True。再定义一个 DataLoader，batch_size 设为 64，shuffle 设为 True 即可。到这里数据集准备就完成了，因为图像生成比较消耗算力资源，所以选用一个比较简单的 MNIST 数据集，图像大小只有 28×28，计算量相对小，这样后面模型部分也可以选择相对简单的结构，以便读者着重理解这两种模型的原理。

```
    # 设备配置，若可用GPU则使用GPU，否则使用CPU
    device = torch.device("cuda" if torch.cuda.is_available() else "cpu")

    # 定义数据预处理方法，将数据转换为张量
    transform = transforms.Compose([
        transforms.ToTensor(),
    ])

    # 加载 MNIST 数据集
    mnist_dataset = datasets.MNIST(root='../data/', train=True, transform=transform,
download=True)
    # 加载数据，并使用 DataLoader 进行分批处理，batch_size 设置为 64
    train_loader = torch.utils.data.DataLoader(dataset=mnist_dataset, batch_size=64,
shuffle=True, num_workers=4)
```

数据集准备完成后，先来看一下数据。因为绘图部分不是本节的重点，所以快速过一下。首先设置随机数种子，以便在复现时得到相同的结果。定义要显示的样本数量，这里设为 12。使用 Matplotlib 创建一个 1×12 的绘图窗口，然后通过循环，每次都使用 randint() 随机生成一个索引，获取样本的图像信息，然后用 imshow() 显示样本图像，设置为隐藏坐标轴。调用 show() 显示图像，如图 4-31 所示，可以看到这里随机抽取了 12 张样本图像，虽然手写字体歪歪扭扭的，但能识别为数字，这部分代码后面还会反复用到。

```
    # 设置随机数种子，以便在多次运行代码时得到相同的结果
    torch.manual_seed(42)

    # 定义要显示的样本数量
    num_samples = 12

    # 创建一个Matplotlib绘图窗口，并显示指定数量的MNIST样本
    fig, axs = plt.subplots(1, num_samples, figsize=(10,10))
    for i in range(num_samples):
        # 从MNIST数据集中随机选择一个样本
        idx = torch.randint(len(mnist_dataset), size=(1,)).item()
        # 获取该样本的图像信息
        img, _ = mnist_dataset[idx]
        # 在绘图窗口中显示该样本的图像
        axs[i].imshow(img.squeeze(), cmap='gray')
        # 不显示坐标轴
        axs[i].axis('off')
    # 显示
    plt.show()
```

图 4-31　样本图像

4.6.2　VAE模型

接下来我们准备实现一个简单的 VAE 模型。首先定义两个参数，其一设置 input_dim 为 28，其二设置 VAE 的隐变量维度，对于手写数字相对简单，这里设置为 2。

```python
# 定义参数
input_dim = 28  # MNIST数据集图像长宽
latent_dim = 2  # 隐变量维度
```

下面看网络结构，编码器和解码器都用全连接层就可以了，构造函数的几个参数对应这里全连接层的神经元个数。编码器分为 3 个全连接层，前两层无须解释，第三层是一个 fc31 和一个 fc32，分别用于输出均值和方差的对数。

解码器部分同样也是 3 个全连接层，其输入输出的维度在编解码器端相互对应。接下来编码器处理部分是依次经过两个全连接层 +ReLU，然后分别返回均值和方差，而解码器也是两个全连接层 +ReLU，最后输出接 Sigmoid 激活函数映射到 0 到 1 的区间，输出重建后的x。

下面是 4.3.6 节中提到过的重新参数化技巧 sampling()，输入编码器输出的均值 mu 和方差，先计算标准差 std，然后从标准高斯分布中随机采样得到 eps，注意这里维度与标准差一致，最后返回z，也就是$mu + eps \times std$。

完成这些方法定义之后，我们就可以定义 forward() 函数了。首先经过 encoder() 输出均值和方差，因为是全连接层，输入x需要将维度转换为 n 个 28×28（也就是 784 维）的张量。然后进行重新参数化，最后依次返回解码器的输出、均值、方差和z。

```python
# 定义VAE的网络结构
class VAE(nn.Module):
    def __init__(self, x_dim, h_dim1, h_dim2, z_dim):
        super(VAE, self).__init__()

        # 编码器部分，都使用全连接层
        self.fc1 = nn.Linear(x_dim, h_dim1)    # 输入x_dim，输出h_dim1
        self.fc2 = nn.Linear(h_dim1, h_dim2)   # 输入h_dim1，输出h_dim2
        self.fc31 = nn.Linear(h_dim2, z_dim)   # 输入h_dim2，输出z_dim，输出mu，均值
        self.fc32 = nn.Linear(h_dim2, z_dim)   # 输入h_dim2，输出z_dim，输出log_var，
方差的对数

        # 解码器部分，都使用全连接层
        self.fc4 = nn.Linear(z_dim, h_dim2)    # 输入z_dim，输出h_dim2
        self.fc5 = nn.Linear(h_dim2, h_dim1)   # 输入h_dim2，输出h_dim1
        self.fc6 = nn.Linear(h_dim1, x_dim)    # 输入h_dim1，输出x_dim

    # 编码器处理部分
    def encoder(self, x):
        # 全连接层+ReLU
        h = torch.relu(self.fc1(x))
        h = torch.relu(self.fc2(h))
        # 返回mu和log_var
        return self.fc31(h), self.fc32(h)

    # 解码器处理部分
    def decoder(self, z):
        # 全连接层+ReLU
        h = torch.relu(self.fc4(z))
        h = torch.relu(self.fc5(h))
        # 接sigmoid激活函数，输出重建后的x
        return torch.sigmoid(self.fc6(h))
```

```
    # 重新参数化技巧
    def sampling(self, mu, log_var):
        # 计算标准差
        std = torch.exp(0.5*log_var)
        # 从标准高斯分布中随机采样eps
        eps = torch.randn_like(std)
        # 返回z
        return mu + eps * std

    # 定义前向传播函数
    def forward(self, x):
        # 编码器，输出mu和log_var
        mu, log_var = self.encoder(x.view(-1, input_dim*input_dim))
        # 重新参数化
        z = self.sampling(mu, log_var)
        # 返回解码器输出、mu、log_var和z
        return self.decoder(z), mu, log_var, z
```

下面实例化刚定义的 VAE 模型，参数指定为 28×28=784、512、256 以及隐变量维度 2。然后是优化器，这里选用 Adam 算法，传入 VAE 模型参数，学习率设为 0.001。关于这部分的数值读者可以自行调整进行实验。

接下来定义损失函数，输入参数包括重建误差 recon_x、原始误差 x、均值和方差。前面讲过损失函数包含两部分。

一部分是尽量无损重建，也就是第一部分重建误差，这部分选用的是交叉熵损失函数，用于评估重建后的误差 recon_x 和原始误差 x 之间的差异。需要注意的是，由于这里不是多分类问题而是 0/1 分布二分类，因此使用的是二元交叉熵损失函数 binary_cross_entropy()，其计算方法本质上与交叉熵是一致的。

第二部分则是正则化项，也就是 KL 散度，其实这部分在原始论文中已经给出了对应的公式，所以这里直接将均值和方差带入计算就可以了，感兴趣的读者可以到论文的附录 B 中查看推导过程。最后将重建误差和 KL 散度相加作为总损失返回就可以了。

这两部分不太好理解，建议读者将代码与前面理论部分对照来理解，体会其设计思想的巧妙之处。

```
# 实例化VAE模型
vae = VAE(x_dim=input_dim*input_dim, h_dim1= 512, h_dim2=256, z_dim=latent_dim).
to(device)

# 定义Adam优化器，用于优化VAE模型的参数，学习率0.001
optimizer = optim.Adam(vae.parameters(), lr = 0.001)

# 定义VAE的损失函数，其中包含重建误差和KL散度
def loss_function(recon_x, x, mu, log_var):
    # 重建误差，使用二元交叉熵损失函数
    BCE = F.binary_cross_entropy(recon_x, x.view(-1, input_dim*input_dim),
reduction='sum')

    # KL散度，计算高斯分布之间的散度
    # 详见VAE论文中的附录B
    # Kingma and Welling. Auto-Encoding Variational Bayes. ICLR, 2014
```

```
    # https://arxiv.org/abs/1312.6114
    # 0.5 * sum(1 + log(sigma^2) - mu^2 - sigma^2)
    KLD = -0.5 * torch.sum(1 + log_var - mu.pow(2) - log_var.exp())

    # 将重建误差和KL散度相加作为总损失
    return BCE + KLD
```

下面的训练部分反而比较简单了。首先定义 epoch 数，这里暂定为 20，然后循环开始进行训练，调用 train() 进入训练模式，定义 train_loss 用于记录损失值。遍历训练数据集，梯度清零，前向传播计算重建误差和 KL 散度得到 loss，之后反向传播，记录损失值并更新模型参数，每轮都将平均损失值打印出来。

光打印 loss 还是不够直观，接下来进入评估模式，这里随机生成一组高斯分布，并使用 decoder() 处理将采样结果转换为新的样本，调整维度后得到 images，也就是重建后的图像数据，最后调用前面用过的可视化部分的代码，将其一一显示出来。

运行代码就可以看到，在 20 轮迭代之后，虽然图像还有点模糊，但已经能够生成出歪歪扭扭的手写数字的图像了，如图 4-32 所示。至此，VAE 的代码实现告一段落。

```
# 定义训练轮数
n_epochs = 20

# 循环开始训练
for epoch in range(n_epochs):

    # 进入训练模式
    vae.train()
    train_loss = 0

    # 遍历训练数据集
    for batch_idx, (data, _) in enumerate(train_loader):
        data = data.to(device)
        optimizer.zero_grad()

        # 前向传播，计算重建误差和KL散度
        recon_batch, mu, log_var, z = vae(data)
        loss = loss_function(recon_batch, data, mu, log_var)

        # 反向传播，记录损失值，更新模型参数
        loss.backward()
        train_loss += loss.item()
        optimizer.step()
    # 输出平均损失
    print('====> Epoch: {} Average loss: {:.4f}'.format(epoch, train_loss / len
(train_loader.dataset)))

    # 进入评估模式
    vae.eval()
    # 生成新样本
    with torch.no_grad():
        # 随机生成高斯分布，并使用解码器将采样结果转换为新的样本
        z = torch.randn(num_samples, latent_dim).to(device)
        sample = vae.decoder(z).cpu()
```

```
        images = sample.view(num_samples, input_dim, input_dim).numpy()

        # 可视化生成的样本
        fig, axs = plt.subplots(1, num_samples, figsize=(10,10))
        for i in range(num_samples):
            axs[i].imshow(images[i], cmap='gray')
            axs[i].axis('off')
        plt.show()
====> Epoch: 19 Average loss: 141.2291
```

图 4-32　样本图像

4.6.3　GAN模型

在本节中，我们将实现一个 GAN 模型。首先定义随机噪声的维度，这里设为 100。

```
# 定义超参数
noise_dim = 100  # 随机噪声维度
```

接下来重新加载 MNIST 数据集，唯一不同的是这里额外进行了归一化操作 Normalize()，其他不变。

```
# 定义数据预处理方法，将数据转换为张量，并进行归一化
transform = transforms.Compose([
    transforms.ToTensor(),  # 将图像转换为张量
    transforms.Normalize([0.5], [0.5])   # 进行归一化，均值为0.5，标准差为0.5
])

# 加载 MNIST 数据集
mnist_dataset = datasets.MNIST(root='../data/', train=True, transform=transform,
download=True)
# 加载数据，并使用 DataLoader 进行分批处理，batch_size 设置为 64
train_loader = torch.utils.data.DataLoader(dataset=mnist_dataset, batch_size=64,
shuffle=True, num_workers=4)
```

下面定义生成器模型 Generator()，这里还是选用一个简单的全连接网络。

首先定义一个 block 结构，这种方式在前面也经常使用，即先定义一个基础结构再进行堆叠，这里也一样，参数是输入维度、输出维度和是否进行归一化（normalization），先是一个全连接层，如果要进行归一化就加入一个 BN 层，需要注意，由于这里是全连接层，因此使用的是 BatchNorm1d，最后加入一个 ReLU 激活函数就成为一个 block 结构了。

接下来定义生成器的网络结构，堆叠刚定义的 block 结构，输入为刚定义的随机噪声维度，逐渐升维到 1024 维，最后输出层降维到 784 维，与 MNIST 数据集的图像一致，激活函数使用 Tanh() 函数。

最后定义 forward() 函数，经过生成器模型后，调整输出维度为 $n\times$ 单通道灰度图维度（也就是一维），再乘以 28×28 的图像，返回即可。

```
# 定义生成器模型
class Generator(nn.Module):
    def __init__(self):
        super(Generator, self).__init__()

        # 定义每个block的结构，全连接层+BN+ReLU
        def block(in_feat, out_feat, normalize=True):
            layers = [nn.Linear(in_feat, out_feat)] # 全连接层
            if normalize:
                layers.append(nn.BatchNorm1d(out_feat)) # BN层
            layers.append(nn.ReLU(inplace=True)) # ReLU激活函数
            return layers

        # 定义生成器的网络结构，4个block
        self.model = nn.Sequential(
            *block(noise_dim, 128, normalize=False),
            *block(128, 256),
            *block(256, 512),
            *block(512, 1024),
            nn.Linear(1024, input_dim * input_dim), # 全连接层输出
            nn.Tanh() # Tanh激活函数，将输出映射到[-1,1]
        )

    # 定义前向传播函数
    def forward(self, z):
        # 经过生成器模型
        img = self.model(z)
        # 调整输出维度
        img = img.view(-1, 1, input_dim, input_dim)
        return img
```

下面的判别器就更简单了。因为它只完成一件事，就是判定 True 或 False，所以这里 3 个全连接层的输入维度从 784 降维到 1，中间的激活函数使用 ReLU，最后用 Sigmoid 将输出映射为 0 到 1。forward() 函数先将乘以第一维之后的数据展平，也就是转换为 $n \times 784$ 维的张量，然后经过判别器模型输出即可。关于这两部分的数值和结构读者都可以自行修改测试效果。

```
# 定义判别器模型
class Discriminator(nn.Module):
    def __init__(self):
        super(Discriminator, self).__init__()

        # 定义判别器的网络模型，3个全连接层
        self.model = nn.Sequential(
            # 全连接层，输入维度为28*28，输出维度为512
            nn.Linear(input_dim * input_dim, 512),
            # ReLU激活函数
            nn.ReLU(inplace=True),
            # 全连接层，输入维度为512，输出维度为256
            nn.Linear(512, 256),
            # ReLU激活函数
            nn.ReLU(inplace=True),
            # 全连接层，输入维度为256，输出维度为1
            nn.Linear(256, 1),
            # Sigmoid激活函数，将输出映射到(0,1)
            nn.Sigmoid(),
```

```
        )

    def forward(self, x):
        # flatten()将x的维度降为一维
        x = torch.flatten(x, 1)
        # 输入x并计算输出
        x = self.model(x)
        return x
```

下面定义损失函数，和前面 VAE 模型一样也是 0/1 分布二分类，所以这里也选用二元交叉熵损失函数，也就是 BCELoss()。然后将刚定义的生成器和判别器实例化，定义优化器，这里都是用 Adam 算法，学习率同样设为 0.001。

```
# 定义二元交叉熵损失函数
adversarial_loss = torch.nn.BCELoss().to(device)

# 实例化生成器和判别器
generator = Generator().to(device)
discriminator = Discriminator().to(device)

# 定义生成器和判别器的优化器，都使用Adam算法，学习率设为0.001，betas设为(0.5, 0.999)
optimizer_G = torch.optim.Adam(generator.parameters(), lr = 0.001, betas=(0.5,
0.999))
optimizer_D = torch.optim.Adam(discriminator.parameters(), lr = 0.001, betas=(0.5,
0.999))
```

下面进入训练部分的内容。

首先，为了便于后面生成标签和随机噪声的张量，定义一个张量，类型是 FloatTensor，定义训练轮数为 40。

随后循环开始进行训练，和前面一样，先分别定义记录生成器和判别器 loss 的变量，遍历训练数据集，定义真实标签为 n×1 维、数值全为 1 的张量，由于是标签，后面的参数 requires_grad 设为 False，表示不需要计算梯度，同样，假标签张量则设置全为 0 即可，训练样本的真实图片也转换为相同类型的张量。

下面训练部分的代码相对简单。首先看生成器，清空梯度，生成一个均值为 0、方差为 1、服从高斯分布的随机噪声。注意，维度是 n 乘以之前定义的噪声维度 100，传入生成器生成图片。下面的损失是关键，对于生成器来说，目标是让生成出来的图片在经过判别器后都判定为真，在这里就是与全为 1 的真实标签 valid 计算 loss，如果判别器判定都为假，那么损失自然就大，如果骗过了判别器让其判定都为真，那么损失自然就小。然后记录损失值、反向传播、更新参数即可。

再下面是判别器部分，同样对于损失函数这部分需要重点看一下。判别器的损失分为两部分，一部分是对于真实的训练样本希望判别器都判定为真，也就是这里的 real_loss。另一部分对于生成出来的样本希望判别器都判定为假，也就是 fake_loss，求两部分的均值作为判别器的损失。然后反向传播、更新参数即可。这样就可以让它们相互对抗了。

最后输出每一轮生成器和判别器的平均损失，生成出来的图片转换为 NumPy 数组，同样是调用前面用过的可视化部分的代码，将其一一显示出来。代码运行后可以看到在 40 轮迭代之后，同样能够生成出歪歪扭扭的手写数字的图像了，如图 4-33 所示。这里使用的都是最简单的数据和模型，读者后续可以自行调整数据、模型和参数进行实验。

```
# 如果GPU可用，则使用cuda.FloatTensor，否则使用FloatTensor
Tensor = torch.cuda.FloatTensor if torch.cuda.is_available() else torch.FloatTensor
# 定义训练轮数
n_epochs = 40

# 循环开始训练
for epoch in range(n_epochs):
    # 分别记录每轮生成器和判别器的loss
    generator_loss, discriminator_loss = 0, 0
    # 遍历训练数据集
    for batch_idx, (imgs, _) in enumerate(train_loader):

        # 定义真实标签的张量，数值全为1.0，不需要计算梯度
        valid = Variable(Tensor(imgs.size(0), 1).fill_(1.0), requires_grad=False)
        # 定义假标签的张量，数值全为0.0，不需要计算梯度
        fake = Variable(Tensor(imgs.size(0), 1).fill_(0.0), requires_grad=False)

        # 将真实图片转化为张量
        real_imgs = Variable(imgs.type(Tensor))

        # 开始训练生成器
        optimizer_G.zero_grad()

        # 随机生成一个服从高斯分布的均值为0，方差为1的z
        z = Variable(Tensor(np.random.normal(0, 1, (imgs.shape[0], noise_dim))))

        # 通过生成器生成图片
        gen_imgs = generator(z)

        # 计算生成器的损失并记录
        g_loss = adversarial_loss(discriminator(gen_imgs), valid)
        generator_loss += g_loss.item()

        # 反向传播并更新参数
        g_loss.backward()
        optimizer_G.step()

        # 开始训练判别器
        optimizer_D.zero_grad()

        # 计算判别器在真实图片上的损失
        real_loss = adversarial_loss(discriminator(real_imgs), valid)
        # 计算判别器在生成图片上的损失
        fake_loss = adversarial_loss(discriminator(gen_imgs.detach()), fake)

        # 计算判别器的总损失并记录
        d_loss = (real_loss + fake_loss) / 2
        discriminator_loss += d_loss.item()

        # 反向传播并更新参数
        d_loss.backward()
        optimizer_D.step()

    # 输出每一轮的生成器和判别器的平均损失
    print("====> Epoch: {} Generator loss: {:.4f} Discriminator loss: {:.4f}".format(
```

```
            epoch, generator_loss / len(train_loader.dataset), discriminator_loss /
len(train_loader.dataset)))

        # 将最后生成的图片转换为NumPy数组
        images = gen_imgs.view(-1, 28, 28).detach().cpu().numpy()
        # 可视化生成的样本
        fig, axs = plt.subplots(1, num_samples, figsize=(10,10))
        for i in range(num_samples):
            axs[i].imshow(images[i], cmap='gray')
            axs[i].axis('off')
        plt.show()
    ====> Epoch: 39 Generator loss: 0.0130 Discriminator loss: 0.0101
```

图 4-33　样本图像

4.6.4　小结

本节演示了深度生成模型的实例。我们首先加载了 MNIST 数据集并实现了数据可视化；然后实现了 VAE 模型的网络结构、损失函数及训练部分的代码，并可视化生成效果；接着实现了 GAN 模型的生成器和判别器的网络结构、损失函数及模型训练，并通过可视化效果进行模型对比。

到这里，本章内容就结束了，希望通过本章的学习能让大家初步了解深度生成模型的设计思想和原理，并且能自己动手实现简单的图像生成。

第5章 计算机视觉：让智慧可见

经过前面章节的学习之后，相信读者对计算机视觉的数据、模型以及解决问题的思路有了自己的理解，但或许有些读者还是会有疑问，前面用到的都是 PyTorch 自带的数据集，该如何使用深度学习来解决当前工作和学习中的实际问题呢？

本章就带大家从数据开始入手，教大家如何进行数据增强以及如何使用预训练模型，最终解决实际问题。

5.1 自定义数据加载

数据是深度学习的基础，本节先来看如何加载自定义数据，制作一套我们自己的数据集。

5.1.1 数据加载

在讲自定义数据之前，我们先来回顾一下之前加载数据的方法。首先导入 PyTorch、torchvision、NumPy、Matplotlib 等库，这一内容，读者应该很熟悉了。

```
# 导入必要的库
import torch
import torch.nn as nn
import torch.optim as optim
from torch.utils.data import DataLoader
from torchvision import datasets, transforms

import numpy as np
import matplotlib.pyplot as plt
```

下面要做的是加载 MNIST 数据集的代码。首先定义了一个将数据转换为张量的方法，然后直接调用 torchvision.datasets 中的 MNIST() 就得到了数据集，接着实例化数据加载器。要直接用自带方法加载数据，几行代码就能搞定，但是该如何加载自己的数据呢？本节的重点就是如何自定义一个数据集。

```
    # 设置随机数种子
    torch.manual_seed(42)

    # 定义数据转换方法
    transform = transforms.Compose([
        transforms.ToTensor(),  # 将数据转换为张量
    ])

    # 加载训练数据
    train_dataset = datasets.MNIST(root='../data/mnist/', train=True, download=True,
transform=transform)
    # 实例化训练数据加载器
    train_loader = DataLoader(train_dataset, batch_size=256, shuffle=True)
    # 加载测试数据
    test_dataset = datasets.MNIST(root='../data/mnist/', train=False, download=True,
transform=transform)
    # 实例化测试数据加载器
    test_loader = DataLoader(test_dataset, batch_size=256, shuffle=False)
```

5.1.2　数据准备

既然是自定义数据，先得有数据。我们提前准备了两套小型图像数据集作为样例，访问代码仓库时可以看到在同级目录下新建了一个 dataset 文件夹，打开该文件夹可以看到一个 url.txt 文件，里面是要演示的数据集链接，读者可以直接下载，对应的是 Kaggle 上的两个数据集，数据量很小但作为实验数据非常合适。

下载并解压后的两个文件夹分别对应 flower_color 花朵数据集和 fruit_101 水果数据集。需要注意的是，读者自己做实验的时候，既可以使用这两个数据集，也可以用本节讲的方法在自己的数据集上进行测试。

先看第一种自定义数据集的简单方法，调用 Jupyter 的 %ls 命令打印对应路径的目录结构，注意命令前端有个百分号。先看一下 fruit_101 数据集的文件夹结构，可以看到里面对应 8 种水果的文件夹，如 apple、banana、orange 等。

```
%ls ./dataset/fruit_101/
 apple/     banana/          grapes/          orange/
 avocado/  'chery fruit'/  'mango fruit'/   ressberry/
```

随后以 orange 文件夹为例继续执行 ls 命令，可以看到该文件夹下有接近 200 张 png 图像文件。这种数据组织方式是很常见的，第一层文件夹表示类别，第二层是对应的图像文件。如果大家手头的数据采用这种组织方式，我们就可以借助一种简单方法加载数据。

```
%ls ./dataset/fruit_101/orange/
'orange (101).png'  'orange (146).png'  'orange (191).png'  'orange (56).png'
'orange (145).png'  'orange (190).png'  'orange (55).png'   'orange (9).png'  ...
```

5.1.3　ImageFolder方法

从 torchvision 的 datasets 中导入 ImageFolder 类，同样也需要定义数据转换方法，该方法比

MNIST 数据集多了一步 Resize()，需要特别注意的是，这里的 Resize 操作是非常必要的，因为自己获取的数据集的图像分辨率很可能有高有低，但在后续处理的时候需要张量维度统一，所以这里至少需要进行一步 Resize 操作，关于更多数据预处理的方法会在 5.2 节为大家进行讲解。定义完数据转换方法后，我们就可以调用 ImageFolder() 传入文件夹路径和 transform。

```
from torchvision.datasets import ImageFolder

# 定义数据转换方法
transform = transforms.Compose([
    transforms.Resize((128, 128)), # 调整图像大小为128×128
    transforms.ToTensor(),   # 将数据转换为张量
])

# 创建图像数据集
# ImageFolder类会自动遍历指定目录下的所有子目录
# 并将每个子目录中的图像文件视为同一类别的数据
dataset = ImageFolder('./dataset/fruit_101/', transform = transform)
```

下面看一下 dataset 的属性，调用 len() 函数，可以看到其中包含 1473 个样本。

```
len(dataset)
1473
```

打印 dataset 的 classes 属性，输出对应文件夹的名称，已自动设置为类别。

```
dataset.classes
['apple',
 'avocado',
 'banana',
 'chery fruit',
 'grapes',
 'mango fruit',
 'orange',
 'ressberry']
```

还可以打印 class_to_idx 属性，对应每个类别的编号。

```
dataset.class_to_idx
{'apple': 0,
 'avocado': 1,
 'banana': 2,
 'chery fruit': 3,
 'grapes': 4,
 'mango fruit': 5,
 'orange': 6,
 'ressberry': 7}
```

是不是非常简单？但读者一定注意文件夹结构符合要求的时候才能用这种方法，同时还要保证文件夹里没有除图片之外的其他类型文件。

接下来定义一个绘图函数 plot()，查看数据是什么样的。参数是定义好的 dataset 和 shuffle，shuffle 表示是否打乱顺序。先定义 dataLoader 传入 dataset，这里 batch_size 直接设为 16。然后取出一组数据，调用 NumPy 的 transpose() 把 dataloader 取出图像数据的通道维度移到最后，以便 Matplotlib 绘图，调用 subplots() 创建一个 4×4 的子图对象，遍历每个子图，调用 imshow() 显示，如果有类别

名称，则将类别名称作为标题，否则就用索引作为子图标题，最后调用 show() 显示即可。

```
# 定义绘图函数，传入dataset即可
def plot(dataset, shuffle=True):
    # 创建数据加载器
    dataloader = DataLoader(dataset, batch_size=16, shuffle=shuffle)

    # 取出一组数据
    images, labels = next(iter(dataloader))

    # 将通道维度(C)移到最后一个维度，方便使用Matplotlib绘图
    images = np.transpose(images, (0, 2, 3, 1))

    # 创建4×4的子图对象
    fig, axes = plt.subplots(nrows=4, ncols=4, figsize=(8, 8))

    # 遍历每个子图，绘制图像并添加子图标题
    for i, ax in enumerate(axes.flat):
        ax.imshow(images[i])
        ax.axis('off') # 隐藏坐标轴

        if hasattr(dataset, 'classes'): # 如果数据集有预定义的类别名称，使用该名称作为子图标题
            ax.set_title(dataset.classes[labels[i]], fontsize=12)
        else: # 否则使用类别索引作为子图标题
            ax.set_title(labels[i], fontsize=12)

    plt.show()
```

然后把刚刚定义好的 dataset 传入函数中，这时可以看到正常显示的图片，包括对应的类别，如图 5-1 所示。至此，数据集就构建完成了。

图 5-1　图片显示

```
plot(dataset)
```

但是随之而来的问题是，并不是所有数据集都是这种理想的文件结构，因此接下来我们就准备实现一个 dataset。

5.1.4 自定义数据集示例1

我们来看提前准备好的花朵数据集。先打印一下该数据集的文件夹结构，有两个文件夹，分别是 flower_images 和 flowers。

```
%ls ./dataset/flower_color/
flower_images/   flowers/
```

先看 flowers 文件夹下的文件，全是图像文件，组织方式如下：文件名中下画线前面的数字 00、01、02、03 代表类别，下画线后面的数字代表序号。也就是说，这个文件夹里从 00 到 19 总共 20 个类别，每个类别的图像数量都不太一样。这种组织方式把图像的类别信息体现在文件名里了。对于这种结构，我们需要自己实现一个 dataset。

```
%ls ./dataset/flower_color/flowers/flowers/
00_001.png  02_012.png  05_004.png  07_027.png  10_023.png  16_035.png
02_011.png  05_003.png  07_026.png  10_022.png  16_034.png ...
```

下面再导入几个库。os 标准库用来遍历目录文件。PIL 库用来读取图像数据，如果读者没有这个库，可以用 conda 或者 pip 安装 Pillow 库，注意这里不是 PIL 库而是 Pillow 库，当然读取图像数据时借助 opencv 或者 torchvision.io 也行，读者可以选择自己熟悉的方式。此外，torch 中的一个 Dataset 作为基类。

```
import os
from PIL import Image # pip install Pillow
from torch.utils.data import Dataset
```

接下来新建一个名为 Flowers 的类。需要注意的是，对于自定义数据集，该类可以认为是一套固定用法，起码要实现以下三个函数，下面逐一介绍。

首先是 init 构造函数，参数可以自己设定，比如这里传入的是对应数据的路径和 transform 方法，函数中新建一个路径列表、一个标签列表，transform 记录下来，然后遍历数据集目录，获取所有图像文件的路径和标签。

其次是 len 函数，比较简单，返回数据集长度，这里我们返回标签数组的长度。

最后是 getitem 函数，这里的参数是一个索引，这个大家最好不要自己改，后续 dataloader 批量处理的时候会在这里传入索引取出数据。对于某个索引值，image 对应路径的图像数据，label 对应标签。然后对图像数据进行转换，并把 label 数据也转换为张量，再返回图像和标签即可。

```
class Flowers(Dataset):
    def __init__(self, data_dir, transform=None):
        self.image_paths = []
        self.labels = []
        self.transform = transform
```

```
        # 遍历数据集目录，获取所有图像文件的路径和标签
        for filename in sorted(os.listdir(data_dir)):
            image_path = os.path.join(data_dir, filename)
            label = int(filename.split('_')[0])
            self.image_paths.append(image_path)
            self.labels.append(label)

    def __len__(self):
        return len(self.labels)

    def __getitem__(self, idx):
        # 加载图像数据和标签
        image = Image.open(self.image_paths[idx]).convert('RGB')
        label = self.labels[idx]

        # 对图像数据进行转换
        if self.transform:
            image = self.transform(image)

        # 将标签转换为PyTorch张量
        label = torch.tensor(label, dtype=torch.long)

        return image, label
```

到这里数据集就实现完成了，下面我们看一下效果。首先还是定义 transform 方法，和前面一样，然后用刚实现的 Flowers 类新建一个 dataset，传入路径和 transform，再调用前面定义的 plot() 函数，可以看到可以正常取出图像数据，如图 5-2 所示。由于这里没有对应的类别名称，因此类别就是对应的张量。

图 5-2　图像数据

```
# 定义数据转换方法
transform = transforms.Compose([
    transforms.Resize((128, 128)), # 调整图像大小为128×128
    transforms.ToTensor(),  # 将数据转换为张量
])

dataset = Flowers('./dataset/flower_color/flowers/flowers', transform = transform)

plot(dataset)
```

还可以在我们创建的 dataset 中进一步取子集，从 PyTorch 中引入 Subset。

```
from torch.utils.data import Subset
```

重新创建一个 dataset，然后传入 subset，第二个参数是一个索引列表，表示取出哪些图片，比如这里是取前 16 张。

```
dataset = Flowers('./dataset/flower_color/flowers/flowers', transform = transform)
subset = Subset(dataset, [i for i in range(16)])
```

再次调用 plot() 函数，可以看到对应的是前 16 张图片，类别都是 0，如图 5-3 所示。到这里第一个自定义数据集就完成了。

```
plot(subset, False)
```

图 5-3　类别为 0 的图片

5.1.5　自定义数据集示例2

下面再看第二个例子。刚刚看的是 flowers 文件夹，但这个花朵数据集还有另一个文件夹

flower_images。调用 ls 命令，可以看到这个文件夹采用另一种组织方式，所有的图像文件名都只表示为序号，而在最后有个 CSV 文件。

```
%ls ./dataset/flower_color/flower_images/flower_images/
0001.png  0032.png  0063.png  0094.png  0125.png  0156.png  0187.png
0025.png  0056.png  0087.png  0118.png  0149.png  0180.png  flower_labels.csv ...
```

将这个 CSV 文件打印出来，可以看到有两列数据，第一列对应文件名，第二列对应标签信息。这也是一种很常见的形式。下面对于这种数据再快速实现一个 dataset。

```
%cat ./dataset/flower_color/flower_images/flower_images/flower_labels.csv
file,label
0001.png,0
0002.png,0
0003.png,2
0004.png,0
0005.png,0
0006.png,1
...
```

先看如何处理 CSV 文件，由于这不是重点，因此快速讲解。调用 pandas 里面的 read_csv()，传入文件路径即可。

```
import pandas as pd
csv = pd.read_csv('./dataset/flower_color/flower_images/flower_images/flower_labels.csv')
```

打印出来的是一个 210 行两列的数据表。

如果我们要判断某个文件的类别，比如要看 0206 这个文件属于哪个类别，可以用下面这行代码，打印出的对应类别是 6。当然相关方法有很多，这里就不展开了，有疑问的读者可以自行搜索 pandas 里面 DataFrame 的用法。

```
csv.loc[csv.file == '0206.png', 'label'].iloc[0]
6
```

下面这行代码是把标签这列去重之后转换为 NumPy 数组，可以看到总共有 10 个类别（0 ~ 9）。

```
csv.iloc[:, 1].drop_duplicates().to_numpy()
array([0, 2, 1, 6, 7, 4, 5, 3, 8, 9])
```

新建一个 FlowersImages 类，只将构造函数修改了一下，其他代码不变。传入的参数中加了 CSV 文件路径，首先读取 CSV 文件，然后遍历目录下的所有文件，筛选出扩展名是 .png 的文件与 CSV 文件表格对照，将其路径和标签添加到列表中就可以了。其他部分代码和前面完全一样。

```
class FlowersImages(Dataset):
    def __init__(self, data_dir, csv_file, transform = None):
        self.image_paths = []
        self.labels = []
        self.transform = transform

        # 读取CSV文件
        csv = pd.read_csv(os.path.join(data_dir, csv_file))

        # 遍历数据目录下的所有PNG文件，并将其路径和标签添加到列表中
```

```
        for filename in sorted(os.listdir(data_dir)):
            if filename.endswith('.png'):
                self.image_paths.append(os.path.join(data_dir, filename))
                label = csv.loc[csv['file'] == filename, 'label'].iloc[0]
                self.labels.append(label)

    def __len__(self):
        return len(self.labels)

    def __getitem__(self, idx):
        # 加载图像数据和标签
        image = Image.open(self.image_paths[idx]).convert('RGB')
        label = self.labels[idx]

        # 对图像数据进行转换
        if self.transform:
            image = self.transform(image)

        # 将标签转换为PyTorch张量
        label = torch.tensor(label, dtype=torch.long)

        return image, label
```

随后用相同的方法传入文件夹路径和 CSV 文件名，调用 plot()，可以看到同样可以正常取出图像和标签，如图 5-4 所示。

图 5-4　图像和标签

```
# 定义数据转换方法
transform = transforms.Compose([
    transforms.Resize((128, 128)), # 调整图像大小为128×128
    transforms.ToTensor(),  # 将数据转换为张量
])
```

```
    dataset = FlowersImages('./dataset/flower_color/flower_images/flower_images',
'flower_labels.csv', transform = transform)

    plot(dataset)
```

5.1.6　小结

在本节中，我们回顾了之前常用的数据加载方法，接着准备了演示要用到的示例数据。具体而言，首先介绍了 TorchVision 中提供的一种数据加载方法，以便处理符合标准的数据；然后对两种常见的数据组织方式分别实现了自定义数据集的加载方法，这样我们就可以更灵活地处理各种类型的数据，并为接下来的进一步处理做好准备。

5.2　图像数据增强

5.1 节讲了自定义数据加载的相关内容，但遗留了一小部分内容，就是图像数据预处理或者数据增强部分。在本节中，我们来看一下什么是图像数据增强，以及有哪些常用方法。

5.2.1　数据增强简介

数据增强是一种在深度学习中很常用的技术，它可以通过对训练数据进行一系列预设变换或者随机变换，来产生更多的训练数据。数据增强技术可以应用于各种深度学习任务，例如对于图像的增强可以进行各种旋转、裁剪等，本节会重点介绍图像增强部分，对于文本数据可以进行词汇替换、随机插入或删除等，对于音频数据则可以添加噪声、改变语速等。通过数据增强可以帮助模型更好地适应不同的数据分布，增加训练样本的多样性，同时避免过拟合问题，并提高模型的泛化能力和鲁棒性。

具体对于图像数据，有哪些常见的增强方法呢？

5.2.2　代码准备

首先还是得准备一套数据集，导入必要的库，对于前面几个常用的库大家应该都很熟悉，不再重复。os 和 PIL 库是 5.1 节自定义数据加载时用到的，需要注意的是，PIL 库在安装的时候所执行的命令为 pip install Pillow 而不是 PIL，后文不再强调这一点。

```
# 导入必要的库
import torch
import torch.nn as nn
import torch.optim as optim
from torch.utils.data import DataLoader, Dataset, Subset
from torchvision import datasets, transforms

import numpy as np
import matplotlib.pyplot as plt
```

```
import os
from PIL import Image # pip install Pillow
```

接下来是之前定义好的 Flowers 数据集类的代码，这部分完全没变化。

```
class Flowers(Dataset):
    def __init__(self, data_dir, transform=None):
        self.image_paths = []
        self.labels = []
        self.transform = transform

        # 遍历数据集目录，获取所有图像文件的路径和标签
        for filename in sorted(os.listdir(data_dir)):
            image_path = os.path.join(data_dir, filename)
            label = int(filename.split('_')[0])
            self.image_paths.append(image_path)
            self.labels.append(label)

    def __len__(self):
        return len(self.labels)

    def __getitem__(self, idx):
        # 加载图像数据和标签
        image = Image.open(self.image_paths[idx]).convert('RGB')
        label = self.labels[idx]

        # 对图像数据进行转换
        if self.transform:
            image = self.transform(image)

        # 将标签转换为PyTorch张量
        label = torch.tensor(label, dtype=torch.long)

        return image, label
```

下面给出的是绘图函数 plot()，这里略有改动，一个改动是参数中新增了一个 cmap，熟悉 Matplotlib 绘图的读者对其应该清楚，其实就是颜色映射（colormap）；另一个改动是为了方便查看，子图数从之前的 4×4 调整为 2×2，对应的 batch_size 也调小，其他没变化。对于这部分如果有疑问建议回顾 5.1 节的内容。

```
# 定义绘图函数，传入dataset即可
def plot(dataset, shuffle=True, cmap=None):
    # 创建数据加载器
    dataloader = DataLoader(dataset, batch_size=4, shuffle=shuffle)

    # 取出一组数据
    images, labels = next(iter(dataloader))

    # 将通道维度(C)移到最后一个维度，方便使用Matplotlib绘图
    images = np.transpose(images, (0, 2, 3, 1))

    # 创建2×2的子图对象
    fig, axes = plt.subplots(nrows=2, ncols=2, figsize=(5, 5))

    # 遍历每个子图，绘制图像并添加子图标题
    for i, ax in enumerate(axes.flat):
```

```
        ax.imshow(images[i], cmap=cmap)
        ax.axis('off') # 隐藏坐标轴

        if hasattr(dataset, 'classes'): # 如果数据集有预定义的类别名称，使用该名称作为子图标题
            ax.set_title(dataset.classes[labels[i]], fontsize=12)
        else: # 否则使用类别索引作为子图标题
            ax.set_title(labels[i], fontsize=12)

    plt.show()
```

定义一个测试函数 show_flowers()，用来接收 transform 和 cmap 参数并显示图像。本节所用到的数据增强方法基本是 TorchVision 中 transforms 定义好的方法，对应这里的 transform。调用 Flowers() 加载数据集，将 transform 参数传入。为了便于对比效果，我们调用 Subset() 取出固定的前 4 个样本，然后调用 plot() 函数传入即可。

```
# 定义一个测试函数，接收transform和cmap参数并显示图像
# 其中cmap是指colormap，可以将数值映射成不同的颜色
def show_flowers(transform, cmap=None):
    # 使用Flowers()数据集类加载数据集，传入路径及transform参数
    dataset = Flowers('./dataset/flower_color/flowers/flowers', transform = transform)
    # 使用Subset()对原始数据集进行划分，只取出前4个样本便于查看
    subset = Subset(dataset, [i for i in range(4)])
    # 使用自定义的plot()函数对划分的数据集进行可视化显示
    plot(dataset, False, cmap)
```

下面我们来验证一下整个流程，首先定义一个数据转换方法，读取数据集，然后调用 show_flowers()，可以看到能够正常显示 4 张样本图片，如图 5-5 所示。这样所有的准备部分已完成。

```
# 定义数据转换方法
transform = transforms.Compose([
    transforms.Resize((128, 128)), # 调整图像大小为128×128
    transforms.ToTensor(), # 将数据转换为张量
])
# 读取数据集并显示
dataset = Flowers('./dataset/flower_color/flowers/flowers', transform = transform)
show_flowers(transform)
```

图 5-5　4 张样本图片

5.2.3 常见图像数据增强方法

所谓数据增强，听上去好像很复杂，但实际上简单来说就是对数据进行一些变换，希望以此来增加数据的多样性。接下来是几种常见的图像数据增强方法。

1. 调整图像大小

最简单的且之前反复用到的图像数据增强方法是调整图像大小，直接调用 transforms 的 Resize() 即可，比如调整成 MNIST 数据集的 28×28，可以看到对于花朵数据，这个分辨率的图像已经很模糊了，如图 5-6 所示。

```
transform = transforms.Compose([
    transforms.Resize((28, 28)), # 调整图像大小为28×28，对应(h, w)
    transforms.ToTensor(),  # 将数据转换为张量
])
show_flowers(transform)
```

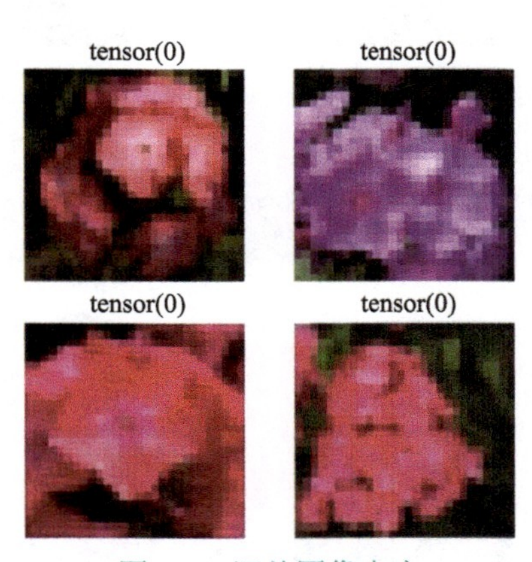

图 5-6 调整图像大小

2. 灰度图

接着是调用 transforms 的 Grayscale()，它可以将图像调整为灰度图，也就是将通道数从原本的 3 变为 1，对应上面提到的 cmap 参数需要传入 gray。可以看到图像变成黑白的了，如图 5-7 所示。这和调整图像大小一样，都是最直接的数据降维方法。

```
transform = transforms.Compose([
    transforms.Grayscale(), # 调整图像为灰度图，通道数变为1
    transforms.ToTensor(),  # 将数据转换为张量
])
show_flowers(transform, cmap='gray')
```

3. 标准化

再来看标准化，调用 transforms 的 Normalize()，这组数值之前我们也讲过，是从 ImageNet

数据集上的百万张图片中随机抽样计算得到的，如图 5-8 所示。标准化后的图像数据具有零均值和单位方差的特性，可以提高神经网络的训练速度和精度，同时也能减少训练过程中的梯度爆炸和梯度消失等问题，绘制出来后可以明显看到图像数值的变化。

图 5-7　灰度图

```
transform = transforms.Compose([
    transforms.ToTensor(),  # 将数据转换为张量
    # 对三通道数据进行归一化(均值，标准差)，数值是从ImageNet数据集上的百万张图片中随机抽样计算得到
    transforms.Normalize(mean=[0.485, 0.456, 0.406], std=[0.229, 0.224, 0.225]),
])
show_flowers(transform)
```

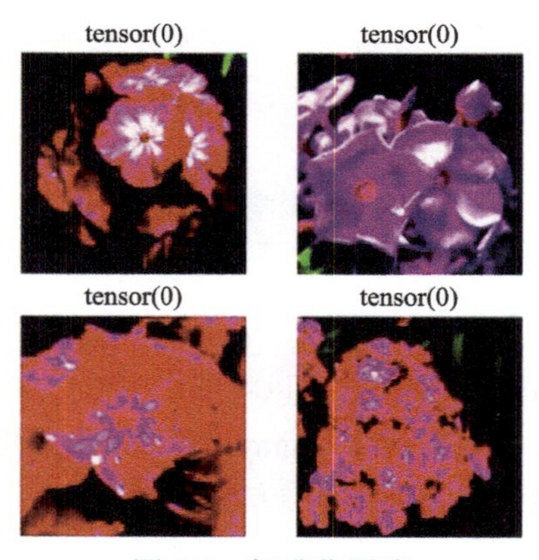

图 5-8　标准化图片

4. 随机旋转

调用 transforms 的 RandomRotation()，这里传入参数 degrees 为 90，表示随机旋转 -90°～90°。可以看到图片都旋转了不同角度，同时旋转后的背景默认会设为 0（也就是黑底），如图 5-9 所示。这种方法在很多实际问题中会用到。

```
transform = transforms.Compose([
    transforms.RandomRotation(degrees=90), # 随机旋转(-90, 90)度
    transforms.ToTensor(), # 将数据转换为张量
])
show_flowers(transform)
```

图 5-9 随机旋转图片

5. 中心裁剪

在 Resize() 的基础上调用 transforms 的 CenterCrop()，也就是从中心位置开始裁剪指定大小的区域，如图 5-10 所示，可以看到效果是更聚焦画面中的主体部分，有助于提升模型对画面中心物体的识别能力。

```
transform = transforms.Compose([
    transforms.Resize((128, 128)), # 调整图像大小为128×128
    transforms.CenterCrop(64), # 从中心位置开始裁剪指定大小的区域
    transforms.ToTensor(), # 将数据转换为张量
])
show_flowers(transform)
```

图 5-10 中心裁剪图片

6. 随机裁剪

与中心裁剪对应的还有一种随机裁剪，调用 transforms 的 RandomCrop()，会从图片中随机位置裁剪指定大小的区域，如图 5-11 所示，这就使得模型需要关注画面中不同位置的信息。注意，这里讲的方法在使用的时候都可以根据实际任务的不同情况来进行选择。

```
transform = transforms.Compose([
    transforms.Resize((128, 128)), # 调整图像大小为128×128
    transforms.RandomCrop(64), # 从随机位置开始裁剪指定大小的区域
    transforms.ToTensor(), # 将数据转换为张量
])
show_flowers(transform)
```

图 5-11　随机裁剪图片

7. 高斯模糊

高斯模糊是调用 transforms 的 GaussianBlur()，它也是一种常用的图像处理技术，通过将图像与一个高斯核进行卷积来降低图像的高频噪声并弱化细节信息，从而使图像变得更加平滑，减少噪声和细节信息的影响，当然直观上看确实是变模糊了，如图 5-12 所示。这里指定的参数就是高斯核的大小。

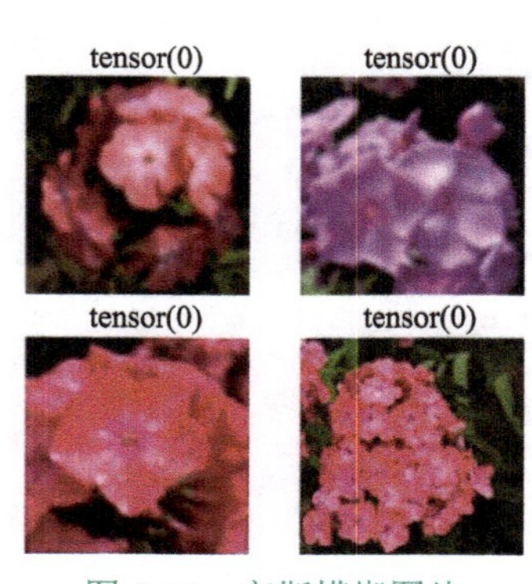

图 5-12　高斯模糊图片

```
transform = transforms.Compose([
    transforms.Resize((128, 128)), # 调整图像大小为128×128
    transforms.GaussianBlur((5, 5)), # 对图像进行高斯模糊处理，高斯核大小为5×5
    transforms.ToTensor(), # 将数据转换为张量
])
show_flowers(transform)
```

8. 亮度、对比度、饱和度、色调调节

针对亮度、对比度、饱和度、色调这四种图片参数的数据增强，可以调用 transforms 的 ColorJitter() 方法来实现随机数值抖动。图 5-13 所示的图片就是随机调整的效果，可以让模型适应不同的光照条件和颜色分布。

```
transform = transforms.Compose([
    transforms.Resize((128, 128)), # 调整图像大小为128×128
    transforms.ColorJitter( # 色彩随机调节
        brightness=(0.5, 1.5), # 亮度
        contrast=(0.5, 1.5), # 对比度
        saturation=(0.5, 1.5), # 饱和度
        hue=(-0.1, 0.1) # 色调
    ),
    transforms.ToTensor(), # 将数据转换为张量
])
show_flowers(transform)
```

图 5-13 随机调整的图片

9. 随机水平翻转

调用 transforms 的 RandomHorizontalFlip()，可以实现随机的水平镜像效果，如图 5-14 所示。传入的参数 p 就是概率，这里为了便于看效果指定为 1，实际上可以改为 0 到 1 的其他数值。

```
transform = transforms.Compose([
    transforms.Resize((128, 128)), # 调整图像大小为128×128
    transforms.RandomHorizontalFlip(p = 1), # 随机水平翻转
    transforms.ToTensor(), # 将数据转换为张量
```

```
])
show_flowers(transform)
```

图 5-14　随机水平翻转的图片

10. 随机垂直翻转

既然有水平翻转，那么自然就有垂直翻转，下面是调用 transforms 的 RandomVerticalFlip()，调用方法和水平翻转是一样的，效果如图 5-15 所示。这两种变换也都是很常用的方法，可以增加训练数据的多样性。但大家在使用的时候还是要注意与自身场景的关联性，比如翻转这种方式在花朵数据集上较为适用，但在人脸识别任务中就不一定适用了。

```
transform = transforms.Compose([
    transforms.Resize((128, 128)), # 调整图像大小为128×128
    transforms.RandomVerticalFlip(p = 1), # 随机垂直翻转
    transforms.ToTensor(), # 将数据转换为张量
])
show_flowers(transform)
```

图 5-15　随机垂直翻转的图片

11. 自定义方法

最后我们来看如何自定义数据增强方法，如果前面 TorchVision 自带的方法都不适合，那么可以自己实现一个。

我们定义一个 AddNoise() 类，准备向图像中添加随机噪声。类里面最少要定义两个函数，一个是构造函数 init，可以传入相应的一些参数，比如噪声系数；另一个是 call 函数，可以让对象类似于函数一样被调用，这里传入的参数是 image。这些都不用改，对于其中具体的实现大家可以自行调整。最后输出处理后的图像如图 5-16 所示。

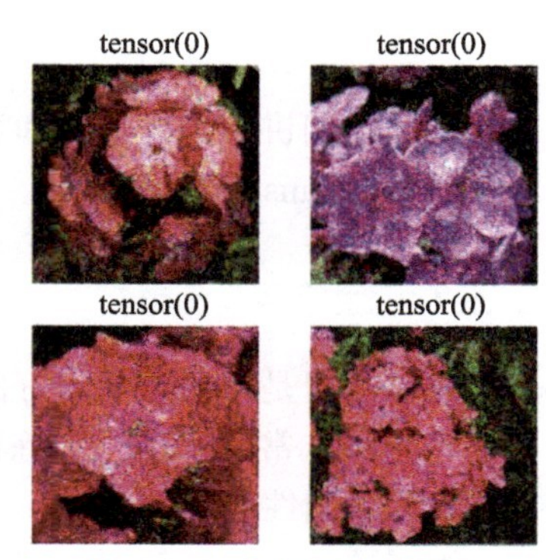

图 5-16 自行调整的图片

下面对于自定义的方法用相同方式调用，效果是添加了很多随机噪声。通过这种方式，我们就可以进一步扩展数据增强的方法了。

```
# 自定义AddNoise方法，用于向输入图像中添加噪声
class AddNoise():
    def __init__(self, noise_factor=0.2): # 噪声系数
        self.noise_factor = noise_factor

    def __call__(self, image):
        noisy = image + torch.randn_like(image) * self.noise_factor # 向输入图像中添加随机噪声
        noisy = torch.clamp(noisy, 0.0, 1.0) # 将噪声图像像素值限制在[0, 1]
        return noisy

transform = transforms.Compose([
    transforms.Resize((128, 128)), # 调整图像大小为128×128
    transforms.ToTensor(),  # 将数据转换为张量
    AddNoise(), # 自定义方法，添加噪点
])
show_flowers(transform)
```

5.2.4 小结

经过以上诸多具体方法的学习，我们来简单总结一下图像数据增强的作用。

- 图像数据增强在某种程度上相当于增加了数据样本的数量，有助于提高模型的泛化能力，防止过拟合问题，使得模型在新数据上表现更好。
- 通过适当的数据增强操作，可以增加数据的多样性，有助于模型更好地学习到不同的特征，从而提高模型性能。
- 在实际应用中，图像可能会受到各种变形、光照条件和噪声等干扰，通过进行图像数据增强，可以让模型更好地适应和应对这些干扰，从而增强模型的鲁棒性和稳健性。

在本节中，我们学习了什么是数据增强，并介绍了几种常用的图像数据增强方法及其代码实现。最后，我们总结了数据增强的作用和意义，强调了它在提高模型性能和适应实际应用中的重要性。

5.3 迁移学习

前面我们讲了数据加载和数据增强的相关方法，本节来看模型训练和构建的常用方法——迁移学习（transfer learning）。

5.3.1 迁移学习简介

迁移学习是将已经学习好的知识迁移到新的任务或领域中，以提高学习效率和性能。在深度学习领域，常常利用预训练模型在新任务或领域中进行微调（fine-tuning），以提高模型的泛化能力和准确性。

为了更加形象地解释，我们换种方式来说明。想象一家车企在成立初期资源有限，从头开始设计和制造一辆卡车是颇为困难的。这时，一种明智的做法是：参考一辆已经成功制造的卡车，对其进行拆分研究，掌握制造它所采用的技术和工艺。基于已有的知识，逐渐研发制造更先进的卡车、拖拉机，甚至进一步发展到制造豪华跑车。

这和迁移学习的核心思想是一致的，即在已有知识的基础上，适应和优化新的任务。通过这种方式，能够大大缩短模型的训练时间并降低成本。如今，迁移学习已在计算机视觉、自然语言处理和语音识别等领域得到了广泛的应用。

那么，为什么需要迁移学习？或者什么情况下需要应用迁移学习呢？在实际应用中，通常存在数据量不足或数据质量较低的情况，或者虽然有大量数据但未标注，而人工标注又耗费时间。在这些情况下，通过迁移学习可以利用已有数据的信息，提高模型的泛化能力，减少对大量训练数据的需求。

另外，在计算资源和时间成本有限的情况下，使用迁移学习可以借助预训练模型的初始化参数，避免从头开始训练，从而节省资源和时间。还有一种情况是直接将现有模型的权重作为新模型的初始权重，本质上也是一样的。

然而，需要注意的是，预训练模型必须与目标任务有一定的相关性。例如，一个在识别狗方面表现良好的模型，迁移到识别猫可能会有帮助，因为猫和狗都属于动物。然而，如果将其用于花卉识别或医疗影像分析，可能就不会产生实质性的帮助。

在深度学习领域，微调迁移学习和继续用更多数据加训在一定程度上有重叠，但也有区别。微调强调在预训练模型的基础上，通过调整模型的部分或全部层次来适应新的任务，这可能涉及不同的训练策略和学习率调整等方面。而继续加训强调的是在现有模型的基础上，使用更多数据进行训练，从而提高模型的泛化能力和性能。总结起来，微调强调方法调整，而加训强调数据增多。

5.3.2 ResNet预训练模型

了解了迁移学习的基本原理后，本节的具体实现并不难，PyTorch 封装了相关方法可以直接使用。这里先以 ResNet-18 为例，来看如何进行迁移学习。在第 1 章其实已经训练过一个 ResNet-18 模型，但当时未讲如何使用 TorchVision 中自带的模型进行训练，在这里补齐这部分内容。

```
# 导入必要的库
import torch
import torch.nn as nn
```

从 TorchVision 的 models 中导入 resnet18 和 ResNet18_Weights。这个 ResNet18_Weights 就是预训练模型的权重，接下来使用 resnet18 创建一个模型，参数 weights 传入 ResNet18_Weights 的默认模型参数，对应 ImageNet 数据集预训练模型的权重。ImageNet 数据集包含一千个类别，基本能涵盖常见的图像分类类别，5.4 节会着重介绍经典的计算机视觉领域数据集。首次运行这部分代码的时候会自动下载相应参数，实际操作时耐心等待即可。

```
# 导入 torchvision.models 中的 resnet18 和 ResNet18_Weights
from torchvision.models import resnet18, ResNet18_Weights

# 使用 resnet18 创建一个模型，并指定权重为默认权重
# 其中默认权重对应 ImageNet 数据集预训练模型的权重
model = resnet18(weights = ResNet18_Weights.DEFAULT)
```

接下来遍历模型中的所有参数，并将其 requires_grad 属性都设置为 False，这里其实是冻结预训练模型参数，让它们在训练过程中不会被更新。关于这部分的作用后续会进一步解释。

```
# 遍历模型的所有参数，并将其 requires_grad 属性设置为 False
# 冻结模型参数，使它们在训练过程中不会被更新
for parameter in model.parameters():
    parameter.requires_grad = False
```

直接打印模型结构，可以看到 ResNet 中具体的 Block 结构，对此不清楚的读者可以自行复习第 1 章内容。直接看最后面的全连接输出层，输入和输出的特征维度分别是 512 和 1000。

```
# 打印模型结构
model
ResNet(
  (conv1): Conv2d(3, 64, kernel_size=(7, 7), stride=(2, 2), padding=(3, 3), bias=False)
  (bn1): BatchNorm2d(64, eps=1e-05, momentum=0.1, affine=True, track_running_
stats=True)
  (relu): ReLU(inplace=True)
  (maxpool): MaxPool2d(kernel_size=3, stride=2, padding=1, dilation=1, ceil_
mode=False)
  ...
  (avgpool): AdaptiveAvgPool2d(output_size=(1, 1))
  (fc): Linear(in_features=512, out_features=1000, bias=True)
)
```

如果要把预训练模型迁移到我们自己的任务上，最简单的方法是，前面提取图像特征的层都不变，只修改最后一个全连接层的输出维度。比如之前我们用的是 Flowers102 数据集，那么可以用 nn.Linear() 创建一个全连接层，输入特征维度不变，输出特征维度为 102，将最后一个全连接层替换即可。

```
# 使用 nn.Linear() 创建一个全连接层，输入特征维度为 512，输出特征维度为 102 进行替换
model.fc = nn.Linear(in_features=512, out_features=102, bias=True)
```

再次遍历模型的所有参数，打印它们的名称和 requires_grad 属性，可以看到前面的层都为 False，只有最后替换后的 fc 层为 True，也就意味着只有输出层的权重会在训练过程中被更新。

至此，准备工作就完成了。这里介绍的是一种最简单的方法，即调整最后的输出层，实验的时候可以有选择地选取哪些层的权重需要更新，甚至还可以自行替换现有模型的层级结构，当然特别需要注意的是输入输出前后的维度统一。

```
# 遍历模型的所有参数，并打印出它们的名称和 requires_grad 属性
for name, param in model.named_parameters():
    print(name, param.requires_grad)
conv1.weight False
bn1.weight False
bn1.bias False
layer1.0.conv1.weight False
layer1.0.bn1.weight False
layer1.0.bn1.bias False
...
fc.weight True
fc.bias True
```

接下来展示的是模型训练部分，下面这段代码之前已经反复使用过，这里只替换刚定义的模型，其他参数不变。为了跟之前从零开始训练进行对比，epoch 数从 200 改为 30。代码运行后可以看到，在 30 轮之后，准确率已达到约 83.2%，如图 5-17 所示。在参数都没变的情况下，30 轮就已经比之前 200 轮后的准确率高出 10 多个点了。当然前面的模型没有经过微调，但通过这个例子，你应该对迁移学习在模型效果和时间成本上的优势都能有一个直观的了解。

```
# 定义模型、优化器、损失函数
model = model.to(device)
optimizer = optim.SGD(model.parameters(), lr=0.002, momentum=0.9)
criterion = nn.CrossEntropyLoss()

# 设置epoch数并开始训练
num_epochs = 30  # 设置epoch数

# 其他部分与AlexNet代码一致
# ...
Epoch: 0 Loss: 2.5978439893210212 Acc: 0.15098039215686274
Epoch: 10 Loss: 2.0516573743560977 Acc: 0.7274509803921568
Epoch: 20 Loss: 1.8921139150187416 Acc: 0.8245098039215686
100%|█████████████| 30/30 [09:39<00:00, 19.33s/it]
```

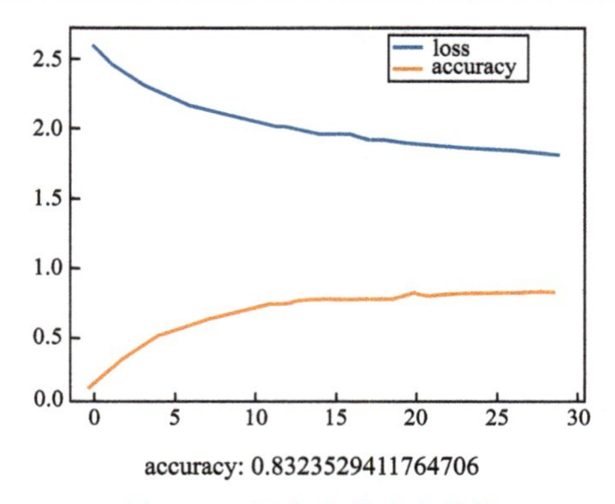

图 5-17　损失和准确率曲线

5.3.3 ViT预训练模型

下面再看一个例子，我们在第 3 章中介绍了 ViT 模型，了解了其原理，那么该怎么使用它呢？其实没有必要再从头开始搭建模型结构，而是完全可以站在巨人的肩膀上实现。从torchvision 的 models 导入 vit_b_16 和其对应权重，vit_b_16 表示图片块大小为 16 的 vit_base 模型，b 表示模型规模，16 是指图片块大小。然后创建模型，同样，第一次运行代码时还是要下载相应权重文件，耐心等待即可。

```
# 从torchvision.models中导入ViT_B_16模型和对应权重
from torchvision.models import vit_b_16, ViT_B_16_Weights

# 使用 vit_b_16 创建一个模型，并指定权重为默认权重
model = vit_b_16(weights = ViT_B_16_Weights.DEFAULT)
```

后面的操作就和前面一样了，冻结所有模型参数。

```
# 遍历模型的所有参数，并将其 requires_grad 属性设置为 False
# 冻结模型参数，使它们在训练过程中不会被更新
for parameter in model.parameters():
    parameter.requires_grad = False
```

查看模型结构，看到最后的 mlp head 也是全连接层。

```
# 打印模型结构
model
VisionTransformer(
  (conv_proj): Conv2d(3, 768, kernel_size=(16, 16), stride=(16, 16))
  (encoder): Encoder(
    (dropout): Dropout(p=0.0, inplace=False)
    (layers): Sequential(
      (encoder_layer_0): EncoderBlock(
        (ln_1): LayerNorm((768,), eps=1e-06, elementwise_affine=True)
        (self_attention): MultiheadAttention(
          (out_proj): NonDynamicallyQuantizableLinear(in_features=768, out_
features=768, bias=True)
        )
        (dropout): Dropout(p=0.0, inplace=False)
        (ln_2): LayerNorm((768,), eps=1e-06, elementwise_affine=True)
        (mlp): MLPBlock(
          (0): Linear(in_features=768, out_features=3072, bias=True)
          (1): GELU(approximate=none)
          (2): Dropout(p=0.0, inplace=False)
          (3): Linear(in_features=3072, out_features=768, bias=True)
          (4): Dropout(p=0.0, inplace=False)
        )
      )
      ...
    )
    (ln): LayerNorm((768,), eps=1e-06, elementwise_affine=True)
  )
  (heads): Sequential(
    (head): Linear(in_features=768, out_features=1000, bias=True)
  )
)
```

然后用 nn.Linear() 重新创建一个全连接层进行替换。

```
# 使用 nn.Linear() 创建一个全连接层，输入特征维度为 768，输出特征维度为 102 进行替换
model.heads = nn.Linear(in_features=768, out_features=102, bias=True)
```

再次遍历所有参数，同样，只有刚替换的全连接层会更新权重。

```
# 遍历模型的所有参数，并打印出它们的名称和 requires_grad 属性
for name, param in model.named_parameters():
    print(name, param.requires_grad)
class_token False
conv_proj.weight False
conv_proj.bias False
encoder.pos_embedding False
encoder.layers.encoder_layer_0.ln_1.weight False
encoder.layers.encoder_layer_0.ln_1.bias False
encoder.layers.encoder_layer_0.self_attention.in_proj_weight False
encoder.layers.encoder_layer_0.self_attention.in_proj_bias False
encoder.layers.encoder_layer_0.self_attention.out_proj.weight False
encoder.layers.encoder_layer_0.self_attention.out_proj.bias False
encoder.layers.encoder_layer_0.ln_2.weight False
encoder.layers.encoder_layer_0.ln_2.bias False
encoder.layers.encoder_layer_0.mlp.0.weight False
encoder.layers.encoder_layer_0.mlp.0.bias False
encoder.layers.encoder_layer_0.mlp.3.weight False
encoder.layers.encoder_layer_0.mlp.3.bias False
...
heads.weight True
heads.bias True
```

运行相同的模型训练代码，30 个 epoch 之后准确率是 85%，实现了更优的效果，如图 5-18 所示。

```
# 模型训练部分与前面完全一致
# ...
Epoch: 0 Loss: 2.585463130374999 Acc: 0.17647058823529413
Epoch: 10 Loss: 2.0090513371043364 Acc: 0.7245098039215686
Epoch: 20 Loss: 1.8183318470240557 Acc: 0.8294117647058824
100%|██████████████| 30/30 [20:51<00:00, 41.72s/it]
```

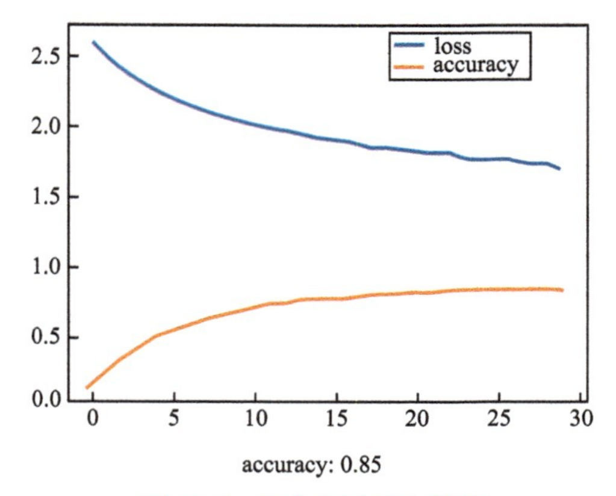

图 5-18　损失和准确率曲线

5.3.4 小结

在本节中，我们深入探讨了迁移学习的概念，并且解释了为什么在实际应用中需要使用这一技术，最后通过实际的代码示例对比了迁移学习与复杂 CNN 的实现效果。

迁移学习是一项将已训练好的模型应用于新任务的技术，让我们能充分利用在大规模数据集上训练得到的特征提取能力，在新任务上以更低的时间成本获得更好的效果。我们采用了 ResNet 和 ViT 两个模型的代码示例，并进行了详细比较。

相较于前面章节中的具体实现，迁移学习能在较短的时间内获得更优的结果。

5.4 经典计算机视觉数据集

在 5.3 节中，我们讲到了迁移学习，其中很重要的一部分就是预训练模型，ResNet 和 ViT 模型的代码实现中用的都是 ImageNet 数据集的预训练模型。那么，它是什么样的数据集？除此之外还有哪些数据集？本节我们就来学习计算机视觉领域比较经典的几套数据集，以及如何使用它们进行实验。

5.4.1 数据集简介

数据对于深度学习任务意义重大，我们整理了一张脑图（见图 5-19），按照不同场景总结了常见的数据集，比如提到手写数字就会想到 MNIST，物体的分类和检测对应 ImageNet 和 COCO，以及若干不同种类的场景任务。除了按细分场景分类，也可以按不同的视觉任务类型来区分，比如分类、检测、分割这种粗粒度。

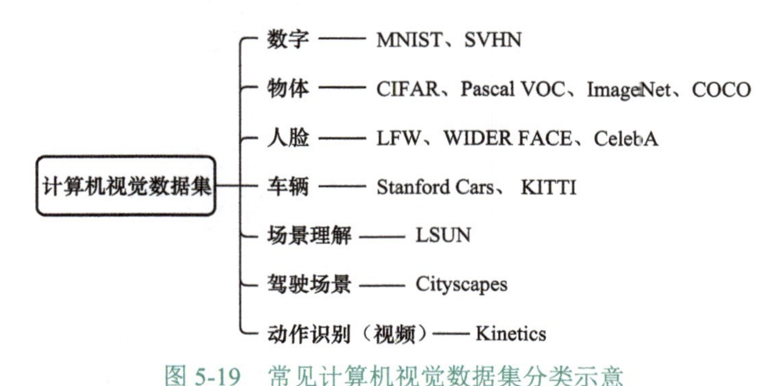

图 5-19 常见计算机视觉数据集分类示意

下面我们具体来介绍几个典型数据集。

1. MNIST

MNIST 数据集之所以称为 MNIST，是因为其数据都来自美国国家标准与技术研究院（National Institute of Standards and Technology，NIST）。因原始数据集很大，经过适当删减后就称为 MNIST。

它包含纯手写数字分类数据，总共有0～9共10个类别（见图5-20）。所有图像都经过归一化处理，且分辨率都是28×28，其中包含 60000 张训练集图像和 10000 张测试集图像。可以说它是机器学习和深度学习领域的 Hello World，是大家快速上手必备的入门数据集。

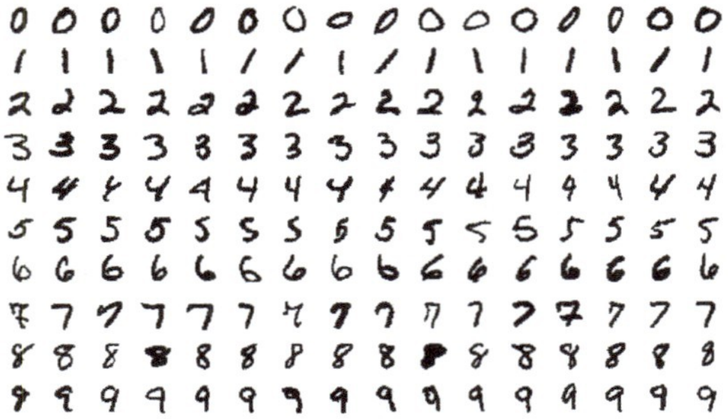

图 5-20　MNIST 数据集示意

2. CIFAR

CIFAR 数据集发布于 2009 年，以资助该项目的加拿大高级研究院（Canadian Institute for Advanced Research，CIFAR）的名字命名，由多伦多大学大名鼎鼎的 Hinton 等人收集。CIFAR 包括两个版本，分别是 CIFAR-10 和 CIFAR-100。

如图 5-21 所示，CIFAR-10 数据集包括 10 个类别的彩色图像，分辨率为32×32，有 50000 张训练集图像和 10000 张测试集图像，每个类别合计有 6000 张图像。这个数据集可以认为是类别多样性经扩充后的彩色加强版 MNIST，它们在图像分辨率和数量上都很接近。

图 5-21　CIFAR 数据集示意

CIFAR-100 与 CIFAR-10 类似，同样是 60000 张分辨率为32×32的彩色图像，分为训练集和测试集。不同之处在于 CIFAR-100 分为 100 个类别，每个类别包含 600 张图像。

3. Pascal VOC

Pascal VOC 其实是一个世界级的计算机视觉挑战赛，VOC 是 Visual Object Classes 的简称，从 2005 年到 2012 年每年都会举办一场。现在说起 Pascal VOC，一般是指 2007 和 2012 两个年份的数据集，两个版本并不兼容。

如图 5-22 所示，较新的 Pascal VOC 2012 数据集包含 20 个类别的物体，合计 11530 张图像，其中标注数据共有 27450 个目标检测标签以及 6929 个分割的掩码信息。Pascal VOC 数据集被广泛应用于目标检测、语义分割等领域的算法研究和比较。

4. ImageNet

大名鼎鼎的 ImageNet 数据集的名称中虽然有 Net，但它不是网络模型而是数据集。它是由斯坦福大学教授李飞飞等人牵头构建的，包含 1400 多万张图像，2 万多个类别，每个类别都包含至少几百张图像，有超过 100 万张图像包含明确的类别标注和物体位置标注（见图 5-23）。

图 5-22 Pascal VOC 2012 数据集示意

图 5-23 ImageNet 数据集示意

基于 ImageNet 有个挑战赛 ILSVRC（ImageNet Large Scale Visual Recognition Challenge），从 2010 年开始举办到 2017 年最后一届。挑战赛所使用的数据集是 ImageNet 的一个子集，其中比较常用的是 2012 年的数据集，包含 1000 个类别和超过 128 万张训练图像样本。有时候提到 ImageNet 也有可能指这个子集。挑战赛涵盖图像分类、检测定位等多个项目，在历届比赛中涌现了很多经典网络模型，例如第 1 章讲过的 AlexNet、VGGNet、GoogLeNet、ResNet 等。

ImageNet 数据集的创建和发布推动了计算机视觉领域的发展，也进而助推了深度学习技术的兴起。

5. COCO

COCO 数据集是由微软出资标注的数据集，其全称为 Microsoft Common Objects in Context，所以也称为 MS COCO 数据集（见图 5-24）。

目前 COCO 数据集有三个版本，对应 2014、2015、2017 三个年份的数据。由于 2015 只有测试集，因此较为常用的是 2014 和 2017 两个版本。最新的 COCO 2017 包含 80 个类别，33 万张图像，其中超过 20 万张是有标注的数据，物体数目合计超过 150 万。

图 5-24　COCO 数据集示意

COCO 数据集的优点在于不仅包含图像分割的掩码信息，还对其中 25 万人的图像进行了骨骼点的标注。

目前，COCO 数据集被广泛应用于目标检测、分割、人体关键点检测、姿态估计等任务。

6. CelebA

人脸数据集 CelebA，其全称为 CelebFaces Attributes Dataset，由香港中文大学的研究人员在 2015 年发布（见图 5-25）。该数据集包含 1 万个名人的超过 20 万张人脸照片，每张照片都涵盖了 40 个不同的属性标签，例如发色、眼镜等面部属性，以及面部 5 个关键点的位置坐标信息。

图 5-25　CelebA 数据集示意

目前，CelebA 数据集被广泛应用于人脸识别、属性分析、面部表情分析、人脸姿态估计等领域的研究和实验。

7. Cityscapes

Cityscapes 是一个用于城市场景分割的数据集，包含 50 个城市的街景图像，每张图像都具有很高的分辨率和丰富的场景细节。其中有 5000 张精细标注和 2 万张粗略标注的图像数据，标注类别具体包括 8 个大类别（如人、车、建筑、天空等）以及涵盖在这些大类别下的 30 个小类别。

对于不同类别的对象，Cityscapes 数据集使用不同颜色进行标记，如图 5-26 所示。在数据采集的时候还考虑到了不同季节和天气的影响。

图 5-26 Cityscapes 数据集示意

目前，Cityscapes 数据集已经成为城市场景分割任务的标准数据集之一，也是自动驾驶领域常用数据集之一。

8. 如何获取数据集

其他数据集就不一一介绍了。图 5-19 中的数据集都能在 torchvision 官方文档的 datasets 中找到，如图 5-27 所示。此外，再推荐一个非常好的 Papers With Code 网站，里面按论文使用量排序列举了绝大部分常见数据集，还包含具体数据集的介绍及相关使用方法。如果想找其他更多可用并且有意思的数据集，可以到 Kaggle 上进行检索。

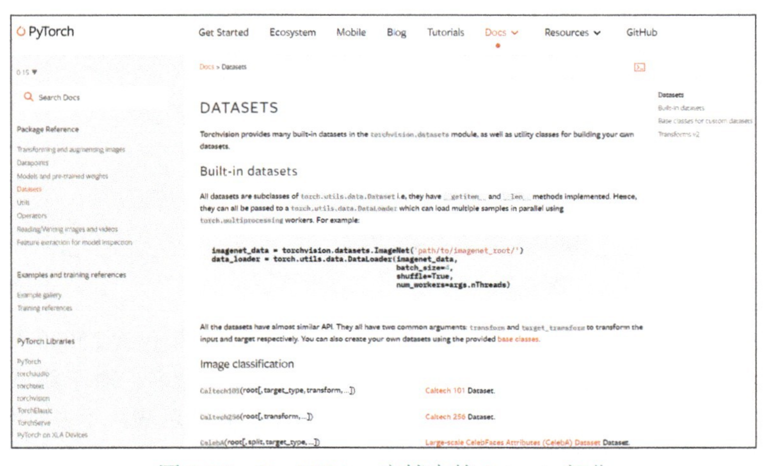

图 5-27 TorchVision 文档中的 datasets 部分

5.4.2 小结

在本节中，我们列举了一些常见的计算机视觉领域数据集，并重点介绍了 MNIST、CIFAR、

Pascal VOC、ImageNet、COCO、CelebA 和 Cityscapes 等几个常用数据集。此外，还介绍了其他更多数据集的获取方式。

大家可以结合之前学习的算法模型使用这些数据集进行更多实验，它们对于验证和评估算法模型的性能非常有帮助，可以帮助我们加深对算法模型在实际场景中应用的理解。

5.5　项目实战：猫狗大战

在前面几节，我们带大家学习和试验了如何进行自定义数据加载、图像数据增强、迁移学习，接下来我们用一个完整的入门项目从头梳理一遍整个流程。

5.5.1　项目简介

猫狗大战是 Kaggle 上经典的计算机视觉入门项目，打开 Kaggle 官网自行搜索项目名称查找（见图 5-28）。

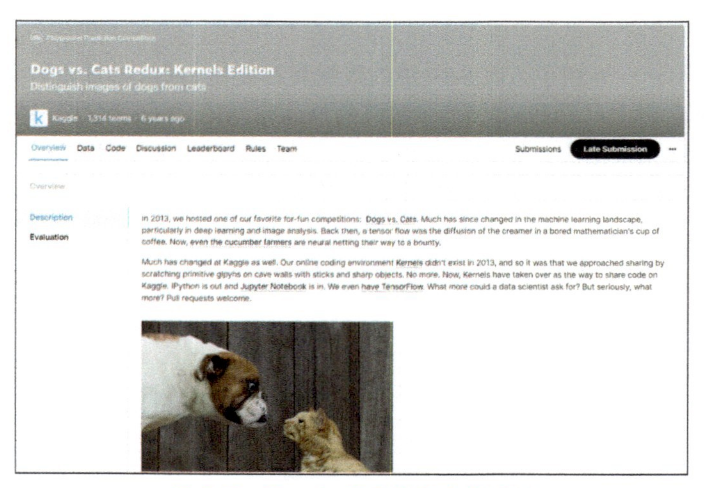

图 5-28　Kaggle 平台猫狗大战页面

该项目本质上是一个图像分类任务，用来区分猫和狗。训练集包含 25000 张猫和狗的图像，标签包含在文件名中。测试集包含 12500 张图像，用序号进行命名。对于测试集的每张图像，需要给出预测图像是狗的概率。这里需要注意，1 表示狗，0 表示猫，不要搞反了。待提交的 CSV 文件样例包含两列：序号和对应的标签。单击页面中的“download all”按钮下载保存到本地即可。

5.5.2　数据准备

首先还是导入全部必要的库。

```
# 导入必要的库
import torch
import torch.nn as nn
import torch.optim as optim
import torch.nn.functional as F
from torch.utils.data import Dataset, DataLoader
from torchvision import datasets, transforms, models

import numpy as np
import matplotlib.pyplot as plt
from tqdm import *
from torchinfo import summary

import os
import sys
from PIL import Image # pip install Pillow
```

将数据下载下来并全部解压缩到指定目录后，调用 ls 命令可以看到有两个文件夹和一个文件，sample_submission 就是刚提到的 CSV 文件样例，两个文件夹 train 和 test 分别是训练集和测试集。由于文件比较多，就不打印这两个文件夹下的文件了，下面会进一步说明文件夹中的结构。

```
%ls ../data/dogs-vs-cats/
sample_submission.csv  test/  train/
```

接下来具体看一下这两个文件夹。首先定义原始数据路径 data_path，可以自行定义该路径，只要能访问到就行。然后指定训练集的路径，也就是 train 文件夹，调用 os.listdir() 获取该路径下所有文件名列表，打印训练集的文件数量和前 20 个文件名。

下面对测试集也执行相同的操作。执行后可以看到，训练集包含 25000 个文件，文件直接对应一个个图像，对应的标签信息（也就是猫和狗）都直接标记在文件名里了，比如前两个文件中第一个是猫，第二个是狗。而测试集包含 12500 个文件，文件名就是序号，没有标注信息，也就是需要我们预测。

```
# 原始数据路径
data_path = "../data/dogs-vs-cats/"

# 指定训练集的路径并获取该路径下所有文件的文件名列表
train_folder = data_path + 'train/'
train_filelist = os.listdir(train_folder)

# 输出训练集的文件数量和前20个文件名
print("train: {0} {1} \n".format(len(train_filelist), train_filelist[:20]))

# 指定测试集的路径并获取该路径下所有文件的文件名列表
test_folder = data_path + 'test/'
test_filelist = os.listdir(test_folder)

# 输出测试集的文件数量和前20个文件名
print("test: {0} {1} \n".format(len(test_filelist), test_filelist[:20]))
train: 25000 ['cat.10859.jpg', 'dog.1175.jpg', 'cat.6903.jpg', 'cat.9857.
jpg', 'dog.6882.jpg', 'cat.91.jpg', 'dog.7006.jpg', 'dog.6140.jpg', 'cat.309.
jpg', 'dog.10759.jpg', 'cat.2508.jpg', 'dog.7643.jpg', 'dog.1588.jpg', 'cat.4146.
jpg', 'cat.10983.jpg', 'dog.6874.jpg', 'cat.9508.jpg', 'cat.2756.jpg', 'cat.8387.
```

```
jpg', 'cat.4913.jpg']

    test: 12500 ['12344.jpg', '8543.jpg', '3743.jpg', '7480.jpg', '7931.jpg', '7563.
jpg', '6163.jpg', '1002.jpg', '11783.jpg', '6892.jpg', '9586.jpg', '3950.jpg', '5053.
jpg', '138.jpg', '1609.jpg', '2043.jpg', '10193.jpg', '5882.jpg', '703.jpg', '5453.
jpg']
```

下面准备自定义一个数据集，命名为 DogsVSCats。

前文讲过，对于自定义数据集至少包含三部分。第一部分是构造函数 init，输入的参数分别是文件夹路径 data_dir、数据集类型 split（稍后具体说明）以及对应的 transform（也就是数据转换方法）。调用 os.listdir() 遍历所有文件名，然后用 join() 拼接出数据集中所有图像文件的路径，保存图像文件数量。接下来就是 split 参数的作用了，由于目前的测试集没有标注数据，因此只能从训练集中划分出一个验证集进行准确率的评估，所以 split 参数可以是 train、val 和 test，其作用类似 MNIST 数据集中的 train 参数。训练集和验证集的比暂定为 8:2，对于训练集，取图像文件路径的前 80%，对于验证集，则取前 80% 之后的部分，测试集则没有变化。最后把这个 split 参数值记录下来就可以了。

根据不同数据集的划分定义相应的默认数据转换方法，对于训练集，包含随机水平翻转、随机旋转、先调整图像大小到 256 再使用 RandomCrop() 随机裁剪到 224，转换为张量后进行归一化。这部分内容在 5.2.3 节中都讲过，有不清楚的地方建议回顾一下前面的内容。

对于验证集和测试集，直接调整图像大小，转换为张量后进行归一化就可以了。这里所有的操作不是固定的，可以自行调整进行测试。如果想传入自行定义好的方法也预留了参数，传入对应的 transform 方法就可以。

第二部分 len 函数比较简单，返回数据集长度，这里返回路径数组的长度。

第三部分是 getitem 函数，这里的参数是 idx，对于每个传入的索引值，image 就是对应路径的图像数据，对图像数据进行转换。然后准备处理标签，因为 image_paths 中存放的数据包含了目录结构，所以先提取对应的文件名。对于测试集，标签 label 直接设为对应的文件名序号；对于训练集和验证集，狗对应标签 1，否则设为 0。把 label 数据也转换为张量，最后返回图像和标签即可。

```python
# 自定义数据集
class DogsVSCats(Dataset):
    def __init__(self, data_dir, split="train", transform=None):
        # 拼接数据集中所有图像路径并计算总数
        imgs = [os.path.join(data_dir, img) for img in os.listdir(data_dir)]
        imgs_num = len(imgs)

        # 根据数据集划分（train/val/test），选择不同数据
        # 训练集：验证集设为8:2
        if split == 'train':
            self.image_paths = imgs[:int(0.8 * imgs_num)]
        elif split == 'val':
            self.image_paths = imgs[int(0.8 * imgs_num):]
        else:
            self.image_paths = imgs
        self.split = split

        # 根据数据集划分（train/val/test）定义默认数据转换方法
```

```
        if transform is None:
            if split == 'train':
                self.transform = transforms.Compose([
                    transforms.RandomHorizontalFlip(), # 随机水平翻转
                    transforms.RandomRotation(10), # 随机旋转
                    transforms.Resize((256, 256)), # 调整图像大小
                    transforms.RandomCrop(224), # 从随机位置裁剪指定大小
                    transforms.ToTensor(), # 将数据转换为张量
                    # 对三通道数据进行归一化(均值，标准差)
                    # 数值是从ImageNet数据集上的百万张图像中随机抽样计算得到
                    transforms.Normalize(mean=[0.485, 0.456, 0.406], std=[0.229,
0.224, 0.225])
                ])
            else:
                self.transform = transforms.Compose([
                    transforms.Resize((224, 224)), # 调整图像大小
                    transforms.ToTensor(), # 将数据转换为张量
                    # 对三通道数据进行归一化(均值，标准差)
                    # 数值是从ImageNet数据集上的百万张图像中随机抽样计算得到
                    transforms.Normalize(mean=[0.485, 0.456, 0.406], std=[0.229,
0.224, 0.225])
                ])
        else:
            self.transform = transform

    def __len__(self):
        return len(self.image_paths)

    def __getitem__(self, idx):
        # 加载图像数据并对图像数据进行转换
        image = Image.open(self.image_paths[idx]).convert('RGB')
        image = self.transform(image)

        # 从图像路径中提取标签信息并转换为张量数据
        filename = self.image_paths[idx].split("/")[-1]
        if self.split == 'test':
            label = int(filename.split('.')[0])
        else:
            label = 1 if 'dog' in filename else 0
        label = torch.tensor(label, dtype=torch.long)

        return image, label
```

接下来验证一下刚实现的数据集是否可用。定义一个 dataset，传入路径和一个最简单的 transform 方法。

```
# 验证数据集是否可用
dataset = DogsVSCats(
    '../data/dogs-vs-cats/train/',
    transform = transforms.Compose([
        transforms.Resize((224, 224)),
        transforms.ToTensor(),
    ])
)
```

然后是绘图函数，这部分代码本章已经反复用过很多次，不再赘述。

```
# 定义绘图函数，传入dataset即可
def plot(dataset, shuffle=False, cmap=None):
    # 创建数据加载器
    dataloader = DataLoader(dataset, batch_size=16, shuffle=shuffle)

    # 取出一组数据
    images, labels = next(iter(dataloader))

    # 将通道维度(C)移到最后一个维度，以便使用Matplotlib绘图
    images = np.transpose(images, (0, 2, 3, 1))

    # 创建2×2的子图对象
    fig, axes = plt.subplots(nrows=4, ncols=4, figsize=(8, 8))

    # 遍历每个子图，绘制图像并添加子图标题
    for i, ax in enumerate(axes.flat):
        ax.imshow(images[i], cmap=cmap)
        ax.axis('off') # 隐藏坐标轴

        if hasattr(dataset, 'classes'): # 如果数据集有预定义的类别名称，使用该名称作为子图标题
            ax.set_title(dataset.classes[labels[i]], fontsize=12)
        else: # 否则使用类别索引作为子图标题
            ax.set_title(labels[i], fontsize=12)

    plt.show()
```

直接调用绘图函数，可以看到对应的图像和标签都能够正常显示，如图 5-29 所示。这样数据加载部分就基本完成了。

```
plot(dataset)
```

图 5-29　图像和标签

最后依次定义训练集、验证集和测试集，注意训练集和验证集的目录是一样的，用 split 参数进行区分。

```
# 依次定义训练集、验证集、测试集
train_dataset = DogsVSCats('../data/dogs-vs-cats/train/', split = 'train')
train_loader = DataLoader(train_dataset, batch_size=64, shuffle=True, num_workers=4)

val_dataset = DogsVSCats('../data/dogs-vs-cats/train/', split = 'val')
val_loader = DataLoader(val_dataset, batch_size=64, shuffle=False, num_workers=4)

test_dataset = DogsVSCats('../data/dogs-vs-cats/test/', split = 'test')
test_loader = DataLoader(test_dataset, batch_size=64, shuffle=False, num_workers=4)
```

打印三个数据集的样本数量，训练集和验证集之比为 8 : 2，所以分别对应 20000 和 5000 张图像，测试集对应 12500 张。

```
# 查看数据集样本数量
len(train_dataset), len(val_dataset), len(test_dataset)
(20000, 5000, 12500)
```

5.5.3　模型训练

接下来就是模型训练部分了，为了方便大家后续多测试几个模型，这里封装了一个 Trainer 类。

首先是构造函数，参数依次为 model 模型、train_loader 训练集数据加载器和 val_loader 验证集数据加载器。

下面是基于输入的参数初始化训练集和验证集的 dataloader，然后判断可用的设备，并将传入的模型移动到对应的计算设备上。接着定义优化器，这里使用随机梯度下降，学习率设为 0.001，损失函数是交叉熵损失函数，再定义一个指数衰减学习率调节器，衰减率 gamma 设为 0.95，最后定义两个列表分别用于记录训练过程中的损失值和验证过程中的准确率。

到这里构造函数部分就完成了，实际操作的时候可以自行调整，优化器、损失函数、学习率调节器的参数这部分也可以作为参数传入，会更加灵活一些。

然后是训练函数部分，输入参数是预期训练的 epoch 数，直接进入循环，每次循环都记录一个损失值，然后切换模型到训练模式，遍历训练数据并将数据转移到指定计算设备上。

接着是预测、损失函数、反向传播更新参数，再记录训练集的 loss 的固定组合。然后更新优化器的学习率，以及调用 validate() 函数，关于这个函数稍后会具体讲，它的作用是基于当前模型计算在验证集上的准确率。之后记录训练集损失和验证集的准确率，每 5 轮打印一次中间值。到这里训练函数部分就完成了。

最后是刚刚说的模型评估函数 validate()，这部分其实相对简单，首先将模型切换到评估模式，准备记录样本的总数和预测正确数，然后遍历验证集上的所有数据，取出数据后进行预测，记录每一批的样本数和其中预测正确的数量。最后基于这两个数值计算准确率返回。

到这里这个 Trainer 类就实现完成了，接下来看一下具体如何使用。

```
class Trainer:
    def __init__(self, model, train_loader, val_loader):
```

```
        # 初始化训练数据集和验证数据集的dataloader
        self.train_loader = train_loader
        self.val_loader = val_loader

        # 判断可用的设备是 CPU 还是 GPU，并将模型移动到对应的计算设备上
        self.device = torch.device("cuda" if torch.cuda.is_available() else "cpu")
        self.model = model.to(self.device)

        # 定义优化器、损失函数和学习率调节器
        self.optimizer = optim.SGD(self.model.parameters(), lr=0.001)
        self.criterion = nn.CrossEntropyLoss()
        self.scheduler = optim.lr_scheduler.ExponentialLR(self.optimizer, gamma=0.95)

        # 记录训练过程中的损失和验证过程中的准确率
        self.train_losses = []
        self.val_accuracy = []

    def train(self, num_epochs):
        # tqdm()用于显示进度条并评估任务时间开销
        for epoch in tqdm(range(num_epochs), file=sys.stdout):
            # 记录损失值
            total_loss = 0

            # 批量训练
            self.model.train()
            for images, labels in self.train_loader:
                # 将数据转移到指定计算设备上
                images = images.to(self.device)
                labels = labels.to(self.device)

                # 预测、损失函数、反向传播
                self.optimizer.zero_grad()
                outputs = self.model(images)
                loss = self.criterion(outputs, labels)
                loss.backward()
                self.optimizer.step()

                # 记录训练集loss
                total_loss += loss.item()

            # 更新优化器的学习率
            self.scheduler.step()
            # 计算验证集的准确率
            accuracy = self.validate()

            # 记录训练集损失和验证集准确率
            self.train_losses.append(np.log10(total_loss)) # 由于数值有时较大，这里取对数
            self.val_accuracy.append(accuracy)

            # 打印中间值
            if epoch % 5 == 0:
                tqdm.write("Epoch: {0} Loss: {1} Acc: {2}".format(
                    epoch, self.train_losses[-1], self.val_accuracy[-1]))

    def validate(self):
        # 测试模型，不计算梯度
        self.model.eval()
```

```
        # 记录总数和预测正确数
        total = 0
        correct = 0

        with torch.no_grad():
            for images, labels in self.val_loader:
                # 将数据转移到指定计算设备上
                images = images.to(self.device)
                labels = labels.to(self.device)

                # 预测
                outputs = self.model(images)
                # 记录验证集总数和预测正确数
                total += labels.size(0)
                correct += (outputs.argmax(1) == labels).sum().item()

        # 返回准确率
        accuracy = correct / total
        return accuracy
```

结合前面讲过的迁移学习，模型定义部分其实已经非常简单了，调用 torchvision 中 models 的 resnet50()，选择 ImageNet 的预训练模型。然后获取 resnet50 最后全连接层的输入特征数，并将其替换成一个新的全连接层，其中 in_features 是原本的输入特征数，由于这里是二分类问题，因此 out_features 设为 2。第一次执行这部分同样需要下载预训练模型，耐心等待下载完成即可。另外需要注意的是，因为之前已经用过 ResNet，所以省略了查看模型结构部分，但在替换模型层的时候最好还是把 model 打印出来对照着结构进行替换，这样不容易出错。

```
# 定义 ResNet50 模型
model = models.resnet50(weights=models.ResNet50_Weights.IMAGENET1K_V1)
# 获取全连接层的输入特征数
num_features = model.fc.in_features
# 将全连接层替换成一个新的全连接层
model.fc = nn.Linear(in_features=num_features, out_features=2, bias=True)
```

接下来创建一个 Trainer 类的实例，传入定义好的 model 以及前面准备的数据加载器，调用 train() 训练 20 轮。

```
# 创建一个 Trainer 类的实例
trainer = Trainer(model, train_loader, val_loader)
# 训练模型，迭代 20 轮
trainer.train(num_epochs = 20)
Epoch: 0 Loss: 1.8703523967529723 Acc: 0.9776
Epoch: 5 Loss: 1.0845601669125573 Acc: 0.9882
Epoch: 10 Loss: 0.9256808238968409 Acc: 0.989
Epoch: 15 Loss: 0.8714442646792343 Acc: 0.9902
100%|██████████████████| 20/20 [41:37<00:00, 124.89s/it]
```

打印最终准确率，可以看到 20 轮之后验证集上的准确率为 99.06%。

```
# 最终准确率
trainer.val_accuracy[-1]
0.9906
```

使用 Matplotlib 绘制出的损失数和准确率曲线如图 5-30 所示。到这里模型训练部分就完成了，其实就是以前讲过的内容重新组合了一下。

```
# 使用Matplotlib绘制损失和准确率的曲线图
plt.plot(trainer.train_losses, label='loss')
plt.plot(trainer.val_accuracy, label='accuracy')
plt.legend()
plt.show()
```

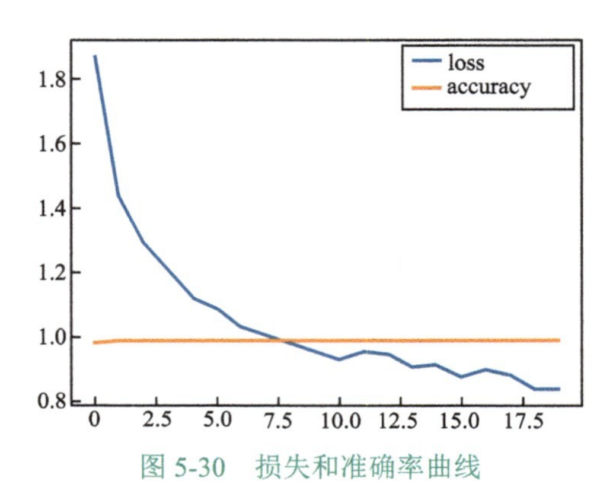

图 5-30　损失和准确率曲线

5.5.4　模型预测

接下来要做的是模型预测，这里定义了一个 inference() 函数，传入 trainer 和测试数据集。这部分与评估准确率的函数很接近，区别是对于测试集，我们是不知道真实值的，所以记录输出的标签信息就可以。

首先还是把模型设置为评估模式，定义两个列表记录测试样本 id 和预测结果，然后遍历测试集，注意这里的 labels 其实是文件名序号，与前面训练集和验证集的 label 是不一样的，千万不要混淆了。推理部分是一样的，完成后把测试样本的 id 以及预测结果分别添加到列表中，全部返回即可。

```
def inference(trainer, test_loader):
    # 设置模型为评估模式
    trainer.model.eval()

    # 记录测试样本的id和模型预测结果
    ids = []
    predictions = []

    with torch.no_grad():
        # 遍历测试集，这里的labels其实是id
        for images, labels in test_loader:
            # 将数据转移到指定计算资源设备上
            images = images.to(trainer.device)
            # 对图片进行预测
            outputs = trainer.model(images)
```

```
            # 获取预测结果，下画线表示忽略torch.max()函数返回值中的最大值项
            _, predicted = torch.max(outputs.data, 1)
            # 将测试样本的 id 添加到列表中
            ids.extend(labels.numpy().tolist())
            # 将预测结果添加到列表中
            predictions.extend(predicted.cpu().numpy().tolist())

    return ids, predictions
```

这里单独实现了一个函数用于推理，其实这个函数放在上面实现的 Trainer 类里面也是可以的。下面就把 trainer 和 test_loader 传入函数得到预测值，由于样本数量比较多，这里只打印前 20 个样本的预测值，可以看到都是 0 和 1 的分类结果了。

```
# 对测试集进行预测，获得预测结果
ids, predictions = inference(trainer, test_loader)

# 输出前 20 个样本的预测结果
predictions[:20]
[0, 1, 0, 0, 0, 1, 1, 1, 0, 1, 0, 1, 0, 1, 1, 0, 0, 1, 0, 0]
```

直接这样提交结果可能在 Kaggle 上分数不高，下面再讲两个 Kaggle 的合理刷分小技巧。一个小技巧是，前面我们用 trainer 训练了一个 resnet50 模型，利用这个方法可以进一步训练更多模型，然后借助集成学习中最简单的投票思想，多个分类器进行投票，取票数最多的类别作为最终的预测类别，这样理论上准确率还能进一步提升。这种思想比较简单，不进行演示了，大家可以自行替换模型进行测试。

另一个小技巧其实是关于评估数值计算的，对于猫狗大战这种分类任务，提交 label 之后 Kaggle 也是使用交叉熵来进行评估的，那么我们可以通过适当调整输出值范围来提高分数。下面设计了一个小实验来验证，比如真实值是 1，那么对于提交 1 和 0.995，使用交叉熵得出的数值差异其实很小，只有 0.005。

```
# 在分类正确的情况下，0.995和1.0的评估差异不大
print(F.binary_cross_entropy(torch.tensor([1.0]), torch.tensor([1.0])))
print(F.binary_cross_entropy(torch.tensor([0.995]), torch.tensor([1.0])))
tensor(0.)
tensor(0.0050)
```

但如果真实值是 0，模型分类错误，还认为是 1，这时提交 1 就会产生一个较大的损失值（比如 100），而提交 0.995 的损失值就会比提交 1 的时候小很多，所以这里就可以通过调整输出值的范围来进一步提高分数。

```
# 但在分类错误的情况下，其评估差异就差了十几倍
print(F.binary_cross_entropy(torch.tensor([1.0]), torch.tensor([0.0])))
print(F.binary_cross_entropy(torch.tensor([0.995]), torch.tensor([0.0])))
tensor(100.)
tensor(5.2983)
```

最后看一下输出的部分，这里引入 pandas 库，将测试样本的 id 和预测结果保存到 pandas 的 DataFrame 中，注意列名不要搞错，要和样例输出的文件保持一致。可以看到，这里用了刚刚提到的小技巧，把预测结果限制在 0.005 和 0.995 之间，然后按照测试样本的 id 进行排序，

打印出 CSV 文件，总共 12500 行两列，label 是处理后的数值。

```
import pandas as pd

# 将测试样本的id和预测结果保存到一个Pandas的DataFrame中
# 并将预测结果限制在[0.005, 0.995]之间
results = pd.DataFrame({'id': ids, 'label': np.clip(predictions, 0.005, 0.995)})
# 按照测试样本的 id 进行排序
results = results.sort_values(by='id').reset_index(drop=True)
# 打印结果
results
```

最后调用 to_csv() 保存表格文件即可。

```
# 保存csv文件
results.to_csv("./submission.csv", index=False)
```

5.5.5　小结

在本节中，我们讲了一个常用的入门项目猫狗大战，并以此展开，回顾了前面讲过的流程，主要包括数据加载、模型训练和验证、结构定义以及预训练模型、预测推理（并在这部分穿插了两个小技巧的说明），最后输出标签文件。建议大家自行调整例子中的数据集和模型，亲自上手实验一下，也希望通过这个例子能让大家后续在面对其他实际问题的时候能有一个整体的思路。

第 6 章 自然语言处理：人机交互懂你所说

本章开始学习自然语言处理（natural language processing，NLP）相关的知识。自然语言区别于编程语言，是在人类社会发展中自然形成的语言，也就是我们平时说的话。让计算机能够处理人类的语言就是 NLP 的目标。

自然语言可以是一本书、一篇文章、一段文字、一个句子或一个词。研究 NLP 通常可以从语言的组成单元——词开始。

6.1 词嵌入和Word2Vec

我们前面讲 Seq2Seq 模型时提到过 NLP 中一种常用的数据预处理方法词嵌入（word embedding）。它是一种将高维的数据表示映射到低维空间中的方法，将语言中的词编码成一个向量，以便后续分析和处理。

小　白：我们把一个词用一个向量来表示，到底是降维了，还是升维了呢？

梗直哥：将一个词从离散的符号形式转换为连续的向量空间表示，可以看作对词的“降维”。但从另一个角度来看，也可以说是“升维”，因为连续向量表示能捕获任意词之间的语义相似性，在某种程度上提升了词含义的维度，有时候词向量甚至能让我们发现一些意想不到的词之间的联系。

可能有读者听说过另一种说法——词向量。其实，词嵌入和词向量基本指的是同一个东西，后面我们更多会用词向量这个名字。

6.1.1 独热编码

对词进行编码的最简单的方式是独热（one-hot）编码。它本身是一种对分类数据进行编码的方法，独热编码为每一类别分配了一列，属于该类别则该列值为 1，否则为 0。

将独热编码应用到词的表示上，我们可以把不同的词当成不同的类别。假设词表大小为 N，每一个词对应从 0 ～ N-1 中的一个索引，然后就可以用长度为 N 的独热向量来表示这些词了。具体做法是，对于索引为 i 的词，就让向量的第 i 位为 1，其他位为 0。比如“我是中国人”这个句子有 5 个不同的字，所以维度是 5。可以用独热编码方式把每个字映射成一个向量。这样我们就构建起了一组词到词嵌入的映射。接下来还可以用这组映射来表示其他序列，比如“中国人是我”就可以表示为图 6-1 所示的一个矩阵。

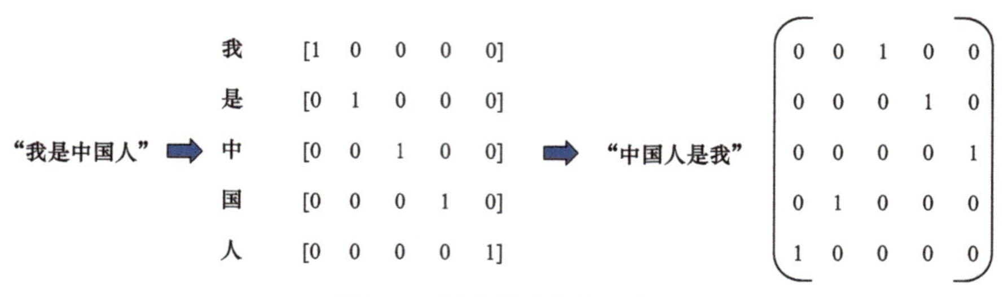

图 6-1　独热编码效果示意

独热编码效率虽高，但也有不少缺点。首先，独热编码没有考虑到词的顺序信息，属于词袋模型（bag of words）。这会导致只要句子里的词一样，句子的特征表示就是一样的。比如基于词袋模型，“我爱你”和“你爱我”的句子表示完全一致。其次，独热编码虽然简单易操作，但由于过于简单，任意不同词的正交结果都是 0，难以表示出词的含义。最后一个缺点很直观，独热编码向量只有一位为 1，其他都为 0，而词表大小通常成千上万，这会导致矩阵过于稀疏，高维稀疏表示还可能导致“维度灾难”问题。

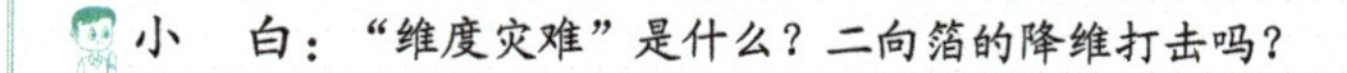

小　白：“维度灾难”是什么？二向箔的降维打击吗？

梗直哥：这里的维度灾难当然跟《三体》小说无关。它是指在高维空间中，数据点之间的距离和密度分布等特性出现急剧变化的现象，比如越来越稀疏。想象一下，两个稠密词向量，比如 [0.114,0.258,0.369,0.148] 和 [0.117,0.147,0.877,0.377]，计算它们之间的距离，无论采用余弦距离还是点积计算，其结果都是很有意义的。然而当两个向量变成了 [0.17,0,0,0] 和 [0,0,0,0.96]，则无论采用哪种距离计算方法，都无法得到有意义的结果。

6.1.2　Word2Vec

鉴于独热编码存在的弱点，我们可不可以用一些方法将独热向量变成稠密向量呢？当然可以，在训练语言模型的时候，研究者发现了训练的副产品——词向量。其中最出名的正是来自谷歌的 Tomas Mikolov 发明的 Word2Vec。他在 2013 年的论文“Efficient Estimation of Word Representations in Vector Space”中，提出了两种经训练得到词向量的方法：连续词袋模型（CBOW）和跳元模型（Skip-Gram）。通过这些更好的词的分布表示，能够学习到词的语法和语义两个维度的知识。

用一句话来解释 CBOW 和 Skip-Gram：CBOW 以上下文预测当前词，Skip-Gram 以当前词预测上下文，如图 6-2 所示。

1. CBOW

CBOW 的目标是通过上下文词来预测中心词。“词袋”则指的是在该模型中将一段文本分解为单独的词，无论词的顺序如何，都可以作为一个词表中的集合。一般来说，CBOW 会有一个上下文窗口，如图 6-3 所示。

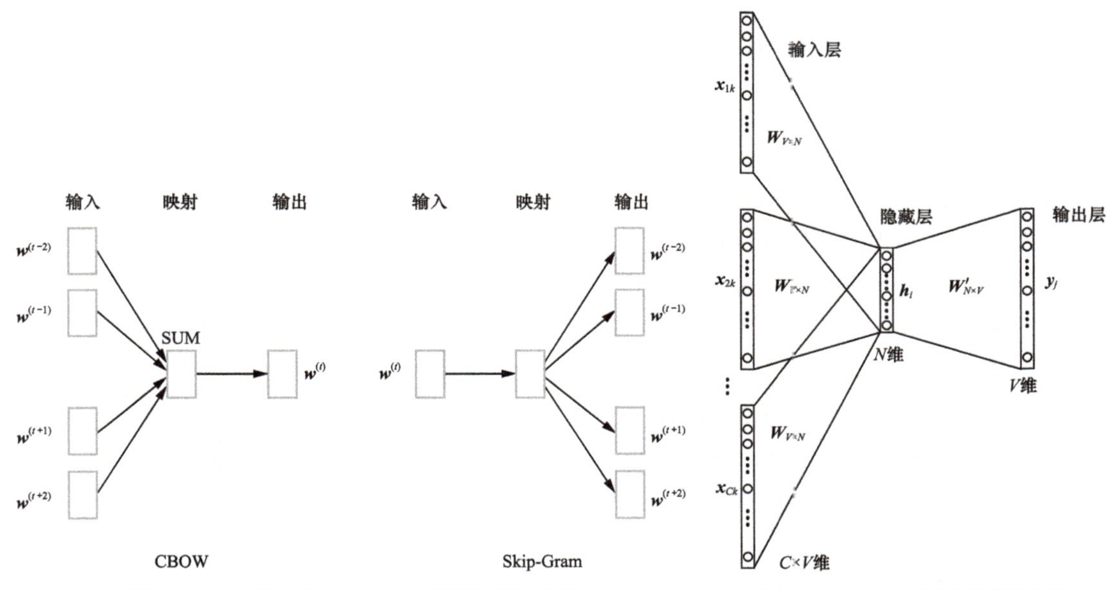

图 6-2 CBOW 和 Skip-Gram 模型对比示意

图 6-3 CBOW 模型结构示意

用C个词$\boldsymbol{x}_{1k}$到$\boldsymbol{x}_{Ck}$去预测$\boldsymbol{y}_j$，窗口大小是$\frac{C}{2}$，目标是最大化整个句子的概率，也就是要让概率$P(\boldsymbol{y}_j \mid \boldsymbol{x}_{1k}, \boldsymbol{x}_{2k}, \cdots, \boldsymbol{x}_{Ck})$最大。CBOW 模型由一个输入层、一个或者多个隐藏层和一个输出层组成，其中，输入层输入的是上下文词的向量表示，输出层输出的是中心词的向量表示。

输入层的输入$\boldsymbol{x}_{1k}$到$\boldsymbol{x}_{Ck}$都是长度为V的独热编码向量，这里V是词表大小。从输入层到隐藏层，就是让$\boldsymbol{x}$和参数矩阵$\boldsymbol{W}$相乘。

$$\boldsymbol{h} = \boldsymbol{W}\boldsymbol{x} = \boldsymbol{W}\frac{1}{C}(\boldsymbol{x}_{1k} + \boldsymbol{x}_{2k} + \cdots + \boldsymbol{x}_{Ck}) = \frac{1}{C}\sum_{t=1}^{C}\boldsymbol{W}\boldsymbol{x}_{tk}$$

矩阵$\boldsymbol{W}$存储的是某个词作为上下文时的向量表示。它是一个大小为$V \times N$的矩阵，V是词表大小，N是一个超参数，也就是我们设定的词向量的维度。CBOW 模型将上下文词的词向量加和求平均作为整个上下文的向量表示，得到一个N维向量$\boldsymbol{h}$。

从隐藏层到输出层也很简单，就是给 $\boldsymbol{h}$ 乘上一个矩阵$\boldsymbol{W}'$。

$$\boldsymbol{y}=\boldsymbol{W}'\boldsymbol{h}$$

这个$\boldsymbol{W}'$存储的是某个词作为中心词时的向量，它是一个大小为$N\times V$的向量。因此，最终得到的$\boldsymbol{y}$正好是V维向量。

我们的目标既然是求概率最大化，自然要用softmax来得到这个概率，最终得到这样一个表达式：

$$P(\boldsymbol{y}_j\mid\boldsymbol{x}_{1k},\cdots,\boldsymbol{x}_{Ck})=\text{softmax}(\boldsymbol{y}_j)=\frac{\mathrm{e}^{\boldsymbol{y}_j}}{\sum_{i=1}^{V}\mathrm{e}^{\boldsymbol{y}_i}}$$

目标就是让V个词中第j个词出现的概率最大。

2. Skip-Gram

和 CBOW 相反，Skip-Gram 模型是用一个词作为输入，来预测它的上下文，如图 6-4 所示。

它的目标是让如下条件概率最大：

$$P(\boldsymbol{y}_{1j},\boldsymbol{y}_{2j},\cdots,\boldsymbol{y}_{Cj}\mid\boldsymbol{x}_k)$$

这个条件概率可以近似看作计算每一对词的概率的乘积最大化：

$$P(\boldsymbol{y}_{1j}\mid\boldsymbol{x}_k)\cdot P(\boldsymbol{y}_{2j}\mid\boldsymbol{x}_k)\cdots P(\boldsymbol{y}_{Cj}\mid\boldsymbol{x}_k)$$

那么我们的目标就可以从预测一组词的概率变成预测其中某一对词的概率。Skip-Gram 和 CBOW 模型的结构完全相反，这里不再赘述。不同的是，其中 $\boldsymbol{W}$ 存储的是某个词作为中心词时的向量，$\boldsymbol{W}'$是存储的是某个词作为上下文时的向量。

最终计算其中一组词的概率可以表示如下：

$$P(\boldsymbol{y}_j\mid\boldsymbol{x}_k)=\text{softmax}(\boldsymbol{y}_j)=\frac{\mathrm{e}^{\boldsymbol{y}_j}}{\sum_{i=1}^{V}\mathrm{e}^{\boldsymbol{y}_i}}$$

我们的目标函数就是预测若干词，所预测词的数量是C。相较于 CBOW，Skip-Gram 所需的训练时间更长，但对于低频词的学习效果要好于 CBOW。

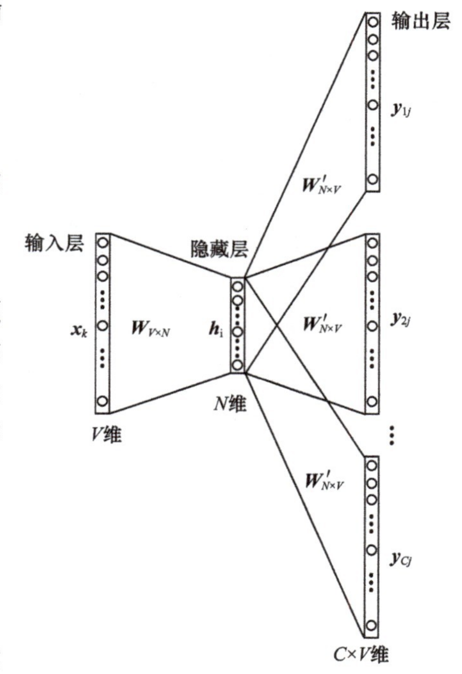

图 6-4　Skip-Gram 模型结构示意

小　白：CBOW？ Skip-Gram？分不清楚……

梗直哥：简单来说，CBOW 是一群老师教一个学生，Skip-Gram 是一个老师教一群学生。好理解了吗？

3. 近似训练技巧

在训练 CBOW 或者 Skip-Gram 模型的时候，每次求解一组词的概率时都要把所有词遍历一遍，计算量是非常大的。聪明的读者可能会想，如果把窗口内的词组成的词对看作正样本，其他所有词对看作负样本，那么负样本这么多，干脆随便挑选一些不在窗口内的词和窗口内的词作为负样本参与计算，可以吗？没错，这正是负采样的本质，也是第一个训练技巧，通常情况下正负样本会按照 1:10 进行采样，取 10 倍于正样本的量作为负样本。

通过划分正负样本，原来的softmax操作简化成了sigmoid操作，计算量减少了。同时引出了第二个训练技巧，即霍夫曼树，如图 6-5 所示。有的地方也叫层次softmax，就是将原本的输出softmax层的概率计算变成了一棵二叉霍夫曼树，计算只需要沿着树形结构进行就可以了。

具体方法是从根节点开始，通过计算Sigmoid函数来判断向左走还是向右走。通过转换成二叉树，原来的计算量从 N 变成了 $\log_2 N$。同时，霍夫曼树是通过词频构造的，越高频的词越靠近根节点，在计算时更容易找到。

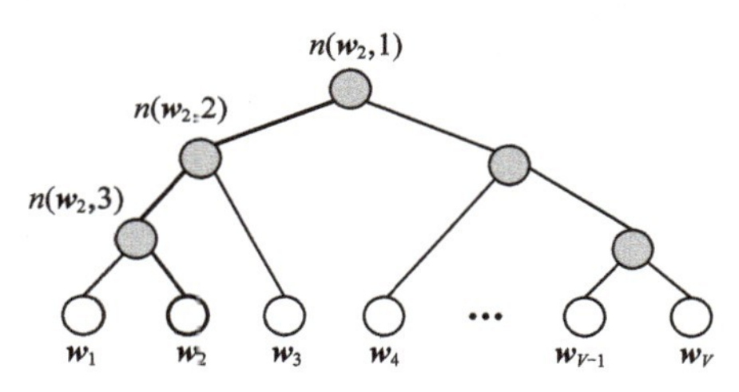

图 6-5 霍夫曼树结构示意

说了这么多，Word2Vec 具体该如何使用呢？接下来我们看一下代码实现。

6.1.3 Gensim代码实现

这里需要安装 Gensim 库，直接输入 pip install gensim 命令即可安装。首先导入需要用到的包。Gensim 是 Generate Similar 的缩写，诞生于 2008 年。它是一个稳定高效且免费的库，能够实现多种无监督语义模型，Word2Vec 就是其中之一。

```
from gensim.models.word2vec import Word2Vec
import gensim.downloader
```

1. 模型加载

Gensim 自身包含很多训练好的模型，可以通过 downloader 直接调用，先看模型名称。

```
list(gensim.downloader.info()['models'].keys())
['fasttext-wiki-news-subwords-300',
 'conceptnet-numberbatch-17-06-300',
 'word2vec-ruscorpora-300',
 'word2vec-google-news-300',
 'glove-wiki-gigaword-50',
 'glove-wiki-gigaword-100',
 'glove-wiki-gigaword-200',
 'glove-wiki-gigaword-300',
 'glove-twitter-25',
 'glove-twitter-50',
 'glove-twitter-100',
 'glove-twitter-200',
 '__testing_word2vec-matrix-synopsis']
```

然后调用 load() 直接加载对应名字的模型。

```
word_vectors = gensim.downloader.load('word2vec-google-news-300')
```

2. Word2Vec 训练

使用 Gensim 训练 Word2Vec 也很简单。首先构造一个可迭代的数据集 sentences，然后直接调用 Word2Vec()，传入数据集即可开始训练，其中 min_count 是最低词频，sg 是选择的训练方法，其值传入 1 表示 Skip-Gram，其他值表示 CBOW。训练好以后，就可以调用 save() 方法把模型保存起来。

```
sentences = [['猫','吃','鱼'],['狗','吃','肉']] # 构造数据集
model = Word2Vec(sentences, min_count=1, sg=1) #训练模型
model_path = 'model/demo.model'
model.save(model_path) # 保存模型
```

加载训练过的模型可以直接调用 load()，刚刚训练过的词向量“猫”默认是一个 100 维的向量。可以看到，这不再是独热编码的向量，里面已经包含了语义信息。

```
model = Word2Vec.load(model_path) # 加载模型
model.wv['猫'] # 输出词向量
```

6.1.4　小结

在本节中，我们学习了词嵌入和 Word2Vec 的相关知识，从独热编码开始，学习了更好的词嵌入表示方法——Word2Vec，了解了两种训练算法——CBOW 和 Skip-Gram，并学习了两种进阶的训练技巧：负采样和霍夫曼树。最后介绍了如何调用 Gensim 库以及简单地使用 Word2Vec。经过训练，“猫”这个词已经可以表示为稠密向量。

那么，如何利用稠密向量进行语义计算呢？我们将在 6.2 节介绍相关内容。

6.2　词义搜索和句义表示

在 6.1 节中，我们学习了词嵌入的相关知识，通过训练 Word2Vec 可以将词映射成稠密的低维向量。当需要在大规模的文本数据中找到与给定词相关的文本时，词义搜索是一种非常有用的技术，我们可以通过计算词嵌入之间的距离来近似地得到词之间的语义相似度。那么，为什么需要词义搜索？具体如何实现呢？我们将在本节中作具体介绍。

6.2.1　文本搜索方法

说起词义搜索，还要从一个更原始的方法开始讲起，那就是关键词搜索。在 Word2Vec 模型出现之前，大多时候文本搜索依靠关键词搜索，比如输入“深度学习”，返回的是含有“深度学习”这 4 个字的内容。在此基础上，还有正则搜索。

想象你正在编写一个应用程序，想设定一个用户名命名规则，让用户名包含字符、数字、下画线和连字符，且限制字符的个数，好让名字看起来比较美观。我们使用图 6-6 所示的正则表达式来验证用户名。

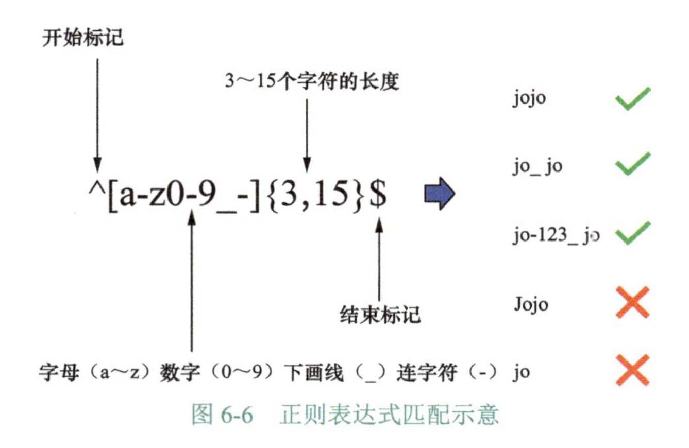

图 6-6 正则表达式匹配示意

以上的正则表达式可以接受 jojo、jo_jo、jo-123_jo，但不匹配 Jojo 和 jo，因为 Jojo 包含了大写字母，而 jo 则太短了。工程师们为了匹配出精准的搜索结果，往往需要编写大量的正则表达式。

6.2.2 正则搜索

正则搜索具有匹配准确、代码简洁的优点。表 6-1 列出了一些常见的正则匹配的特别字符，看似比较简单，也符合常理，比如，*匹配任意次，+匹配 1 次及以上，？匹配 1 次或 0 次，但这只是冰山一角。正则表达式的入门门槛虽然不高，但是要想用好了则很难。比如我们想要搜索跟烹饪相关的内容，正常的搜索结果中应该包含食谱和食材之类的内容，但是搜索词中没有这两个词，所以搜索不到，只能通过预先人工定义规则的方式实现。

表 6-1 常见正则表达式中的特别字符

特别字符	描述
$	匹配输入字符串的结尾字符。如果设置了 RegExp 对象的 Multiline 属性，则 $ 也匹配 \n 或 \r。要匹配 $ 字符本身，使用 \$
( )	标记一个子表达式的开始和结束。子表达式可以获取供以后使用。要匹配这两个字符，分别使用 \(和 \)
*	匹配前面的子表达式 0 次或多次。要匹配 * 字符，使用 *
+	匹配前面的子表达式 1 次或多次。要匹配 + 字符，使用 \+
.	匹配除换行符 \n 之外的任何字符。要匹配 .，使用 \.
[	标记一个中括号表达式的开始。要匹配 [，使用 \[
?	匹配前面的子表达式 0 次或 1 次，或指明一个非贪婪限定符。要匹配 ? 字符，使用 \?
\	将下一个字符标记为特殊字符、原义字符、后向引用或八进制转义字符。例如，“n” 匹配字符 “n”，“\n” 匹配换行符；序列 “\\” 匹配 “\”，而 “\(” 则匹配 “(”

续表

特别字符	描述
^	除非在方括号表达式中使用，匹配输入字符串的开始位置。当该符号在方括号表达式中使用时，表示不接受该方括号表达式中的字符集合。要匹配 ^ 字符本身，使用 \^
{	标记限定表达式的开始。要匹配 {，使用 \{
|	指明两项之中的一个选择。要匹配 |，使用 \\|

除了不能理解语义信息，正则搜索还有一些问题。首先，它的符号众多，导致写出的正则表达式可读性极差；其次，为了实现精准匹配，需要考虑各种各样的情况，尝试各种符号的组合，几百上千条正则联合使用也不鲜见，这会影响搜索性能；最后，面对如此多的表达式，维护起来也是个问题，一旦搜索内容发生变化，表达式改起来也很困难，不够灵活和智能。

基于上述考虑，我们可能需要一些更好的搜索方法。

6.2.3　词义搜索

词义搜索是一种基于词嵌入的搜索方法，通过计算词嵌入之间的相似度找到与目标词相关的词。Mikolov 发明 Word2Vec 的契机出现在训练神经网络语言模型的时候，发现随着模型的训练，词嵌入中出现了语义信息。比如，将原本七维的词嵌入映射到二维坐标系中，如图 6-7 所示，可以看到 cat 和 kitten 之间的距离远小于 cat 和 dog 或者 cat 和 houses 之间的距离。这里的距离就是词之间的相似度。

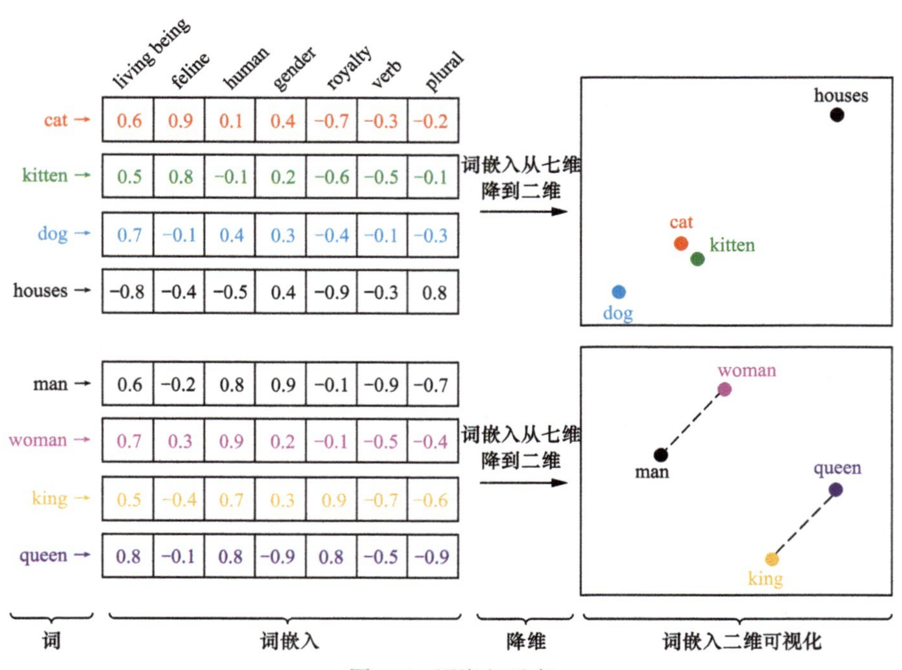

图 6-7　词嵌入示意

与此同时，词义之间存在着类比关系，比如 man 和 woman 之间的距离就与 king 和 queen 之间的距离非常接近。相比于传统的关键词搜索或正则搜索，词义搜索可以更准确地理解文本内容，无须人工配置规则或者同义词典就能很好地实现信息检索、文本分类、机器翻译等 NLP 任务。这里所说的距离指的是欧氏距离，实际上词义搜索还有很多。

6.2.4 距离计算方法

词嵌入距离的计算方法有很多，这里我们只介绍比较有代表性的三个，如图 6-8 所示。首先是闵可夫斯基距离，它是欧氏距离、曼哈顿距离的一种推广。当 p 取值为 2 时就是欧氏距离，当 p 取值为 1 时则是曼哈顿距离，当 p 取值为正无穷时是切比雪夫距离。

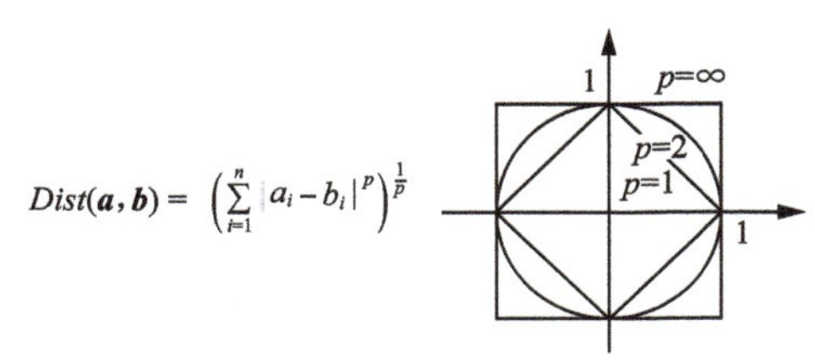

图 6-8 距离计算示意

余弦相似度来源于几何，它衡量的是两个向量之间夹角的余弦值。夹角的余弦值取值范围为[−1,1]。余弦值越接近 1，表示两个向量的夹角越小，即它们越相似；余弦值越接近 -1，表示两个向量的夹角越大，即它们越不相似。当两个向量的方向完全一致时，夹角为 0，余弦值取最大值 1；当两个向量的方向完全相反时，夹角为 180°，余弦值取最小值 -1。从公式上看，余弦距离等于$1-\cos(\boldsymbol{a},\boldsymbol{b})$，这里$\cos(\boldsymbol{a},\boldsymbol{b})$是$\boldsymbol{a}$和$\boldsymbol{b}$的余弦相似度。因为距离和相似度是相反的概念：距离越大，相似度越小，反之亦然。余弦相似度计算公式为两个向量的点积除以它们的模长乘积。

在很多应用场景中，我们更习惯于使用距离（distance）的概念，而不是相似度（similarity）。距离越小表示两个对象越相似，而距离越大则表示两者越不相似。因此，为了将余弦相似度转换为“距离”度量，我们通常会用“1 减去余弦相似度”的方式来得到余弦距离，如图 6-9 所示。这样，当两个向量完全一致时（余弦相似度为 1），余弦距离为 0；而当两个向量完全相反时（余弦相似度为 -1），余弦距离为 2。

与余弦距离类似的杰卡德距离等于$1-J(a,b)$，这里$J(a,b)$叫作杰卡德相似度，等于两个集合的交集元素除以两个集合的并集元素，如图 6-10 所示，相当于交集元素在两个集合全部元素中的占比。

$$Dist(\boldsymbol{a},\boldsymbol{b})=1-\cos(\boldsymbol{a},\boldsymbol{b})=1-\frac{\boldsymbol{ab}}{||\boldsymbol{a}||\,||\boldsymbol{b}||}$$

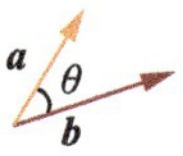

a θ b

余弦相似度

图 6-9 余弦距离示意

$$Dist(a,b)=1-J(a,b)=1-\frac{|a\cap b|}{|a\cup b|}$$

杰卡德相似度

图 6-10 杰卡德距离示意

6.2.5 句子向量

我们称词是最基础的研究单元，在词义搜索任务中，有时候要搜索的并非一个词，而是句子、段落或者文章，我们可以将它们也表示成向量的形式。这种方法称为 Doc2Vec。

句子向量的表示方法众多。有基于词向量的加权平均法。这种方法将句子中所有词向量进行加权平均，权重通常根据每个词在句子中的重要性决定，如利用 TF-IDF 计算。尽管这种方法直观简单，但其效果并非最佳。

接下来有 Paragraph Vector 方法，如图 6-11 所示。其中，PV-DM（paragraph vector - distributed memory）是 Word2Vec 的扩展，它引入了代表整个句子的 Paragraph Vector（段落向量）。在预测下一个词的时候，PV-DM 会将当前句子的 Paragraph Vector 与其他词向量一同作为输入。另一种是 PV-DBOW（paragraph vector - distributed bag of words）。与 PV-DM 不同，PV-DBOW 直接使用整个句子的词向量，不考虑上下文，仅预测中心词。

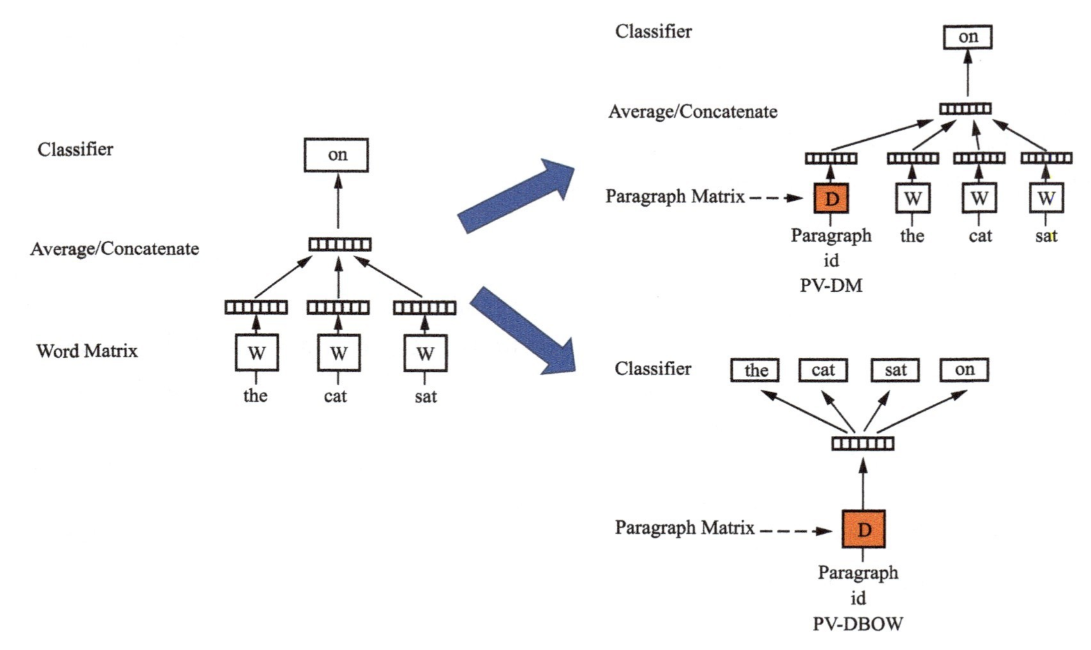

图 6-11　两种 Paragraph Vector 方法示意

6.2.6 代码实现

首先来看词向量，这里还是要用到 Gensim 包，它是一个简单高效的用于 NLP 的 Python 库，里面封装了很多实用的 NLP 工具，词向量就是其中之一。

```
# 导入包
from gensim.models.word2vec import Word2Vec, LineSentence
import gensim.downloader
```

接下来用 fairytales 里面的文本来进行词向量的训练，需要对文字进行处理和清洗。

```
# 读取文件
path = 'data/fairytales.txt'
```

```
with open(path, encoding='utf-8') as f:
    lines = f.readlines()
print(lines[:10])

context = ' '.join(lines).replace('\n', ' ')

# 改为以？！.换行
context = context.replace('."','."\n')
context = context.replace('?"','?"\n')
context = context.replace('!"','!"\n')
context = context.replace('. ','."\n')
context = context.replace('? ','?"\n')
context = context.replace('! ','!"\n')
context

# 找出特殊字符
import re
import string

data = context.split('\n')
content = ''.join(data)
special_char = re.sub(r'[\u4e00-\u9fa5]', ' ', content)  # 匹配中文，将中文替换掉

print(set(special_char) - set(string.ascii_letters) - set(string.digits))

# 数据清洗
def cleaning(data):
    for i in range(len(data)):
        # 替换特殊字符
        data[i] = data[i].replace('uffe', '')
        data[i] = data[i].replace('\n', '')
        eng_mark = [',', '.', '!', '?', ';','"'] # 因为标点前加空格
        for mark in eng_mark:
            data[i] = data[i].replace(mark, ' '+mark+' ')
            data[i] = data[i].replace('  ', ' ')
        data[i] = data[i].lower()  # 统一替换为小写
    return data
cleaning(data)
```

然后把词转换成词元形式，作为 Word2Vec 模型训练的输入。

```
# 转换成词元形式
def tokenize(data):
    tokens = []
    for line in data:
        pair = line.split('\t')
        src = pair[0].split(' ')
        tokens.append(src)
    return tokens
tokens = tokenize(data)
print("tokens:", tokens[:6])
```

接下来调用 Word2Vec 模型，进行词表构建、模型训练和保存。

```
w2v_model = Word2Vec(min_count=1, sg=1)
w2v_model.build_vocab(tokens) # 构建词表
w2v_model.train(tokens, total_examples=w2v_model.corpus_count, epochs=10) # 模型训练
```

```
w2v_model.save('model/w2v.model') # 模型保存
```

模型训练完毕后，我们就可以调用 distance() 方法来查看词之间的距离了。

```
w2v_model.wv.distance('king', 'fruits')
w2v_model.wv.distance('king', 'queen')
w2v_model.wv.distance('husband', 'wife')
w2v_model.wv.distance('prince', 'princess')
```

也可以调用 most_similar() 方法来查看与给定词最相似的词有哪些。

```
w2v_model.wv.most_similar('man')
w2v_model.wv.most_similar('is')
```

除了词向量，还可以训练文档向量 Doc2Vec。同样，Gensim 包也为我们封装好了对应的模型，其使用方法和 Word2Vec 大同小异，注意构建训练数据 documents 的方法有所不同。

```
# 导入包
from gensim.models.doc2vec import Doc2Vec, TaggedDocument
# 构建documents
documents = [TaggedDocument(doc, [i]) for i, doc in enumerate(tokens)]
d2v_model = Doc2Vec(min_count=1, dm=1) #设置模型参数
d2v_model.build_vocab(documents) # 构建词表
d2v_model.train(documents, total_examples=d2v_model.corpus_count, epochs=10)
# 模型训练
d2v_model.save("model/d2v.model")
```

我们可以调用 infer_vector() 方法传入句子的词数组，得到句子的表示向量。

```
vector = d2v_model.infer_vector(["i", "love", 'you'])
vector # 句向量
```

也可以调用 similarity_unseen_docs() 方法传入两个句子的词数组，得到两个句子向量的相似度。

```
d2v_model.similarity_unseen_docs(['i','like', 'you'], ['i', 'love', 'you'])
d2v_model.similarity_unseen_docs(['i', 'love', 'you'], ['go', 'away'])
```

6.2.7　常见应用

词义搜索和词义类比在许多不同领域的应用中具有重要作用，能够帮助人们更快地找到信息，提高 NLP 和人工智能系统的性能，以及提升用户体验。比如搜索引擎，加入了词义搜索后能够更精准地匹配用户的搜索需求，当搜索“食谱”两个字时，显然，包含关键词“菜谱”“烹饪”“食材”的内容也应该是所需的。

推荐系统也是一样，有了句义表示，可以给用户推送更相近的文章，满足用户偏好。另外，在构建推荐引擎时，要对商品进行向量化表示，此时 Word2Vec 也是常用技巧。

机器翻译就更不必说了，我们知道翻译的信达雅三境界，传统匹配法只能保证“信”，利用词向量和句向量则可以实现“达”，这是非常重要的一点。

6.2.8　小结

在本节中，我们学习了词义搜索和句义表示的相关内容，从文本搜索方法开始讲起，介绍

了关键词搜索及正则搜索的不足，引出了词义搜索存在的意义，还介绍了两种形式的词义搜索：相似度搜索和类比搜索。相似度搜索通常基于距离，我们介绍了三种常见的距离计算方法：闵可夫斯基距离、余弦距离、杰卡德距离。

接着我们学习了句子向量的表示方法，包括最简单的加权平均法，以及在 Word2Vec 基础上演化而来的 PV-DM 和 PV-DBOW 方法。接下来，我们用代码实现了 Word2Vec 和 Doc2Vec 模型的训练和基本词义搜索方法，最后为大家简单介绍了词义搜索的应用方向。

虽然 Word2Vec 和 Doc2Vec 现在依然有效，但是江山代有才人出。在 Transformer 出现以后，一大波预训练模型出现了，都有着一统 NLP 的野心，下节将介绍相关内容。

6.3 预训练模型

6.2 节介绍了词义搜索的相关知识，在最后，我们提出 Word2Vec 和 Doc2Vec 模型并非当前最佳的解决方案，这是因为它们对于一词多义和上下文信息的把握并不好，而且对于一些长难句，也难以学到全部信息。

前面我们讲过，随着 2017 年 Transformer 模型的出现，NLP 领域迎来了前所未有的大发展，比 Word2Vec 效果更好的词嵌入训练方法诞生了，比如 GPT、BERT、T5 模型等。本节我们来全面系统地了解 NLP 领域的预训练模型。

6.3.1 预训练和迁移学习

说起预训练模型，这可不是什么新概念了，早在几十年前就已经有了。之所以到最近才流行起来，主要还是由于以前的信息化程度没有这么高，而且算力资源也不充足，研究成本太高了。预训练模型的早期探索主要涉及迁移学习方面。迁移学习让模型可以依靠曾经学习过的知识来解决新的问题。预训练模型的思想则是预先训练好一个模型，让它可以被用在其他任务中。二者思想基本一致，可以认为预训练是迁移学习的一种实现方法。

迁移学习的目标是从多个源任务中获取重要的知识，然后应用到目标任务中。这些任务可能来自不同的数据领域和任务设置，但它们所需的知识是一致的。为了在源任务和目标任务之间搭建桥梁，不同的预训练方法被提出，其中，特征迁移和参数传递是广泛应用的两种方法。特征迁移方法在多个源任务的数据上预训练模型，将有效的特征表征引入目标任务中，从而大幅提升模型的性能。而参数传递方法则将知识编码到共享模型参数中，并且在目标任务数据上微调预训练模型的参数，实现知识的迁移。

这些方法为预训练模型的发展奠定了基础，比如用于 NLP 任务的词嵌入就基于特征迁移的框架。而随着越来越多深度学习模型被开发出来，网络的深度变得越来越重要，训练一个深度神经网络也变得越来越困难。针对这些问题，一些解决方案被提出，比如归一化、残差层和大规模监督数据集等。基于这些方法和数据集，参数传递方法显得更为有效了。

6.3.2　迁移学习族谱

迁移学习分为归纳式迁移学习、转移式迁移学习、自学习和无监督迁移学习 4 种类型，如图 6-12 所示。其中，归纳式迁移学习和转移式迁移学习是监督学习研究的核心，目标是将知识从有监督的源任务迁移到新的目标任务中。

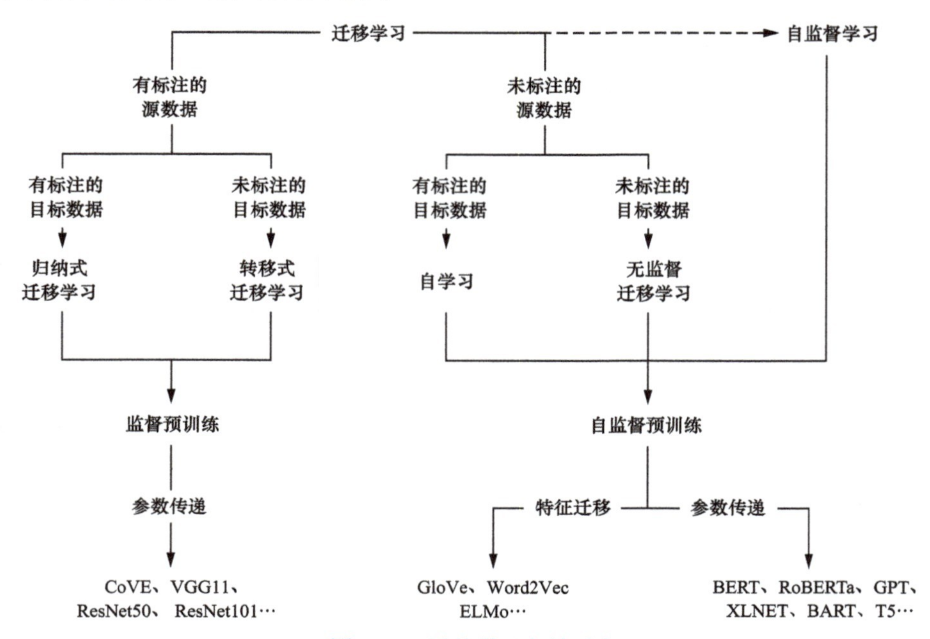

图 6-12　迁移学习归纳示意

虽然监督学习通常是效果最好的学习方法，但无标注数据的规模是远大于有标注数据的规模的。因此，近些年自学习和无监督迁移学习成为了迁移学习的研究重点。当目标数据有标签时就是自学习，完全没标签则是无监督迁移学习。

无论目标数据有无标签，这类模型都统一称为自监督预训练模型。自监督学习通过利用输入数据本身作为监督信号，从大规模未标注数据中提取知识。前面说了自监督的两种方法。特征迁移模型以 Word2Vec 为代表，包括 GloVe、ELMo 等模型，预训练的词表示能够捕获文本中的句法和语义信息，因此通常用作 NLP 模型的输入嵌入和初始化参数，相较于随机初始化参数的效果有显著的提升。

参数传递方法的代表模型有 BERT、RoBERTa、GPT 等，这些基于 Transformer 的预训练模型可以用作各种特定任务的模型主结构，通过在大规模文本语料库上进行预训练，它们的架构和参数可以作为特定 NLP 任务的起点，只需要针对特定 NLP 任务微调参数即可实现不错的表现。当然，像 BERT 这类模型训练出的词嵌入，也可以用作特征迁移，不过效果一般是不如参数传递方法的。

6.3.3　大语言模型

基于参数传递的自监督学习方法，我们可以训练大语言模型（LLM）。Transformer 拉开了

LLM时代的序幕，而谷歌的BERT和OpenAI的GPT则分别使用Transformer的编码器和解码器，开创了自己的流派。

Transformer就好像金庸笔下的那部《九阴真经》，有人拿了上部练成了绝世内功，有人拿了下部练成了无双招式，也有人选择内外兼修，上下部一起练。

> **小　白：** 那么哪种方式是最好的呢？
>
> **梗老师：** 很难说哪种方式最好。当前大语言模型主要包括只用解码器的CLM和编解码器都用的GLM模式，效果也是各有千秋，对生成式大语言模型来说，可能只用解码器更好一些。

根据模型的训练方式不同，LLM可以分成自回归语言模型和自编码语言模型，其典型结构如图6-13所示。

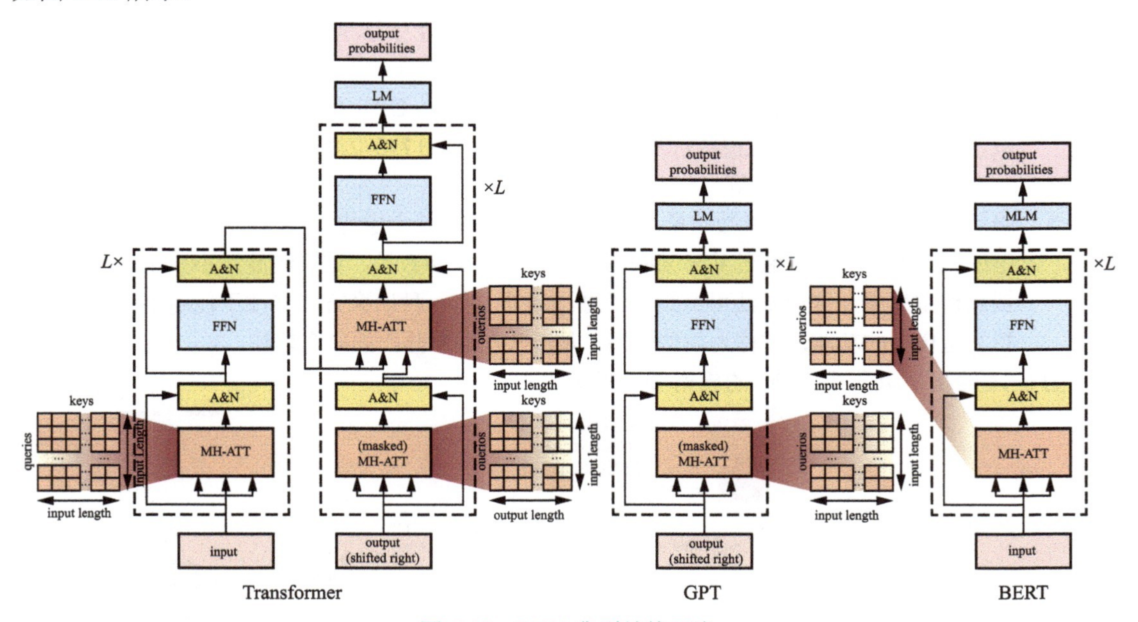

图6-13　LLM典型结构示意

自回归语言模型主要用于文本生成任务，代表性模型包括GPT-1、GPT-2、GPT-3、XLNet、CTRL等。这些模型通过在训练时根据上下文生成下一个词，实现了对语言的理解和生成。自回归语言模型的优势在于可以生成流畅自然的文本，适用于文本生成、对话系统等任务。但是，自回归语言模型生成时需要一步步生成每个词，计算量较大，不太适用于实时应用场景。

自编码语言模型主要用于文本编码和表示学习，代表性模型包括BERT、RoBERTa、ALBERT、ELECTRA、T5等。这些模型通过将文本输入后编码成固定维度的向量，实现了对语言的理解和表示。自编码语言模型的优势在于可以捕获句子和文本的语义信息，适用于文本分类、文本相似度计算等任务。但是，自编码语言模型不擅长进行生成任务，且对于较长的文本输入有时可能会出现信息损失的情况。

6.3.4　LLM进化方向

其实早在 Transformer 提出之前，人们已经开始了对 LLM 的研究，比如更早的 ELMo 使用双向 LSTM 网络结构对文本数据进行建模。从那时候开始，研究者们提出了五花八门的各类模型，但无外乎是从 4 个方面进行创新。

- 首先是训练任务，比如 BERT 就是在 Transformer 编码器架构的基础上，引入了掩码语言模型和下一句预测（NSP）两种训练任务。
- 其次是训练数据，主要前进方向是更大更丰富的语料，甚至多模态数据。比如 ViLBERT 就是基于视觉和语言的 LLM，可以处理图像和文本的联合任务。通常这种模型在使用多模态数据的同时，在模型内部也要有一些创新，需要能够融合视觉和语言的特征，比如双流注意力机制等。
- 然后是模型结构，这块无须过多强调，因为在 LLM 中结构创新始终处于核心位置，包括对内容模块结构的顺序调整和计算图的变化。这样的改变通常直接导致模型参数量的变化，它往往是衡量模型复杂度的直观标志。以 GPT 系列为例，GPT-1 有 1.2 亿参数，GPT-2 扩展到 15 亿参数，而 GPT-3 则达到了 1750 亿参数的规模，但参数的增多并不总是意味着效果更好。
- 最后是模型性能。除了参数数量，模型的性能也是需要考虑的关键因素。例如，ALBERT 模型的一个优化方向是通过共享某些参数矩阵来减少参数量，这样既能缩小模型规模，又能提高模型效果，这种做法可谓颇具巧思。此外，有一种研究方向专注于使用小型模型来模拟大型模型的功能，被称为模型蒸馏，是近些年非常热门的研究趋势。

图 6-14 给出了近年来 LLM 的族谱图，供大家参考。

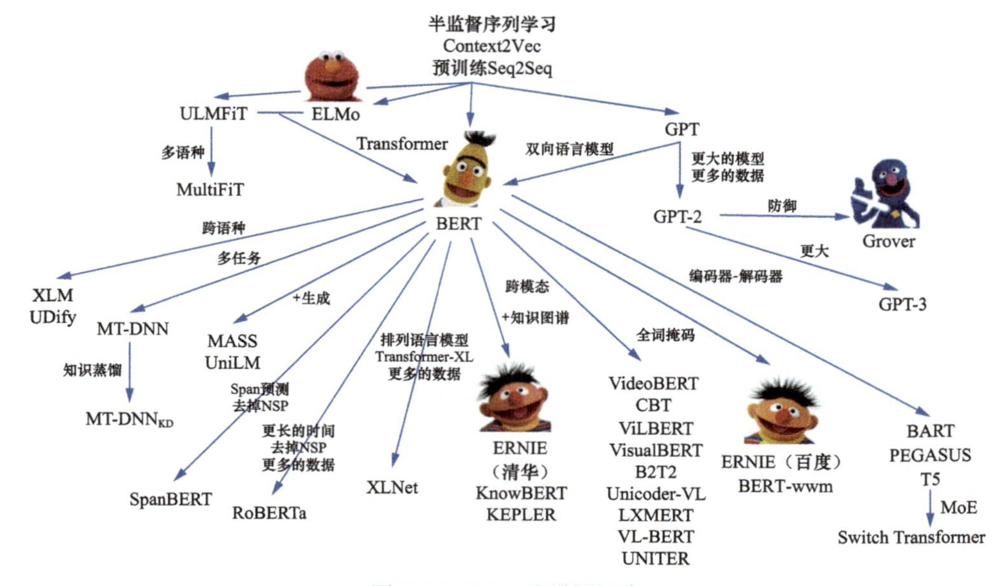

图 6-14　LLM 族谱图示意

6.3.5 BERT系列进化

在 GPT 和 BERT 模型提出之后，众多基于它们的改进模型被提出。我们先来看看 BERT 系列模型的进化，如图 6-15 所示。

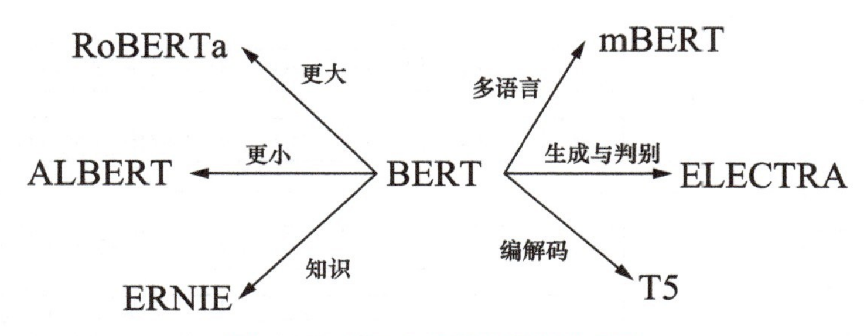

图 6-15 BERT 系列模型演进示意

RoBERTa 是 BERT 模型的一个成功改进，它主要做出了三个改变：

- 移除了下一句预测任务；
- 使用更大数据集、更长的句子和更多的参数；
- 升级掩码方式为动态掩码。

这些改进让模型变得更大，带来的结果是效果也变得更好。

ALBERT 则反其道而行之，提出了减少参数的几个方法。它将庞大而稀疏的输入词嵌入矩阵分解为两个较小的矩阵，将它们相乘即可还原成原始矩阵。同时它还强制所有 Transformer 层之间进行参数共享来减少参数。此外用一个新的任务句子顺序预测来替代原来的下一句预测任务。这些改进让模型参数显著减少，模型的效果却不受影响，但微调和推理速度也随之下降。

ERNIE 模型比较特殊，清华大学和百度在很短的时间里先后提出了两个模型，名字都叫 ERNIE，比较有创意的还是清华的 ERNIE，其创新点在于将 LLM 和知识图谱进行了融合，将实体在图谱中的信息直接拼接过来作为输入，再进行预测，相当于让 LLM 拥有了知识。

mBERT 是谷歌在维基百科中组合了 104 种语言的数据，直接在其上运行 BERT 模型，最终使得模型具备了跨语言的能力。

ELECTRA 模型的创新点主要在模型架构方面，它试图建立一种左右互搏的机制，让模型能够自己训练自己。它的网络结构中包含一个生成器和一个判别器，生成器就是常规的 BERT 模型结构，而判别器的目标则是判断输入的词是数据集本身的词还是生成器生成的词。

T5 模型则返璞归真，重新使用完整的 Transformer 编解码器结构，使用更加通用的模型结构使得 T5 可以适用于各种 NLP 任务。

6.3.6 GPT系列进化

GPT 模型不像 BERT 系列模型那样百花齐放，它的进化历程更像十年磨一剑，一剑开天门，如图 6-16 所示。

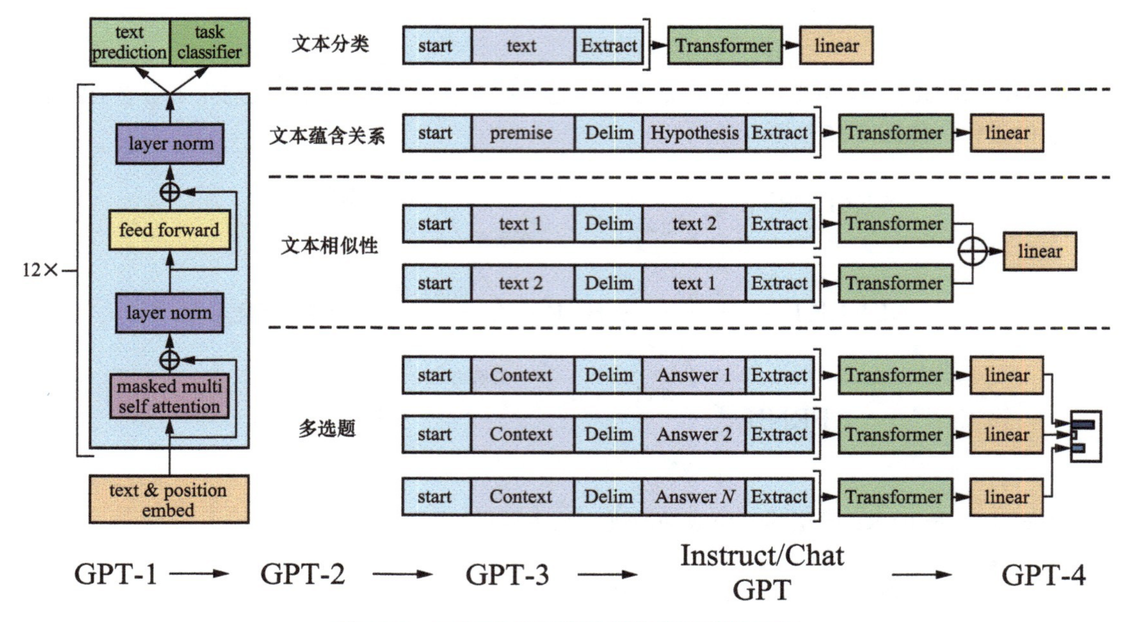

图 6-16　GPT 系列模型任务流程及演进示意

最初的 GPT 模型是 OpenAI 在一套未发布书籍的训练语料上训练的，作者先于 BERT 提出了先在大量无标注数据上训练语言模型，再在下游具体任务上进行微调的思想。模型使用了 Transformer 的解码器，目标函数则是标准语言模型的目标函数，即通过上文预测下一个词。这个目标函数实际上比 BERT 的训练目标难得多，因为 BERT 相当于完形填空，知道上下文填中间词，而 GPT 相当于只知道上文，缺失了一半的下文信息。所以在同一数量级的参数规模下，GPT 的效果逊于 BERT 模型。

短短一年后，GPT-2 模型发布了，在模型结构上并没有多大变化，只是参数量从 1.2 亿扩展到了 15 亿。如果只是用一个更大的模型、更多的数据训练出了一个更好的模型，那么这项工作没什么新意。因此 GPT-2 模型在论文中提出了一个概念零样本（zero-shot），就是不需要任何训练数据微调，就能让模型直接处理下游任务。为了实现如此有挑战性的任务，他们发明了一种新的数据标识符 prompt，即提示，这些后来在 ChatGPT 模型中也使用了。

到了 2020 年，OpenAI 的坚持终于迎来了曙光，GPT-3 模型的发布让他们获得了足够高的关注度。1000 倍的训练数据，100 倍的参数量，暴力真的出了奇迹，GPT-3 成为了业内津津乐道的话题。GPT-3 不再追求 zero-shot，转而接受单样本（one-shot）或者少样本（few-shot）。不过这些样本不是用于下游任务训练，而是直接作为 prompt 输入模型。基于 GPT-3，人们开发了数百种应用，GPT-3 证明生成式人工智能（AIGC）可以应用于 NLP 领域。

2022 年 InstructGPT 论文的发布并未引起太大反响，但 ChatGPT 模型的发布让 LLM 一下进入了普通人的视野。基于人类反馈的 LLM 有可能是一切问题的答案。此时 GPT 的名声终于完全盖过了 BERT 系列。

2023 年 OpenAI 又发布了多模态 LLM，也就是 GPT-4，令人惊叹。不过说起多模态语言模型，倒不是近期才出现的。

6.3.7 多模态模型

ViLBERT 模型是 2019 年提出的一种多模态 LLM，如图 6-17 所示。它提出了一种双流注意力机制，分别面向视觉和语言。ViLBERT 视觉流和语言流在初期各自进行独立的 embedding，到后期基于共注意力 Transformer 层进行视觉流和语言流的交互，以获得每一个 token 对应的向量表示。

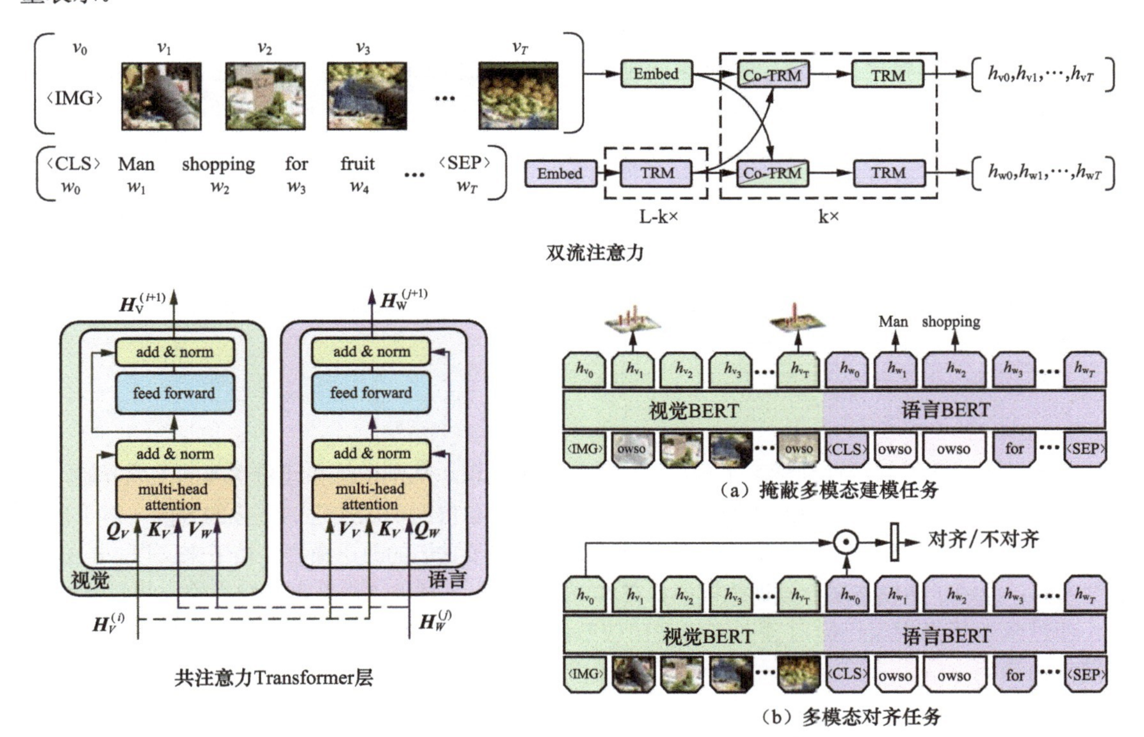

图 6-17 ViLBERT 模型处理流程及结构示意

共注意力 Transformer 层将标准的 Transformer 块变成共注意力方式，其核心在于交换不同流的 ***K*/*V*** 值，以获得共注意力。比如针对语言流，由于使用的是视觉流中的 ***K*/*V*** 值，相当于在获得语言条件下的图像注意力；反之获取的是图像条件下的语言注意力。

ViLBERT 模型有两个预训练任务。

- 任务 1——掩蔽多模态建模任务：类似 BERT 模型，随机掩码掉部分词或者是图像感兴趣区域（RoI），通过周围的词以及其他视觉信息预测掩码掉的词或者预测掩码的图像 RoI 在语义类别上的分布。
- 任务 2——多模态对齐任务：就是预测输入的图像－文本对是否匹配对齐。

作为早期的多模态融合预训练模型，ViLBERT 在众多下游任务中表现出色，为后面众多改进模型（如 Visual BERT、Image BERT、DALLE 等）的产生做了铺垫。

6.3.8　存在的问题

预训练模型发展到今天，还存在以下 4 方面的问题尚待解决。

首先，当前预训练模型的发展早已演变成了“军备竞赛”，LLM 变成了大公司的专属。然而 Transformer 真的是最佳解决方案吗？ Transformer 模型的效果毋庸置疑，但是其计算复杂度也相当高，能否有一种更优的模型架构设计取代 Transformer，是科学家研究的重点。

其次是知识的迁移，微调可以将 LLM 的知识迁移到下游任务，但是其效率非常低，每个下游任务都需要进行特定的微调。不过这一难题目前已经被 ChatGPT 攻克了，它的 few-shot 甚至 zero-shot 很好地解决了这一问题。

随后是模型的可解释性，这是深度学习的通病，不可解释就意味着伴随一定的风险，很可能在某些特定领域难以使用。

最后一点是结果的可靠性，这是目前 ChatGPT 被人诟病最多的方面，可靠性问题的解决一定程度上依赖于可解释性问题的解决。当前的一个解决方案是，将模型和精准的知识图谱进行结合。这种结合可以是在训练的时候，也可以是在给出答案之前去查询精准的知识图谱。无论采用哪一种，都是未来的重要研究方向。

6.3.9　小结

在本节中，我们系统性地学习了预训练模型的相关知识，从预训练和迁移学习的关系开始，学习了 NLP 领域的预训练模型 LLM 的两种类型，即自编码和自回归以及它们进化的方向。对于自编码模型的代表 BERT 和自回归模型的代表 GPT，分别介绍了它们的改进模型。接下来又以 ViLBERT 模型为例，介绍了多模态融合预训练模型。在本节最后提出了预训练模型需要解决的一些问题。

通过学习想必大家已经对预训练模型比较熟悉了，6.4 节将通过 Hugging Face 库来学习预训练模型的调用方法。

6.4　Hugging Face库介绍

前面我们整体介绍了 NLP 领域预训练模型的发展情况，Transformer 模型的提出标志着预训练模型的发展进入新的阶段，从 BERT 模型开始，各种预训练模型层出不穷。而真正让大规模预训练模型变得触手可及的，正是本节要介绍的 Hugging Face 库。

6.4.1　核心库

Hugging Face 是一家总部位于美国纽约的聊天机器人公司，公司标识和名字一致，是张开手拥抱的笑脸（见图 6-18）。

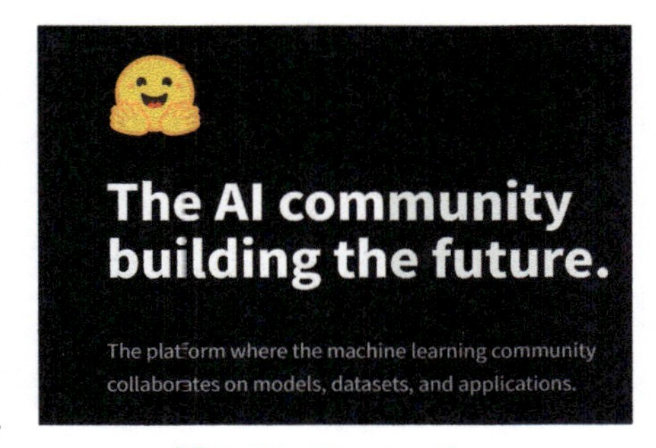

图 6-18 Hugging Face

最初在 GitHub 上开源了一个名为 Transformers 的库，而随着这个库使用人数的增加，它自己几乎变成了机器学习领域的 GitHub。发展至今，这个库已经包含众多模型、工具以及数据集，可以帮助我们轻松地构建、训练和部署 NLP 应用。Transformers 作为 Hugging Face 的核心工具库，包含了大量的预训练模型和相关的工具。

利用 AutoModel 模型库，我们可以一键调用各类模型，快速开发出各种各样的 NLP 应用。AutoTokenizer 则是 Transformers 的一个重要工具库，它可以帮助用户快速构建词表和标记化器。标记化器是 NLP 中非常重要的一个概念，它能够将输入的文本转换为计算机可理解的形式。

数据集方面，Hugging Face 提供了一个名为 Datasets 的工具库，可以帮助用户快速访问和处理各种各样的 NLP 数据集。这些数据集覆盖了各种不同的 NLP 任务，包括文本分类、序列标注、语言生成等。

6.4.2 官网介绍

图 6-19 所示为 Hugging Face 的官网首页，上边分别是 Models、Datasets、Spaces 以及 Docs 模块。我们先来看看模型。

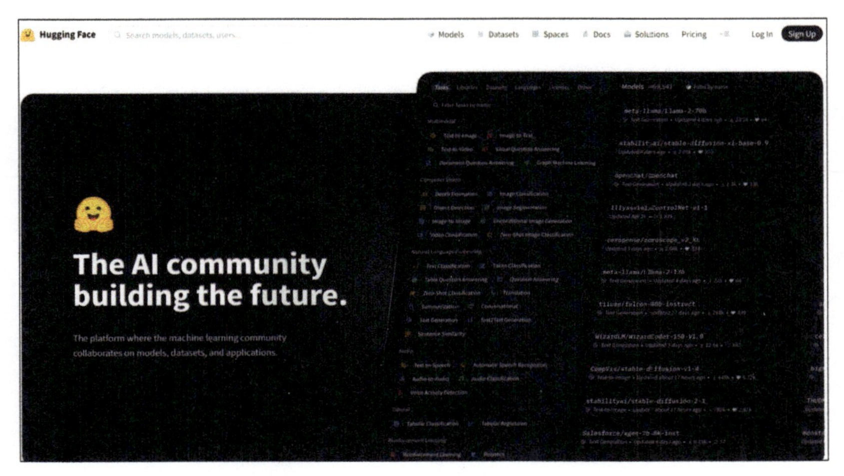

图 6-19 Hugging Face 官网首页示意

Hugging Face 目前有几十万个训练好的预训练模型，其中不乏 BERT、GPT、T5 等知名模型，如图 6-20 所示。利用这个平台，你甚至不需要了解模型的原理，就能直接将这些学术界最先进的模型应用于你的项目中。

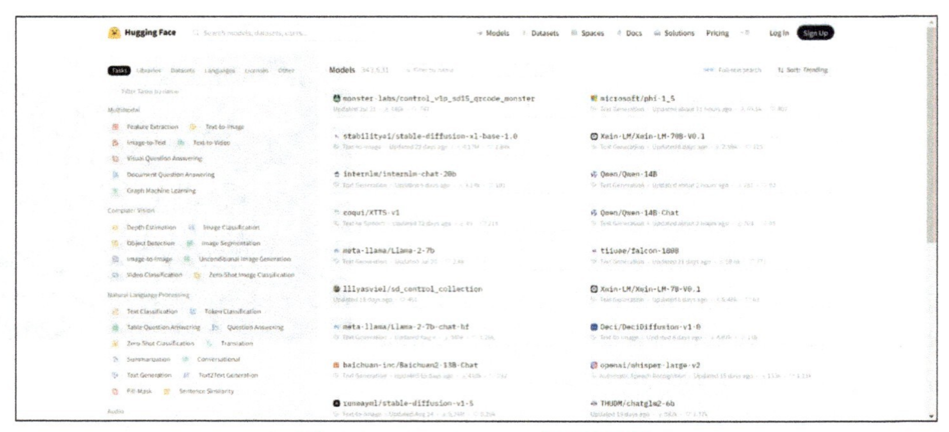

图 6-20　Hugging Face 模型页示意

任意单击一个模型，可以看到该模型的详细内容，比如图 6-21 所示的 T5 模型，最上面包含了模型的标签信息，比如对应论文、模型类型、语言等。下面详情内容中有详细的使用方法、训练详情、模型评估等内容。右上方则显示了模型的下载次数，可以看到 T5 模型上个月被下载了 250 多万次，右侧是一个 API，单击 Compute 按钮可以将英文翻译成德文。右下方还提供了 T5 模型的数据集 C4 的下载链接，非常方便。单击 Files 按钮，可以看到模型文件信息，可以直接下载这些文件。也可以看看如何在代码里使用 T5 模型，有两种使用方式，一种是在代码中直接调用，另一种是将项目克隆下来。

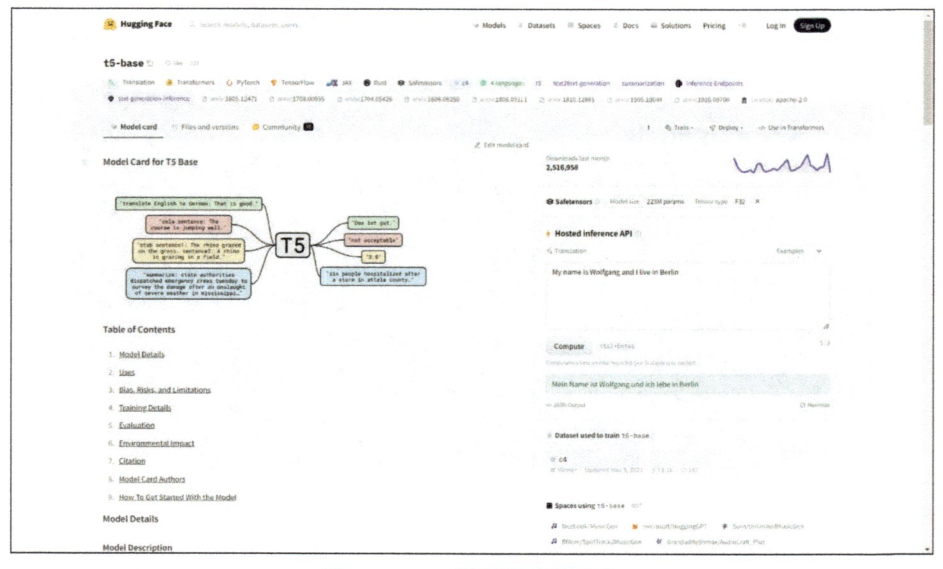

图 6-21　T5 模型详情页示意

数据集方面，可以看到 Hugging Face 提供了几万套数据集可供下载，如图 6-22 所示。

图 6-22　Hugging Face 数据集页示意

一些著名的数据集，比如 GLUE、SuperGLUE、维基百科语料等也赫然在列。

在图 6-23 所示的 Spaces 模块中是一些有趣的应用，大家可以自由尝试。

图 6-23　Hugging Face 空间页示意

最后看看这个 Docs 模块里面有什么，即图 6-24 所示的 Hugging Face 代码库各个组件的文档。比如我们单击 Transformers 按钮，会看到一些教程、指引之类的内容。

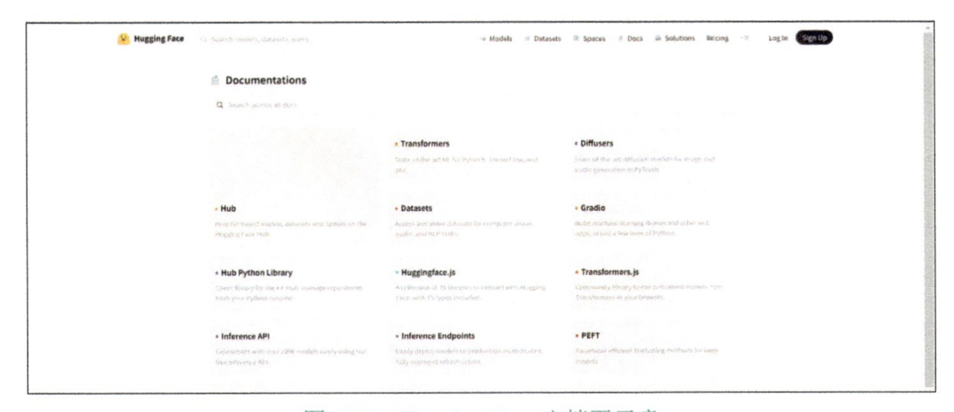

图 6-24　Hugging Face 文档页示意

可以注意到，Hugging Face 中，英文数据集和预训练模型的数量远超过了其他语种。一个值得思考的问题是，尽管中文在全球的使用量相当庞大，然而在 Hugging Face 上，与中文相关的数据集和预训练模型的数量却远不及法文、德文和西班牙文。从这个角度来看，要成为人工智能的超级大国还有很长的路要走。

6.4.3　代码调用

接下来我们看看如何在代码中使用 Hugging Face 库。

首先加载预训练模型，这里我们从 Transformers 中引入 AutoModelForMaskedLM，因为要引入的 BERT 模型属于掩码语言模型，所以要选 ForMaskedLM。然后直接初始化模型，调用 from_pretrained() 方法，传入模型名字。可以在 Hugging Face 的模型库里面搜索一下 BERT 中文模型，搜到 bert-base-chinese 模型后执行，下面出现的红色提示可以忽略。

```
from transformers import AutoModelForMaskedLM
# 加载中文BERT模型
model = AutoModelForMaskedLM.from_pretrained("bert-base-chinese")
```

接着我们可以打印模型的配置信息看一下，这里有模型的各种超参数，包括隐藏层大小、多头注意力头数、隐藏层层数、词表大小等。

```
# 显示模型配置信息
model.config
BertConfig {
  "_name_or_path": "bert-base-chinese",
  "architectures": [
    "BertForMaskedLM"
  ],
  "attention_probs_dropout_prob": 0.1,
  "classifier_dropout": null,
  "directionality": "bidi",
  "hidden_act": "gelu",
  "hidden_dropout_prob": 0.1,
  "hidden_size": 768,
  "initializer_range": 0.02,
  "intermediate_size": 3072,
  "layer_norm_eps": 1e-12,
  "max_position_embeddings": 512,
  "model_type": "bert",
  "num_attention_heads": 12,
  "num_hidden_layers": 12,
  "pad_token_id": 0,
  "pooler_fc_size": 768,
  "pooler_num_attention_heads": 12,
  "pooler_num_fc_layers": 3,
  "pooler_size_per_head": 128,
  "pooler_type": "first_token_transform",
  "position_embedding_type": "absolute",
  "transformers_version": "4.19.2",
  "type_vocab_size": 2,
  "use_cache": true,
  "vocab_size": 21128
}
```

下面打印了模型的参数结构，可以看到 word_embeddings、position_embeddings、token_type_embeddings 的大小，还有每一 BERT 编码器层的情况，这里的层从 0 开始，到 11 结束，一共有 12 层编码器层。

```
# 显示模型结构
model.parameters
<bound method Module.parameters of BertForMaskedLM(
  (bert): BertModel(
    (embeddings): BertEmbeddings(
      (word_embeddings): Embedding(21128, 768, padding_idx=0)
      (position_embeddings): Embedding(512, 768)
      (token_type_embeddings): Embedding(2, 768)
      (LayerNorm): LayerNorm((768,), eps=1e-12, elementwise_affine=True)
      (dropout): Dropout(p=0.1, inplace=False)
    )
    (encoder): BertEncoder(
      (layer): ModuleList(
        (0): BertLayer(
          (attention): BertAttention(
            (self): BertSelfAttention(
              (query): Linear(in_features=768, out_features=768, bias=True)
              (key): Linear(in_features=768, out_features=768, bias=True)
              (value): Linear(in_features=768, out_features=768, bias=True)
              (dropout): Dropout(p=0.1, inplace=False)
            )
            (output): BertSelfOutput(
              (dense): Linear(in_features=768, out_features=768, bias=True)
              (LayerNorm): LayerNorm((768,), eps=1e-12, elementwise_affine=True)
              (dropout): Dropout(p=0.1, inplace=False)
            )
          )
          (intermediate): BertIntermediate(
            (dense): Linear(in_features=768, out_features=3072, bias=True)
            (intermediate_act_fn): GELUActivation()
          )
          (output): BertOutput(
            (dense): Linear(in_features=3072, out_features=768, bias=True)
            (LayerNorm): LayerNorm((768,), eps=1e-12, elementwise_affine=True)
            (dropout): Dropout(p=0.1, inplace=False)
          )
        )
        ...
      )
    )
  )
  (cls): BertOnlyMLMHead(
    (predictions): BertLMPredictionHead(
      (transform): BertPredictionHeadTransform(
        (dense): Linear(in_features=768, out_features=768, bias=True)
        (transform_act_fn): GELUActivation()
        (LayerNorm): LayerNorm((768,), eps=1e-12, elementwise_affine=True)
      )
      (decoder): Linear(in_features=768, out_features=21128, bias=True)
    )
  )
)>
```

接下来，加载词元化工具 tokenizer 的代码也在官网给出了。Tokenizer 可以帮助我们将文本转换成计算机能够处理的数字信息。我们看一下词元化工具需要哪些信息，这里显示了名字、词表大小、模型最大序列长度、填充和截断的方向都是右边，以及一些特殊字符信息。

```
from transformers import AutoTokenizer
tokenizer = AutoTokenizer.from_pretrained("bert-base-chinese")
tokenizer
PreTrainedTokenizerFast(name_or_path='bert-base-chinese', vocab_size=21128,
model_max_len=512, is_fast=True, padding_side='right', truncation_side='right',
special_tokens={'unk_token': '[UNK]', 'sep_token': '[SEP]', 'pad_token': '[PAD]',
'cls_token': '[CLS]', 'mask_token': '[MASK]'})
```

下面我们利用 BERT 的词元化工具来编码“我爱机器学习”和“我更爱深度学习”这两个句子。编码要调用 encode() 方法，因为 BERT 的一个任务是下一句预测（next sentence predict，NSP），所以要传入的是句子对。truncation=True 以及 padding='max_length' 分别表示按句子最大长度进行截断和填充，最大长度设置为 15。

```
sent1 = '我爱机器学习'
sent2 = '我更爱深度学习'
#编码两个句子
encode_result = tokenizer.encode(
    text=sent1,
    text_pair=sent2,

    #当句子长度大于max_length时,截断
    truncation=True,

    #一律填充到max_length长度
    padding='max_length',
    add_special_tokens=True,
    max_length=15,
    return_tensors=None,
)
print(encode_result)
[101, 2769, 4263, 3322, 1690, 2110, 739, 102, 2769, 3291, 4263, 3918, 2428, 2110, 102]
```

根据上面打印的编码结果，可以看到，原本文本序列已经变成了词元的 id 序列。

接下来，我们可以对编码后的结果进行解码来还原，直接调用 decode() 方法即可，可以看到这里还原了我们之前定义的句子。

```
tokenizer.decode(encode_result)
'[CLS] 我 爱 机 器 学 习 [SEP] 我 更 爱 深 度 学 习 [SEP]'
```

使用 tokenizer 时，还有一个比较有用的操作是获取字典并进行调整。我们可以调用 get_vocab() 获取字典，然后打印字典的类型、长度以及是否包含“强化”这个词。

```
#获取字典
mydict = tokenizer.get_vocab()
type(mydict), len(mydict), '强化' in mydict,
(dict, 21128, False)
```

结果显示类型是 dict，长度和词表大小一致，为 21128，“强化”不在字典里。

我们可以调用 add_tokens() 来增加新词，比如增加“强化”和“学习”两个词。调用 add_

special_tokens() 则可以增加新的符号，比如句子结束的符号 [EOS]。

```
#添加新词
tokenizer.add_tokens(new_tokens=['强化', '学习'])

#添加新符号
tokenizer.add_special_tokens({'eos_token': '[EOS]'})

mydict = tokenizer.get_vocab()

type(mydict), len(mydict), mydict['强化'], mydict['[EOS]']
(dict, 21131, 21128, 21130)
```

此时再打印，发现字典长度变成了 21131，增加了 3，也就是增加了两个词和一个特殊符号。新增的“强化”，在字典中的编号是 21128，新增的［EOS］符号的编号则是 21130。

最后我们编解码一下用新增的词组成的句子。

```
#编码新添加的词
encode_result = tokenizer.encode(
    text='学习强化学习[EOS]',
    text_pair=None,

    #当句子长度大于max_length时,截断
    truncation=True,

    #一律填充到max_length长度
    padding='max_length',
    add_special_tokens=True,
    max_length=10,
    return_tensors=None,
)

print(encode_result)

tokenizer.decode(encode_result)
[101, 21129, 21128, 21129, 21130, 102, 0, 0, 0, 0]
'[CLS] 学习 强化 学习 [EOS] [SEP] [PAD] [PAD] [PAD] [PAD]'
```

6.4.4 小结

在本节中，我们介绍了 Hugging Face 库的相关知识，了解了它的核心库 Transformers 和 Datasets，以及如何使用预训练模型和数据集，最后通过代码学习了模型加载和词元化工具的使用。Datasets 部分并没有在本节细讲，接下来我们将介绍如何使用 NLP 领域比较流行的数据集。

6.5 NLP数据集

在 6.4 节中，我们学习了如何通过 Hugging Face 库加载预训练模型。除了直接使用它里面的模型，我们也可以自己训练模型后上传，供别人使用。训练模型当然离不开数据，现在我们就来介绍 NLP 领域比较流行的数据集。

6.5.1　预训练数据集

预训练数据集是 NLP 模型在训练过程中的关键资源。它们提供了丰富的语言样本，让模型可以学习语言的多样性、复杂性和深层次的语义关系。一个好的预训练数据集不仅覆盖了丰富的词汇和语法结构，还能反映真实世界中的语言使用情况。下面是两个在研究和实际应用中广泛使用的数据集。

1. Penn Treebank 数据集

树库（Treebank）是一种用于 NLP 的语料库，其中包含文本的分析树或语法树。图 6-25 所示的就是一棵语法树，不仅标记了每个词的语法，还把一个句子变成了树状结构。树结构能够体现句子的各组成部分之间的关系，这对于 NLP 任务（如句法分析和语义分析）非常有用。

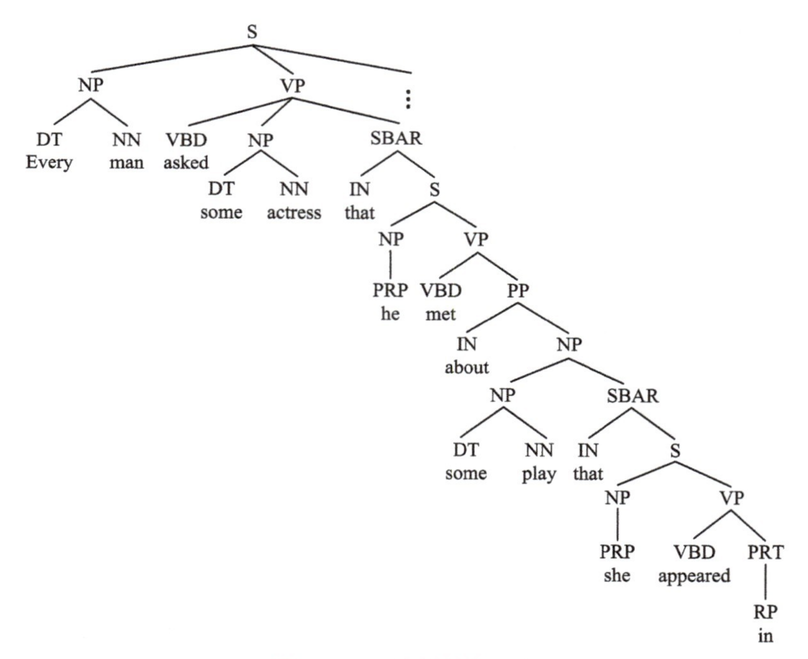

图 6-25　语法树结构示意

在 NLP 领域，许多研究人员使用宾州树库（Penn Treebank）作为基准数据集来训练和评估句法分析器及其他 NLP 模型的性能。这里的 Penn 指的是宾夕法尼亚大学（University of Pennsylvania）的前几个字母。该数据集的语料主要来源于《华尔街日报》，仅包含约 100 万个词。别小看这个数据集，要将每个句子都标注成树的形式，100 万个词真的不少了。不过如果想要用它来作为预训练语料，却多少有些不够。

当然，对于中文也有树库，比如由宾夕法尼亚大学和中国人民大学联合开发的中文宾州树库，清华大学自研的清华树库等。

2. WikiText 数据集

WikiText 是包含了维基百科词条文章的大型数据集，其中包括了维基百科从早期到现在的各种主题。这个数据集有两个不同的版本：WikiText-2 和 WikiText-103。WikiText-2 大小只有 4.3MB，包含 3 万多个词，Wikitext-103 则有 181MB，包含了 267735 个词。维基百科语料属于质量比较好的干净语料，在训练 LLM 时，往往具有非常大的权重。

当然除了维基百科语料外，训练大模型时往往要用到更多不要求质量的互联网语料，这部分数据一般可以通过网络爬虫等手段获取，通常在训练时这些语料的权重往往比较小。

6.5.2　下游任务数据集

接下来我们看一下有哪些适用于下游任务的数据集。

1. GLUE

说起下游任务数据集，当前最为知名的要数 GLUE 了，它也是众多模型打榜所用的数据集。GLUE 的全称为 General Language Understanding Evaluation，其中包含了 9 个 NLP 任务。GLUE 的官网提供了这些数据集的下载方式以及介绍。比如选择 CoLA（Corpus of Linguistic Acceptability），可以看到简介里给出了它的基本介绍，里面包含了 10657 个句子，来自 23 个语言学出版物，其中 9593 句用作训练集和开发集，1064 句用作测试集。

在 GLUE 官网上每一个数据集都有相关的介绍，如图 6-26 所示。

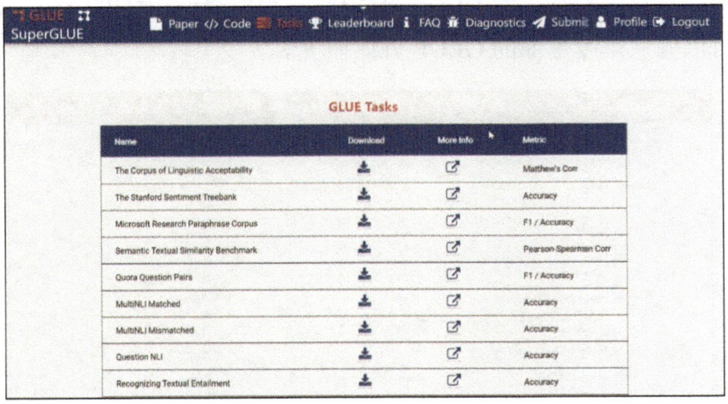

GLUE Tasks

Name	Download	More Info	Metric
The Corpus of Linguistic Acceptability			Matthew's Corr
The Stanford Sentiment Treebank			Accuracy
Microsoft Research Paraphrase Corpus			F1 / Accuracy
Semantic Textual Similarity Benchmark			Pearson-Spearman Corr
Quora Question Pairs			F1 / Accuracy
MultiNLI Matched			Accuracy
MultiNLI Mismatched			Accuracy
Question NLI			Accuracy
Recognizing Textual Entailment			Accuracy

图 6-26　GLUE 任务示意

最右侧的 Metric 是评价方法，第一个 Matthew's Corr 是马修斯相关系数，常用于不平衡数据集，是一种衡量二元分类器性能的指标。Pearson-Spearman Corr 是皮尔逊 - 斯皮尔曼相关系数，是衡量变量之间关联程度的指标。其他的 Accuracy 和 F1 指标是机器学习的常用指标，大家应该比较熟悉了。

我们来看一下 GLUE 排行榜，如图 6-27 所示，这个排行榜是预训练模型在 9 个任务上综合得分的排名，目前排名第一的是微软的 Turing ULR v6 模型，百度的 ERNIE 排在第五位，谷歌的 T5 则排在第十位。单击榜单上的模型，可以显示出模型详细信息，其中包括 GitHub 地址、模型描述、参数描述等信息，供大家参考学习。

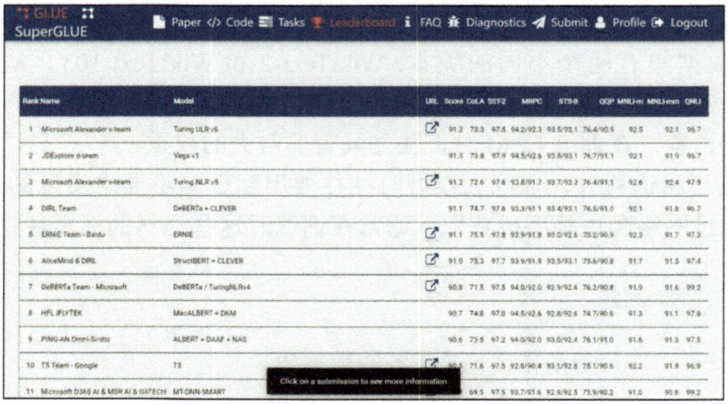

图 6-27　GLUE 排行榜示意

在这个排行榜中，人类仅排在第二十二位，很多模型已经超越了人类。人们开始觉得训练任务不够难，由此 SuperGLUE 应运而生了。

2. SuperGLUE

SuperGLUE 仅保留了 GLUE 在 9 项任务中的两项，还引入了 5 个难度更大的任务，如图 6-28 所示，评价方法部分也有一些新面孔。排行榜中可以看到 GLUE 排行榜的很多熟面孔，因为排名靠前的模型一般两个榜一起打，在 GLUE 排行榜排名第二的京东团队在 SuperGLUE 排行榜上排名第一。新手可以先从难度更低的 GLUE 开始研究。

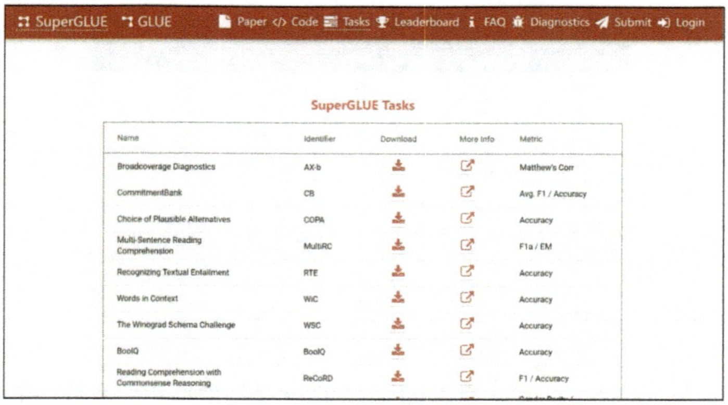

图 6-28　SuperGLUE 任务示意

3. Kaggle

Kaggle 是当前最为知名的机器学习竞赛网站，如图 6-29 所示，除了竞赛，上面的数据集、开源模型也非常多，是 AI 学习者一定要访问的网站之一。在 Kaggle 上面找数据也很简单，单击 Datasets 进入数据集页面，会给出一些推荐的数据集，按数据类型、行业等分成不同类。

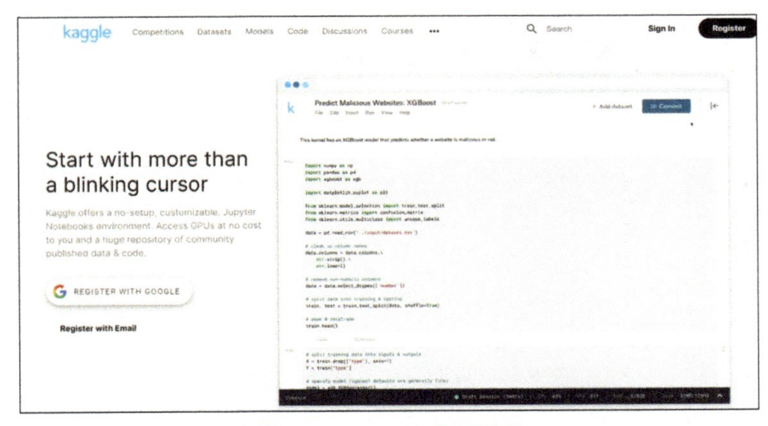

图 6-29 Kaggle 官网示意

我们可以直接搜索自己想要的数据集，比如 WikiText，单击搜索结果查看，详情中会给出数据集文件，在 Data Explorer 中能够显示数据集文件结构，数据集一般会包含 WikiText-2 和 WikiText-103 两种。

6.5.3 数据集使用

要调用这些数据集，除了可以直接下载，Hugging Face 也提供了使用方法。如图 6-30 所示，我们进入 Datasets 模块，单击 wikitext 进入。

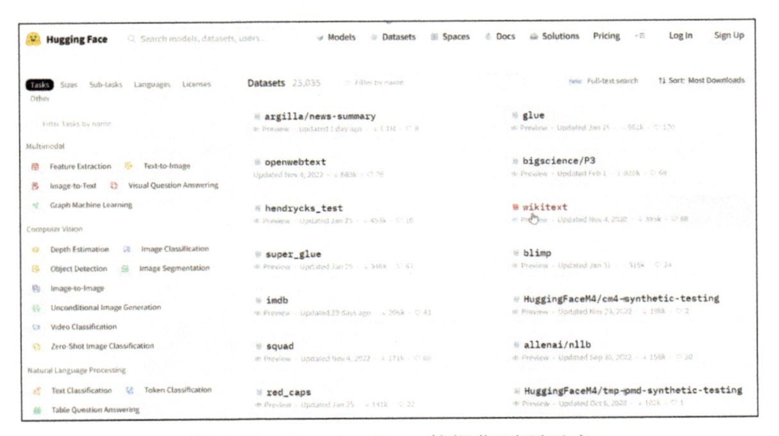

图 6-30 Hugging Face 数据集页面示意

图 6-31 所示的是 Dataset Preview 部分，在这里可以选择子数据集，里面有 wikitext-103 和 wikitext-2 版本，其中带有 raw 的是未经加工的原始语料。

右边提供了数据集使用方法，如图 6-32 所示，运行两行代码即可直接使用，非常简单。

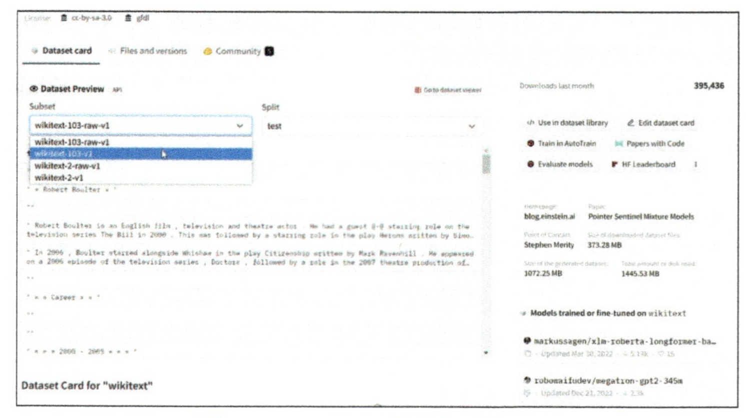

图 6-31　WikiText 数据集详情示意

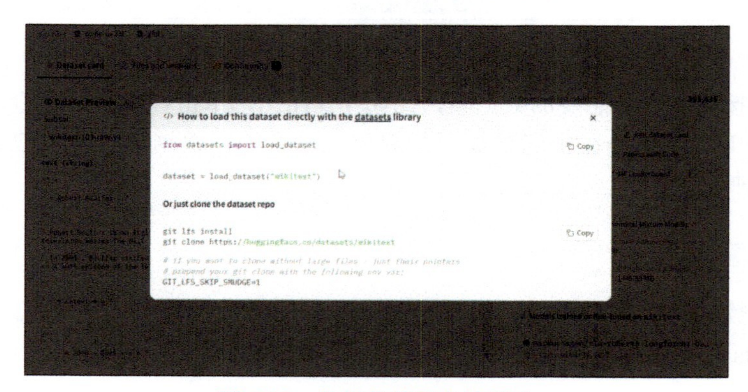

图 6-32　数据集使用方法示意

对于 GLUE 数据集也一样，单击 glue，如图 6-33 所示，在 Dataset Preview 中可以看到 GLUE 各个任务数据集，同样也可以一键调用。

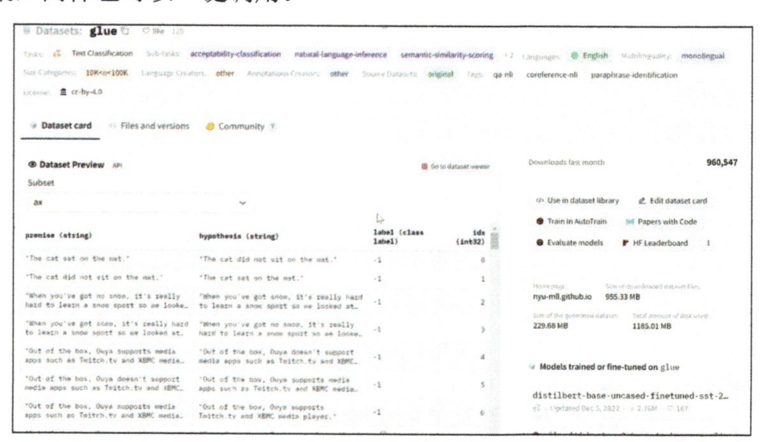

图 6-33　GLUE 数据集详情示意

6.5.4　小结

本节我们介绍了一些经典的 NLP 数据集，主要包括适用于预训练的 WikiText 和适用于下游任务的 GLUE。对于每种数据集我们都简单介绍了下载和使用的方法，最后介绍了如何通过 Hugging Face 库简单地加载所需的数据集。

数据是模型的灵魂，AI 领域有一句经典名言“garbage in, garbage out”，可见数据对模型效果起到的作用丝毫不逊于模型本身，甚至大于模型。

学习了这么多预训练模型的内容，6.6 节我们将基于所学知识，利用预训练模型实现一个电影评论情感分析模型。大家加油！

6.6　项目实战：电影评论情感分析

到目前为止，相信大家对 NLP 技术有了比较全面的了解。作为本章最后一节，我们以一个电影评论情感分析任务为例，演示站在巨人的肩膀上，如何基于预训练模型来微调下游任务。

先来看什么是情感分析，它本身是一种通过 NLP 技术来自动识别文本中的情感和情绪的任务。因为文本的情感极性通常为正面或负面，有时候还会呈中性或偏正面、偏负面等，所以情感分析也是一种文本分类任务，是 NLP 的基础任务之一。

从用途上看，情感分析可以用于很多领域，比如媒体可以根据结果把握舆情，投资者可以根据结果进行决策，商家可以根据结果了解产品口碑，影院可以依赖结果调整排片等，非常实用。本节我们就来实现一个电影评论的情感分析模型。

6.6.1　Pipeline

首先，Hugging Face 为我们提供了开箱即用的情感分析工具——Pipeline，一起看一下。导入相关的包，然后定义 device，判断是否能用 GPU 进行训练。

```
import torch
import torch.optim as optim
import torch.nn as nn

from datasets import load_dataset
from transformers import pipeline

import numpy as np
import matplotlib.pyplot as plt
from tqdm import *
import sys

import warnings
warnings.filterwarnings('ignore')
warnings.simplefilter('ignore')
```

```
# 判断可用的设备是 CPU 还是 GPU，并将模型移动到对应的计算设备上
device = torch.device("cuda" if torch.cuda.is_available() else "cpu")
```

然后实例化一个分类器，调用 pipeline()，传入模型名称。接下来我们写了两个例句，看一下模型的判断结果。第一句“This is a great movie...”，明显是正面评价，判断结果是 POSITIVE，置信度约为 0.999。第二句“This movie is so bad...”，判断结果是 NEGATIVE，置信度也非常高。

```
#文本分类
classifier = pipeline("sentiment-analysis")

result = classifier("This is a great movie. I enjoyed it a lot!")[0]
print(result)

result = classifier("This movie is so bad, I almost fell asleep.")[0]
print(result)
{'label': 'POSITIVE', 'score': 0.9998773336410522}
{'label': 'NEGATIVE', 'score': 0.9997857213020325}
```

6.6.2　模型实战

虽然开箱即用的模型实验效果不错，但是一般情况下，为了让模型更拟合业务场景，需要根据业务数据对模型进行加训或微调。

本次实战要进行电影评论情感分析。我们可以从 Hugging Face 官网上找到相关的数据集。当前比较流行的电影评论数据集要数 IMDb（Internet Movie Database）了，我们在搜索电影时经常能看到 IMDb 评分。如图 6-34 所示，进入 Datasets 页面，输入 IMDb 检索，单击检索结果。

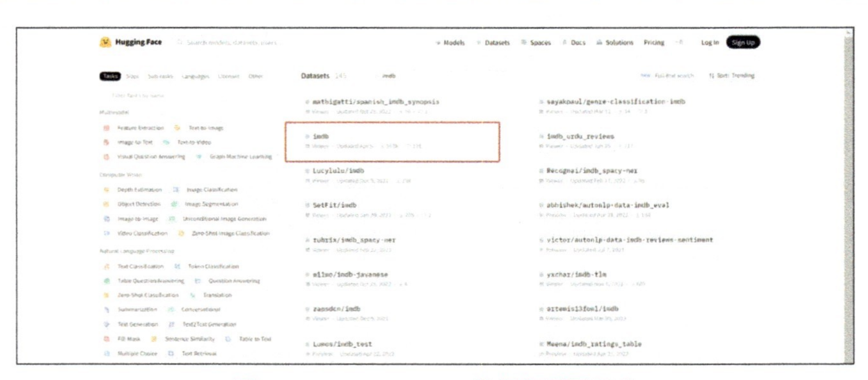

图 6-34　Hugging Face 数据集页面示意

进入数据集详情界面，如图 6-35 所示。可以看到数据集的一些示例，每一个评论都是文本类型的数据，右侧有评论的分类，这里 0 表示负面，1 表示正面。

看一下调用方式，仍然只需运行两行代码即可实现。

```
from datasets import load_dataset

imdb_dataset = load_dataset('imdb')# 加载imdb数据集
print(imdb_dataset['train'][0]) # 查看第一条数据
```

```
print(imdb_dataset['train'][-1]) # 查看最后一条数据
    {'text': 'I rented I AM CURIOUS-YELLOW from my video store because of ... But
really, this film doesn\'t have much of a plot.', 'label': 0}
    {'text': 'The story centers around Barry McKenzie who must go to England ...
The songs of Barry McKenzie(Barry Crocker) are highlights.', 'label': 1}
```

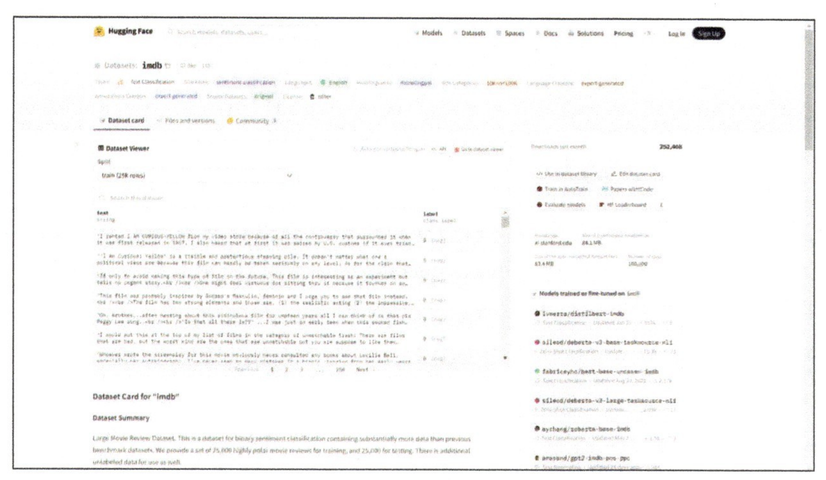

图 6-35 IMDb 数据集详情页面示意

我们在代码部分查看了第一条和最后一条数据。数据集结构和刚才看到的一致，每条都包含评论文本 text 和标签 label。0 表示负面，1 表示正面。

接下来定义了一个数据处理类。因为数据集并不复杂，所以内容很简单，传入参数 split，其值可以是训练集 train、测试集 test 或者无监督数据集 unsupervised。这里我们只用 train 和 test。

```
#定义数据集
class Dataset(torch.utils.data.Dataset):
    def __init__(self, split):
        self.dataset = load_dataset(path='imdb', split=split)

    def __len__(self):
        return len(self.dataset)

    def __getitem__(self, i):
        text = self.dataset[i]['text']
        label = self.dataset[i]['label']
        return text, label

train_dataset = Dataset('train')
test_dataset = Dataset('test')
```

看一下数据集大小，训练集和测试集都包含 25000 条数据。

```
print(len(train_dataset), len(test_dataset))
25000 25000
```

下一步自然是调用词元化工具 tokenizer 对数据集进行转换。我们加载 AutoTokenizer，这在前面也用到过。看一下 tokenizer 的内容，因为数据集是英文的，所以我们用的模型是 bert-base-cased，不再是中文版 BERT。词表大小为 28996，最大长度为 512，特殊 token 包括 [UNK]、[SEP] 等。

```
    from transformers import AutoTokenizer

    #加载Tokenizer
    tokenizer = AutoTokenizer.from_pretrained('bert-base-cased')
    tokenizer
    BertTokenizerFast(name_or_path='bert-base-cased', vocab_size=28996, model_max_
length=512, is_fast=True, padding_side='right', truncation_side='right', special_
tokens={'unk_token': '[UNK]', 'sep_token': '[SEP]', 'pad_token': '[PAD]', 'cls_
token': '[CLS]', 'mask_token': '[MASK]'})
```

接下来定义了一个数据集处理函数。它的作用是传入数据，对数据进行词元化，并输出词元化结果。这里用的是增强版的编码方法 batch_encode_plus()。然后定义数据加载器 DataLoader，同样区分训练和测试两类，batch_size 都是 32，并打乱数据。

```
    # 数据集处理函数
    def collate_fn(data):
        sents = [i[0] for i in data]
        labels = [i[1] for i in data]

        #编码
        data = tokenizer.batch_encode_plus(batch_text_or_text_pairs=sents,
                                           truncation=True,
                                           padding='max_length',
                                           max_length=500,
                                           return_tensors='pt',
                                           return_length=True)

        #input_ids:编码之后的数字
        #attention_mask:是补零的位置是0,其他位置是1
        input_ids = data['input_ids']
        attention_mask = data['attention_mask']
        token_type_ids = data['token_type_ids']
        labels = torch.LongTensor(labels)

        return input_ids, attention_mask, token_type_ids, labels

    #定义数据加载器
    train_loader = torch.utils.data.DataLoader(dataset=train_dataset,
                                               batch_size=32,
                                               collate_fn=collate_fn,
                                               shuffle=True)

    test_loader = torch.utils.data.DataLoader(dataset=test_dataset,
                                              batch_size=32,
                                              collate_fn=collate_fn,
                                              shuffle=True)
```

然后定义模型。先加载预训练 BERT 模型，Transformers 本身为 BERT 模型专门打造了一个模型类 BertModel。因为我们只用 BERT 模型训练出的词嵌入，所以加载以后将参数设置为不计算梯度。

```
from transformers import BertModel

#加载预训练BERT模型
pretrained = BertModel.from_pretrained('bert-base-cased').to(device)

#不训练,不需要计算梯度
for param in pretrained.parameters():
    param.requires_grad_(False)
```

对于下游任务模型，我们训练一个简单的全连接网络。大小是 (768, 2)，768 是 embedding 的维度，2 是输出维度。然后调用 forward() 方法，利用 BERT 模型得到输出矩阵，我们只用其中最后一层隐藏层的输出作为模型的输入。

```
# 定义下游任务模型
class Model(torch.nn.Module):
    def __init__(self):
        super().__init__()
        self.fc = torch.nn.Linear(768, 2)

    def forward(self, input_ids, attention_mask, token_type_ids):
        with torch.no_grad():
            out = pretrained(input_ids=input_ids,
                             attention_mask=attention_mask,
                             token_type_ids=token_type_ids)
        out = self.fc(out.last_hidden_state[:, 0]) # 最后一层隐藏层作为输入
        out = out.softmax(dim=1)
        return out

model = Model().to(device)
```

接下来定义训练器，传入三个参数：模型、训练数据加载器、验证数据加载器。这部分代码在之前的项目实战中出现过，大家应该比较熟悉。主要包含训练和验证两个部分，训练方法传入训练轮数 num_epochs，训练过程中会打印中间结果，验证方法返回准确率。

```
# 定义训练器
class Trainer:
    def __init__(self, model, train_loader, valid_loader):
        # 初始化训练集和验证集的dataloader
        self.train_loader = train_loader
        self.valid_loader = valid_loader

        self.device = device
        self.model = model.to(self.device)

        # 定义优化器、损失函数和学习率调节器
        self.optimizer = optim.AdamW(self.model.parameters(), lr=0.001)
        self.criterion = nn.CrossEntropyLoss()
        self.scheduler = optim.lr_scheduler.ExponentialLR(self.optimizer, gamma=0.95)

        # 记录训练过程中的损失和验证过程中的准确率
        self.train_losses = []
        self.val_accuracy = []

    def train(self, num_epochs):
        # tqdm用于显示进度条并评估任务时间开销
```

```
        for epoch in tqdm(range(num_epochs), file=sys.stdout):
            # 记录损失值
            total_loss = 0

            # 批量训练
            self.model.train()

            for input_ids, attention_mask, token_type_ids, labels in train_loader:
                # 预测、损失函数、反向传播
                self.optimizer.zero_grad()
                outputs = self.model(input_ids=input_ids.to(self.device),
attention_mask=attention_mask.to(self.device), token_type_ids=token_type_ids.to
(self.device)).to(self.device)
                loss = self.criterion(outputs, labels.to(self.device))
                loss.backward()
                self.optimizer.step()
                total_loss += loss.item()

            # 更新优化器的学习率
            self.scheduler.step()
            # 计算验证集的准确率
            accuracy = self.validate()

            # 记录训练集损失和验证集准确率
            self.train_losses.append(total_loss)
            self.val_accuracy.append(accuracy)

            # 打印中间值
            tqdm.write("Epoch: {0} Loss: {1} Acc: {2}".format(
                epoch, self.train_losses[-1], self.val_accuracy[-1]))

    def validate(self):
        # 测试模型，不计算梯度
        self.model.eval()

        # 记录总数和预测正确数
        total = 0
        correct = 0

        with torch.no_grad():
            for input_ids, attention_mask, token_type_ids, labels in self.valid_loader:
                outputs = self.model(input_ids=input_ids.to(self.device),
attention_mask=attention_mask.to(self.device), token_type_ids=token_type_ids.to
(self.device)).to(self.device)
                # 记录验证集总数和预测正确数
                total += labels.size(0)
                correct += (outputs.argmax(1) == labels.to(self.device)).sum().item()

        # 返回准确率
        accuracy = correct / total
        return accuracy
```

下面是实际训练的输出，我们迭代了 30 轮，模型准确率从 79% 提升到 82%，提升效果并不明显，可能因为模型过于简单了。

```
# 创建一个 Trainer 类的实例
trainer = Trainer(model, train_loader, test_loader)
```

```
# 训练模型，迭代 30 轮
trainer.train(num_epochs = 30)
Epoch: 0 Loss: 434.53685945272446 Acc: 0.7914532650448144
Epoch: 5 Loss: 383.81841921806335 Acc: 0.810699423815621
Epoch: 10 Loss: 377.32714772224426 Acc: 0.8139004481434059
Epoch: 15 Loss: 373.81411695480347 Acc: 0.8206626120358514
Epoch: 20 Loss: 371.9072094857693 Acc: 0.8219030089628682
Epoch: 25 Loss: 370.6026189625263 Acc: 0.8246638924455826
100%|██████████████████| 30/30 [5:12:51<00:00, 625.71s/it]
```

接下来打印了损失函数曲线（见图 6-36）和准确率曲线（见图 6-37）。因为我们是利用预训练 embedding 来训练下游任务，所以在一开始就有约 79% 的准确率。这就是两阶段模型流行的原因。

```
# 使用Matplotlib绘制损失曲线图
plt.plot(trainer.train_losses, label='loss')
plt.legend()
plt.show()

# 使用Matplotlib绘制准确率曲线图
plt.plot(trainer.val_accuracy, label='accuracy')
plt.legend()
plt.show()
```

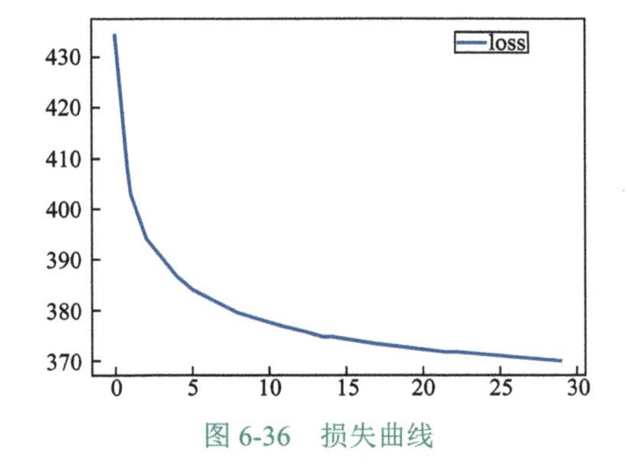

图 6-36　损失曲线

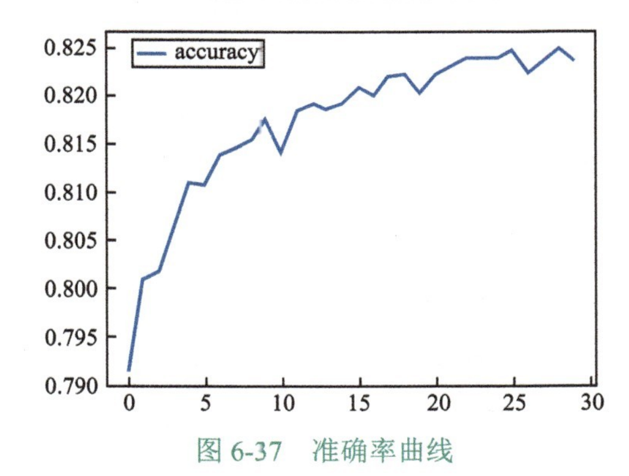

图 6-37　准确率曲线

6.6.3　直接微调

除了自己定义模型，Hugging Face 还提供了更加便利的下游任务训练方法。我们简单看一下。导入必要的库之后，加载数据集、词元化工具部分是一样的。

接下来定义了一个对输入文本进行分词的函数 tokenize_function()，并把它传入 dataset 的 map() 方法中进行词元化处理。因为这里只是做一个演示，所以我们只分别抽取了 1000 条训练集和 1000 条测试集数据进行训练。模型依然使用 bert-base-cased 模型。

模型评估部分，我们使用了 evaluate 包，这是一个评估各种机器学习算法和预处理步骤性能的第三方库。加载准确率度量，然后定义一个用于计算评估指标的函数 compute_metrics()。

之后设置训练参数，出于演示目的，我们只迭代 10 轮。接着创建训练器实例，传入模型、训练参数、数据集和评估方法。这样就可以训练了，最后将训练好的模型保存在磁盘上。

```
    # 导入必要的库
    from datasets import load_dataset
    from transformers import AutoTokenizer, AutoModelForSequenceClassification,
TrainingArguments, Trainer
    import numpy as np
    import evaluate

    # 加载数据集
    dataset = load_dataset("imdb")

    # 加载 BERT 分词器
    tokenizer = AutoTokenizer.from_pretrained("bert-base-cased")

    # 定义用于对输入文本进行分词的函数
    def tokenize_function(examples):
        return tokenizer(examples["text"], padding="max_length", truncation=True)

    # 对数据集进行分词处理
    tokenized_datasets = dataset.map(tokenize_function, batched=True)

    # 从数据集中选择一小部分用于训练和测试
    small_train_dataset = tokenized_datasets["train"].shuffle(seed=0).select(range(1000))
    small_eval_dataset = tokenized_datasets["test"].shuffle(seed=0).select(range(1000))

    # 加载 bert-base-cased 模型用于序列分类任务
    model = AutoModelForSequenceClassification.from_pretrained("bert-base-cased", num_
labels=2)

    # 加载准确率度量
    metric = evaluate.load("accuracy")

    # 定义用于计算评估指标的函数
    def compute_metrics(eval_pred):
        logits, labels = eval_pred
        predictions = np.argmax(logits, axis=-1)
        return metric.compute(predictions=predictions, references=labels)

    # 设置训练参数
    training_args = TrainingArguments(
        output_dir='./results',
        num_train_epochs=10,
        evaluation_strategy="epoch")

    # 创建一个 Trainer 实例
    trainer = Trainer(
        model=model,
        args=training_args,
        train_dataset=small_train_dataset,
        eval_dataset=small_eval_dataset,
        compute_metrics=compute_metrics,
    )

    # 训练模型
    trainer.train()
```

```
# 将训练好的模型保存到磁盘上
model.save_pretrained('./results/imdb_model')
```

输出结果如图 6-38 所示，看一下训练效果。准确率从 86.6% 提升到了 89.5%，虽然数据集不大，但是效果比刚刚我们自己定义的模型还要好。那么如何使用训练出来的模型呢？

Epoch	Training Loss	Validation Loss	Accuracy
1	No log	0.310240	0.866000
2	No log	0.558114	0.878000
3	No log	0.913532	0.827000
4	0.290100	0.651401	0.887000
5	0.290100	0.673469	0.891000
6	0.290100	0.708808	0.896000
7	0.290100	0.855462	0.889000
8	0.016900	0.835452	0.889000
9	0.016900	0.846489	0.890000
10	0.016900	0.834561	0.895000

图 6-38　微调 10 轮后输出结果示意

我们可以直接将模型加载进来，然后传给 pipeline()。接下来的操作和前面一样。可以看到，对于这两句评论，模型给出的判断结果也是正确的。

```
# 加载模型
model = AutoModelForSequenceClassification.from_pretrained('./results/imdb_model')

# 创建pipeline
classifier = pipeline('sentiment-analysis', model=model, tokenizer=tokenizer)

# 测试模型
result = classifier('This is a great movie. I enjoyed it a lot!')
print(result)

# 测试模型
result = classifier('This movie is so bad, I almost fell asleep.')
print(result)
[{'label': 'LABEL_1', 'score': 0.9999207258224487}]
[{'label': 'LABEL_0', 'score': 0.9998856782913208}]
```

6.6.4 小结

本节我们学习了电影评论情感分析任务的项目实战。从情感分类的任务目标、应用场景开始介绍了直接通过 Pipeline、使用词嵌入训练模型和直接微调三种方法。在今后的实际工作中，具体使用哪种方法需要视情况来选择，如果开箱即用的模型能满足业务需求，就无须自己训练了，一定记得不要把简单的问题复杂化；如果无法满足需求，就要进行各种实验，比如调整超参数、调整模型架构、更换预训练模型等。

至此，NLP 部分的学习告一段落，希望大家都能有所收获。

第 7 章

多模态生成式人工智能：引领智能新时代

多模态生成式人工智能（artificial intelligence generated content，AIGC）是一种综合多种数据模态（例如文本、图像、音频等）的信息来生成丰富多样内容的技术。通过结合多种数据源，这种方法可以更全面地理解和表示信息，进而生成更具多样性和创造性的内容，为实现更加智能、人性化的交互体验带来了无限可能性，已成为新一轮人工智能发展的热点和必然趋势。

多模态生成式人工智能使得大规模、高质量的内容创作变得更加容易，为各行业带来了如下诸多应用：

- 将图像与文本相结合，通过生成文本描述来解释图像内容的图像描述（Image Captioning）生成；
- 结合图像和问题，能够回答问题并生成图像描述相关的视觉问答（Visual Question Answering，VQA）；
- 将视频内容与文本相结合，自动生成内容文字的视频描述生成；
- 结合多种语言文本和图像，进行跨语言的多模态机器翻译；
- 图像到图像翻译、图像到文本翻译的多模态生成对抗网络；
- 结合文本、图像和音频等多种数据实现的艺术创作；
- 结合文本、图像、语音等多模态信息的智能聊天机器人等。

本章将重点介绍 AIGC 领域当前典型的几个多模态算法，具体包括 OpenAI 在 2022 年 1 月发布的 CLIP 模型、3 月发布的 DALL-E 模型以及 12 月发布的 InstructGPT 模型（它是 ChatGPT 的内核）。此外，我们将分享对未来发展趋势的一些分析并提供下一步学习的建议（见图 7-1）。

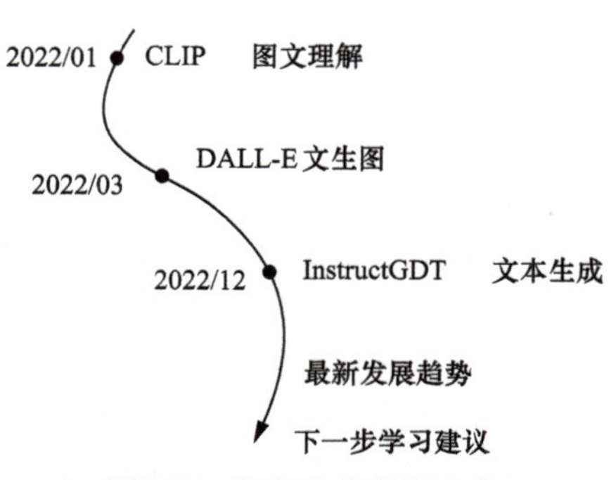

图 7-1　本章重点内容示意

7.1　CLIP模型

CLIP 模 型（contrastive language–image pre-training）

的含义为：一是对比学习，二是语言和图像的结合，三是预训练模型。它是 OpenAI 于 2021 年年初在多模态领域提出的一个优秀模型，延续了 GPT 系列“大力出奇迹”的传统，使用了超过 4 亿的图像 - 文本对，在图像检索、地理定位、视频动作识别等很多多模态任务上取得了非常好的效果。本节就来详细介绍其中的原理和技术细节。

7.1.1 计算机视觉研究新范式

在计算机视觉领域，最常采用的迁移学习方式就是先在一个较大规模的数据集（如 ImageNet）上预训练，然后在具体的下游任务上进行微调。这里的预训练是有监督训练，需要大量的标注数据，因此成本较高。尽管近年来出现了一些基于自监督的方法，但是无论是有监督还是自监督方法，它们在迁移到下游任务时，还是需要进行有监督的微调，当标签更改时，需要重新训练整个模型，而无法实现零样本（zero-shot）学习。

在 NLP 领域，基于自回归或者语言掩码的预训练方法已经相对成熟，而且预训练模型很容易直接零样本迁移到下游任务，比如 OpenAI 的 GPT-3。这种情况一方面是由于文本和图像分属于两个完全不同的模态，另一方面是由于 NLP 模型可以采用从互联网上收集的大量文本。

那么，问题来了：能不能基于互联网上的大量文本来预训练计算机视觉模型呢？

7.1.2 对比学习预训练

CLIP 的核心思想是将图像和文本映射到同一个特征空间，这是一个抽象概念。例如当我们看到一条狗的图片时，心中想的是狗，当读到狗的时候想的也是狗，那么心中的狗便是所谓的“特征空间”。

整个 CLIP 模型由文本编码器和图像编码器组成，如图 7-2 所示。

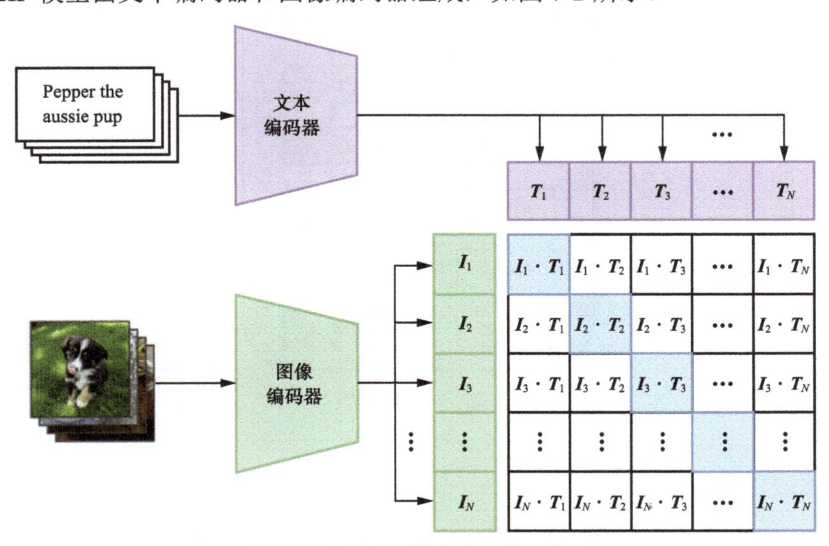

图 7-2 CLIP 模型预训练示意

训练过程中，每个 batch 由 N 个图像 - 文本对组成，分别经过两个编码器后会得到 N 个图像特征向量$\boldsymbol{I}_1,\cdots,\boldsymbol{I}_N$和 N 个文本特征向量$\boldsymbol{T}_1,\cdots,\boldsymbol{T}_N$，两两组合通过向量内积计算$N^2$个相似度，也就是图中矩阵。其中对角线上 N 个文本 - 图像对是正样本，剩余为N^2-N个负样本。训练目标就是最大化正样本的相似度，同时最小化负样本的相似度。

7.1.3　图像编码器

图像编码器选择了 5 个不同尺寸的残差网络以及 3 个不同尺寸的 ViT，并对模型细节做了调整。其中残差网络采用了 ResNet-50 作为基础模型，主要调整包括两项：

- 引入了模糊池化，核心是在下采样之前加一个高斯低通滤波；
- 将全局平均池化（global average pooling）替换为注意力池化，这里的注意力使用的是 Transformer 中介绍的自注意力机制。

采用残差网络的共有 5 组：ResNet-50、ResNet-100、ResNet-50×4、ResNet-50×16、ResNet-50×64，乘号表示按照 EfficientNet 的思想对 ResNet-50 分别进行 4 倍、16 倍和 64 倍的缩放。

ViT 的改进主要有两点：在 Patch Embedding 和 Position Embedding 后添加一个层归一化层，同时更换了初始化方法。使用 ViT 模型一共训练了 ViT-B/32，ViT-B/16 以及 ViT-L/14 三个模型。

7.1.4　文本编码器

文本编码器使用的是 Transformer（见图 7-3），共有 12 层、512 个隐藏层节点以及 8 个头，包含 6300 万个参数。

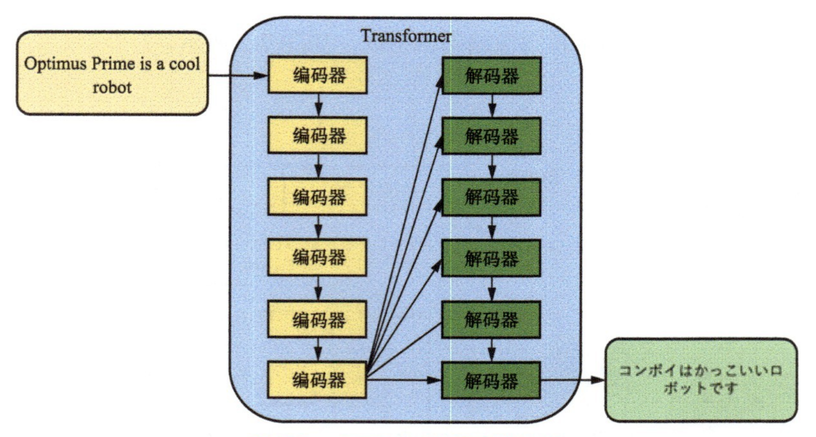

图 7-3　CLIP 文本编码器示意

7.1.5　数据收集

大部分计算机视觉公开数据集（例如 ImageNet 等）的应用场景是非常有限的。为了学习到通用的图像－文本多模态通用特征，以覆盖足够多的场景，OpenAI 采集了一个总量超过 4 亿个图像－文本对的数据集 WIT（WebImage Text）。

如图 7-4 所示，为了提高数据集在不同场景下的覆盖度，WIT 使用在英文维基百科数据中出现了超过 100 次的单词构建了 50 万个查询，并且使用 WordNet 进行了近义词的替换。为了保证数据集的平衡，对于每个查询最多取 2 万个查询结果。

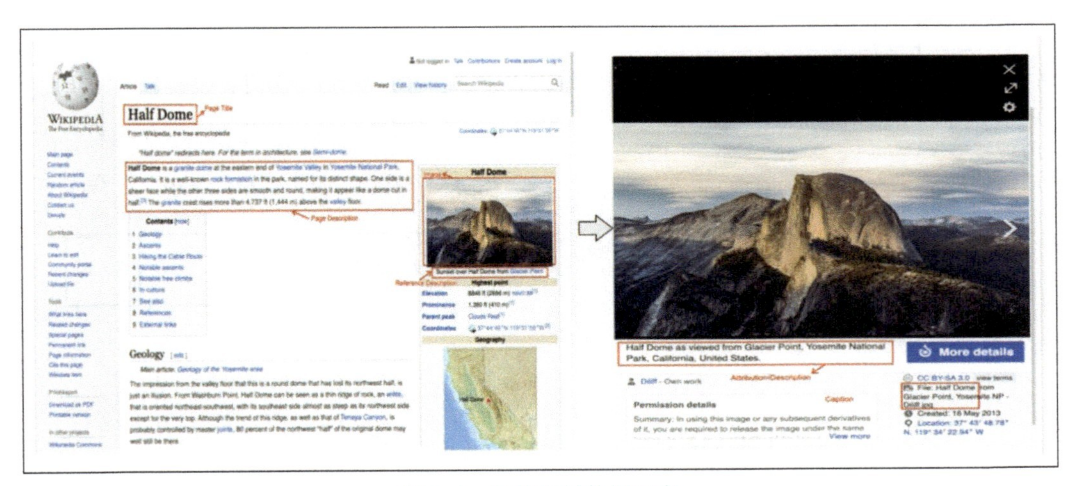

图 7-4 维基百科数据示意

从文本的单词量来看，WIT 和训练 GPT-2 所用的 WebText 规模类似。虽然 CLIP 是多模态模型，但它主要用来训练可迁移的计算机视觉模型。

7.1.6 图像分类

与计算机视觉中常用的先预训练后微调不同，CLIP 可以直接实现零样本的图像分类，即不需要任何训练数据，就能在某个具体下游任务上实现分类，这也是 CLIP 的亮点和强大之处。具体来说，CLIP 的分类包括两步，如图 7-5 所示。

- 将所有类别的文本转换成一个句子，然后将这个句子映射成一组特征向量，如果类别数为 N，那么将得到 N 个文本特征。
- 当进行图像识别时，将待识别的图像映射成一个特征向量，文本特征向量和图像特征向量最相近的那个特征便是我们要识别的目标图像的类别。

进一步地，可以将这些相似度看成 logits，送入 Softmax 处理后可以得到每个类别的预测概率。

从图 7-5 所示的流程中可以看出，CLIP 的多模态特性为具体任务构建了动态分类器，其中文本编码器提取的文本特征可以看成分类器的权重，而图像编码器提取的图像特征是分类器的输入。

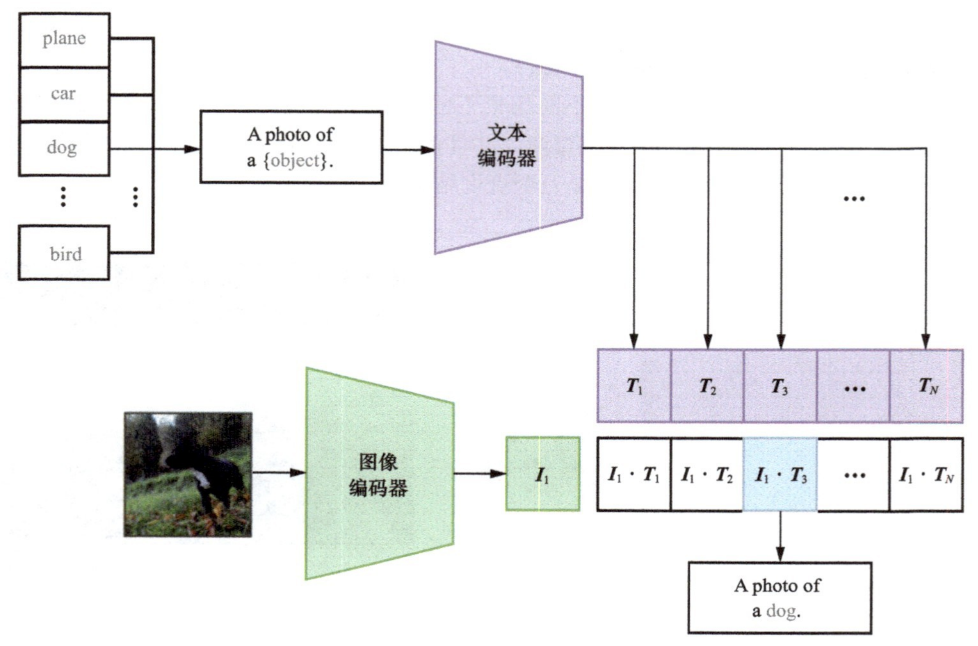

图 7-5　CLIP 模型分类任务示意

7.1.7　模型训练和优缺点分析

所有模型都训练 32 轮，采用 AdamW 优化器，而且训练过程中采用了一个较大的 batch size：32768。由于数据量较大，最大的 ResNet 模型 ResNet-50×64 需要在 592 张 V100 卡上训练 18 天，而最大的 ViT 模型 ViT-L/14 需要在 256 张 V100 卡上训练 12 天，可见要训练 CLIP 需耗费巨大的资源。

CLIP 的优点显著，具体如下。

- 采取了对比学习的训练方式，可以在一个大小为N的 batch 中同时构建N^2个优化目标，实现起来简单快捷，计算高效。
- 图像对应的标签不再是一个值，而是一个句子。这就为模型映射到足够细粒度的类别上提供了可操作空间，能对这个细粒度的类别映射进行人为控制，进而规避一些涉黄、涉政、涉种族歧视等敏感话题。
- CLIP 学习的不再是图像中的一个物体，而是整个图像中的所有信息，不仅包含图像中的目标，还包含这些目标的位置、语义等逻辑关系。这便于将 CLIP 迁移到任何计算机视觉模型上。这也是 CLIP 可以在很多看似不相关的下游任务上（OCR 等）取得令人意外的效果的原因。

CLIP 的缺点也比较明显，具体如下。

- 4 亿图像 – 文本数据没有开源，同时关于这 4 亿数据背后的 5 万条查询语句的介绍并不充分，这使得数据集的构建过程显得缺乏透明度。
- 尽管 CLIP 在某些任务上表现出良好的通用性，但在更细粒度的分类任务和未被数据集涵盖的领域中，它的性能仍有待提升。
- 零样本学习能力受限，特别是在未曾遇到的数据上表现并不如意。

然而，CLIP 仍然展示了在某些特定场景下的零样本检测潜力，在给定的条件和上下文中，它可能表现良好，当然这并不意味着它在所有零样本学习任务中都能保持这一优势。

此外，CLIP 还能应对各种图像 – 文本多模态任务，如图像检索、视频理解、图像编辑、图像生成、视觉自监督训练以及图像描述和视觉问答等。

7.1.8 小结

总体来说，CLIP 模型非常有 OpenAI 特色，主要体现在充分利用庞大的数据量和强大的训练资源，而非算法上的创新。整体上，CLIP 的技术突破并不大，但是效果非常显著，作为典型的多模态预训练算法，证明了大模型方向上的巨大科研潜力，起到了很好的引领作用，开辟了新的研究方向。

当然，这种靠拼数据和计算资源的方式一般是个人和小机构无法承担的，预示着人工智能呈现出新的发展态势。不过无论如何，认真学习领会其中的思想和原理，对我们大有裨益。

7.2 DALL · E系列模型

本节我们来介绍 OpenAI 的另一个多模态预训练模型：DALL · E 系列。它的名字来源于 Pixar 动画电影《怪兽电力公司》中的一个角色的名字 Dali，而其中的 E 则是为了与 GPT-3 的命名风格保持一致而添加的。

DALL · E 最显著的效果是在文本到图像的生成上足以达到以假乱真的效果。生成的内容不仅逼真合理，甚至可以在一定程度上启发人类设计师。

本节我们将依次介绍 DALL · E 初代和 DALL · E 2 的技术原理和精华内容。先来看看 DALL · E 初代的模型结构。

7.2.1 初代模型结构

DALL · E 的目标是把文本 token 和图像 token 当成一个数据序列，通过 Transformer 进行自回归。由于图片的分辨率很高，如果把单个像素当成一个 token 处理，会导致计算量过大，于是 DALL · E 引入了一个离散变分自编码器（dVAE）模块来降低图片的分辨率。DALL · E 初代模型结构分为三个阶段，如图 7-6 所示，其中最重要的是其中的两个模块。

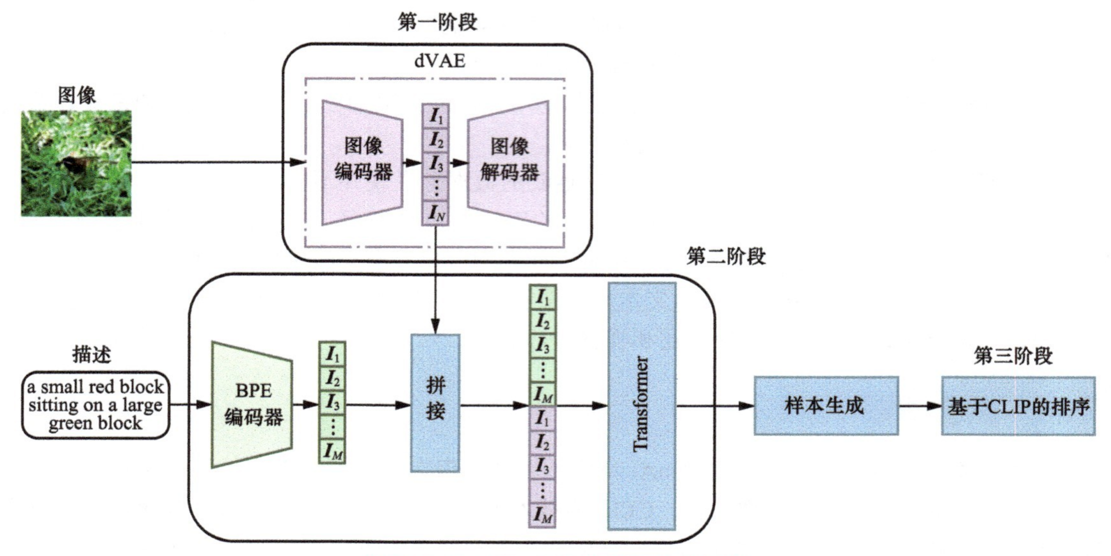

图 7-6　DALL · E 初代模型结构示意

第一个模块对应第一阶段，将 256×256 的图像分为 32×32 个 patch，然后使用训练好的 dVAE 模块的编码器将每个 patch 映射到大小为 8192 的词表中，最终一张图像转换为用 1024 个 token 表示。DALL-E 的 dVAE 的编码器和解码器都基于残差网络构建，保持基础结构的同时做了一些调整，比如编码器输入层卷积核大小为 7×7；最后卷积层卷积核大小为 1×1，产生大小是 32×32×8192 的特征图；使用最大池化而非原来的平均池化进行下采样等。

第二个模块对应第二阶段，使用 BPE 编码器对文本进行编码。BPE（byte pair encoding）是一种基于字符级的文本压缩技术，主要思想是不断地把出现频率最高的字符或字符序列合并成一个新的符号。经过 BPE 编码器后得到最多 256 个 token，如果不足 256，就填充到 256；再将这 256 个文本 token 与 1024 个图像 token 进行拼接，得到长度为 1280 的数据向量；然后喂入训练好的有 120 亿参数的 Transformer 模型。

除了这两个模块外，DALL-E 初代还包括两个小模块：样本生成和基于 CLIP 的排序模块，主要用于推理阶段，稍后会详细介绍。先来看看训练阶段的 dVAE 模块。

7.2.2　dVAE模块

为了帮助大家更好地理解，我们先回忆一下什么是变分自编码器（VAE）（见图 7-7 中的左图）。它是在自编码器的基础上，给隐空间向量添加限制条件，让它服从高斯分布，这样通过训练得到的解码器就可以直接使用，把一个随机高斯分布喂入解码器时就能生成图像。

图 7-7 中的右图是 dVAE，整体看，它的编码器和解码器结构比较简单，主要用来为图像的每个 patch 生成 token。与常见的 VAE 相比，dVAE 有两点区别。

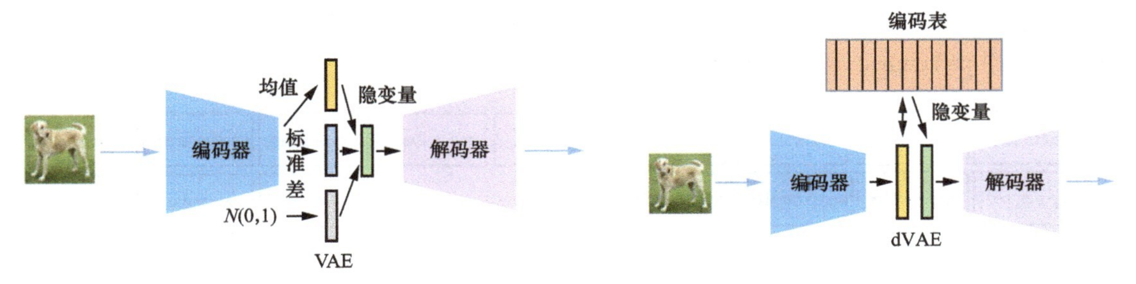

图 7-7 VAE 和 dVAE 模型结构示意

- 一是在 dVAE 中，编码器将图像 patch 映射到大小为 8192 的词表中，其分布设为在词表向量上的均匀分类分布，由于不可导的问题，这是一个离散分布。DALL-E 使用了一种名为 Gumbel-Softmax trick 的方法来解决这个问题。简单来说就是由于argmax不可导，用 Softmax 来近似代替max，而arg Softmax 是可导的。
- 二是在重建图像时，真实的像素值在一个有界区间内，而 VAE 中使用的高斯分布和拉普拉斯分布都是在整个实数集上，这就造成了模型目标和实际生成内容的不匹配问题。为了解决这个问题，DALL-E 提出了拉普拉斯分布的变体：log－拉普拉斯分布。它的核心思想是将 Sigmoid 作用到拉普拉斯分布的随机变量上，从而得到一个值域是(0,1)的随机变量。

$$f(x|\ \mu,b)=\frac{1}{2bx(1-x)}\exp\left(-\frac{|\text{logit}(x)-\mu|}{b}\right)$$

7.2.3 Transformer模块

讲完第一阶段的 dVAE 模块，再来看看第二阶段的 Transformer 模块。它由 64 层的注意力组成，每层的注意力头数为 62，每个注意力头的维度为 64，因此，每个 token 的向量表示维度为 3968。此外，注意力层使用了图 7-8 所示的行注意力掩码、列注意力掩码和卷积注意力掩码等稀疏注意力计算方式。

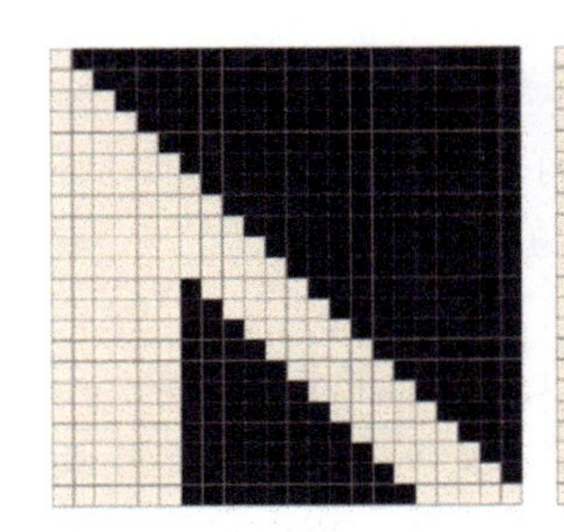

（a）行注意力掩码

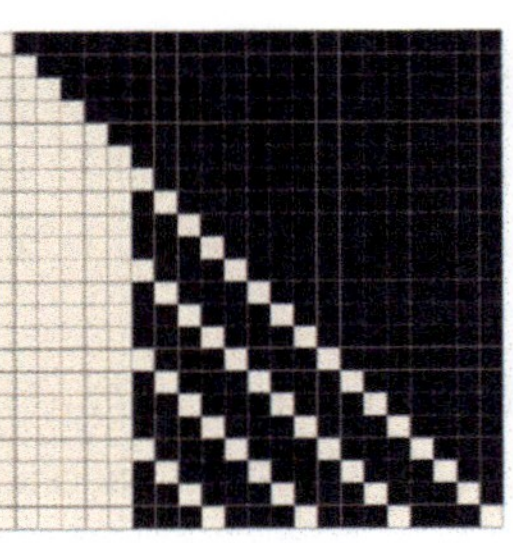

（b）列注意力掩码

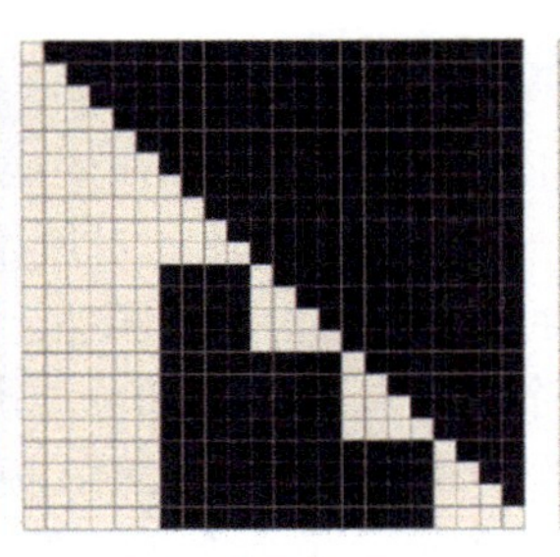

（c）带有转置图像状态的列注意力掩码

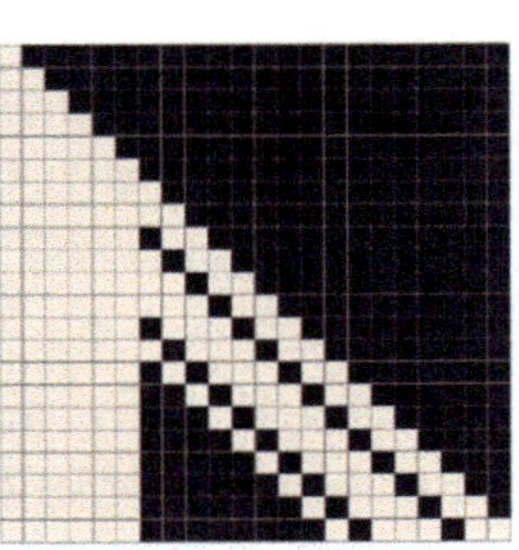

（d）卷积注意力掩码

图 7-8 注意力掩码示意

Transformer 的输入示意如图 7-9 所示，其中 pad embed 通过学习得到，文本不足 256 个 token 时使用 pad embed 填充，而对于图像则加上行列 embed。

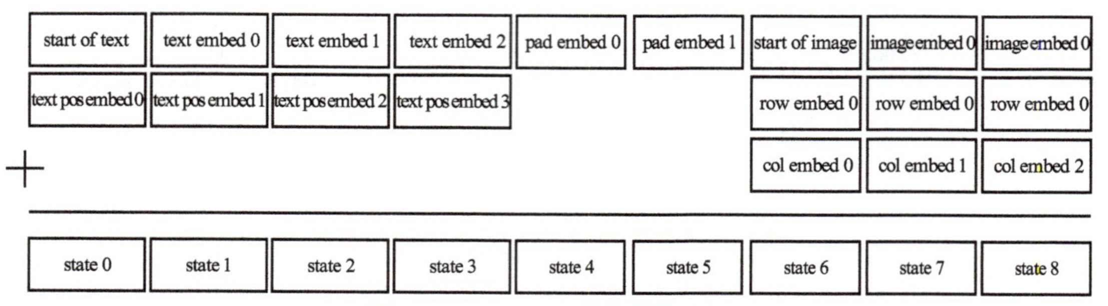

图 7-9　Transformer 模块输入示意

7.2.4　图像生成过程

图像生成过程示意如图 7-10 所示，它先将输入文本编码成特征向量，然后将特征向量送入自回归的 Transformer 中生成图像的 token，再将图像的 token 送入 dVAE 的解码器中得到生成的图像，最后通过 CLIP 对生成样本进行评估，得到最终的生成结果。

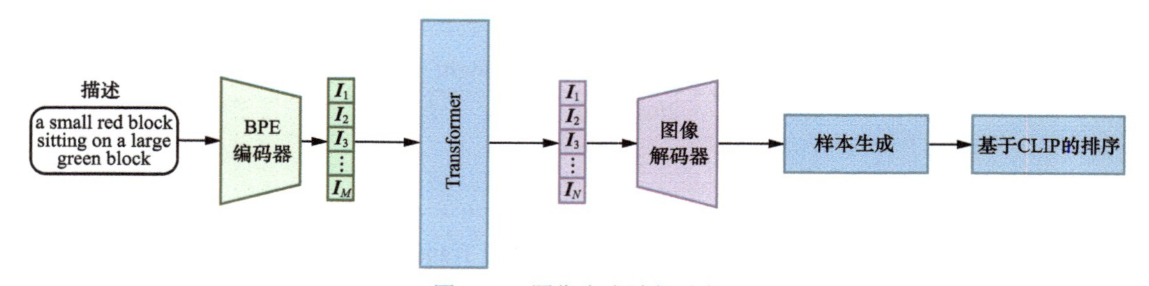

图 7-10　图像生成过程示意

在 DALL · E 的官网示例中给出了很多文本生成图像的案例，大家可以参考学习。

7.2.5　DALL · E 2 模型结构

和 DALL · E 初代相比，DALL · E 2 在生成用户描述的图像时具有更高的分辨率和更低的时延。新版本还增添了一些新功能，比如对原始图像进行编辑。不过总体来说，模型的任务很简单，就是输入文本，生成与文本对应的图像。

如图 7-11 所示，整个模型包括三个部分：虚线上面的 CLIP 模块以及下面的先验模块 prior 和 img decoder（解码器）模块。其中 CLIP 模块又包含 text encoder（文本编码器）和 img encoder（图像编码器）两部分。模型在训练的时候，各个子模块先分开训练，然后再拼起来，实现由文本生成图像的功能。

下面我们分别看一下各模块。

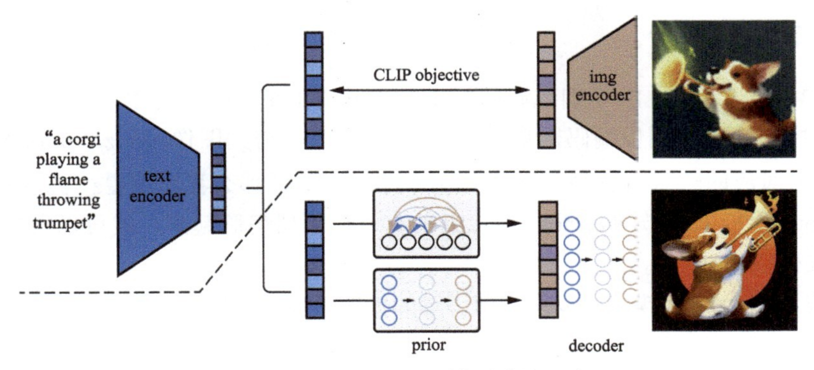

图 7-11 DALL · E 2 模型结构示意

7.2.6 CLIP模块

DALL · E 2 中的 CLIP 模块与之前讲过的 CLIP 模型训练方式完全一样，目的是得到训练好的 text encoder 和 img encoder。对比图 7-12 中左右两个模型结构图，也能看出二者完全一样，只是排列方式稍微有些变化。这样一来，文本和图像都可以被编码到相应的特征空间中。

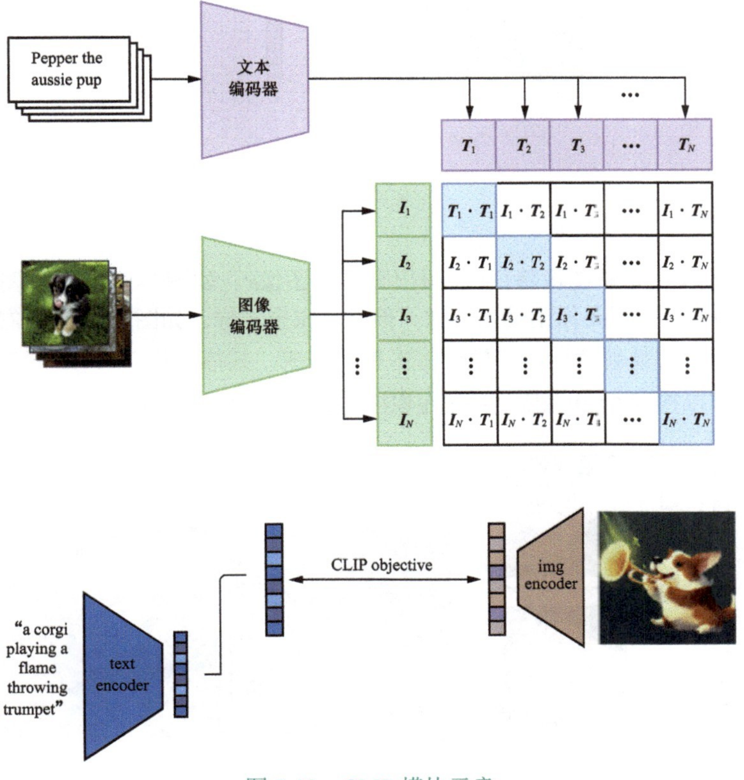

图 7-12 CLIP 模块示意

7.2.7　prior模块

如图 7-13 所示，将 CLIP 中训练好的文本编码器拿出来，输入文本$\boldsymbol{y}$，得到文本编码z_t。同样，将 CLIP 中训练好的图像编码器拿出来，输入图像$\boldsymbol{x}$，得到图像编码z_i。prior 模块训练的目标是根据z_t获取对应的z_i。假设z_t经过 prior 输出的特征为$z_{i'}$，那么我们希望$z_{i'}$与z_i越接近越好，这样来更新 prior 模块。训练好的 prior 与 CLIP 的文本编码器串联起来，就可以根据输入文本$\boldsymbol{y}$生成对应的图像编码特征z_i了。

具体来说，这个 prior 模块可以用先前讲过的扩散模型来实现。

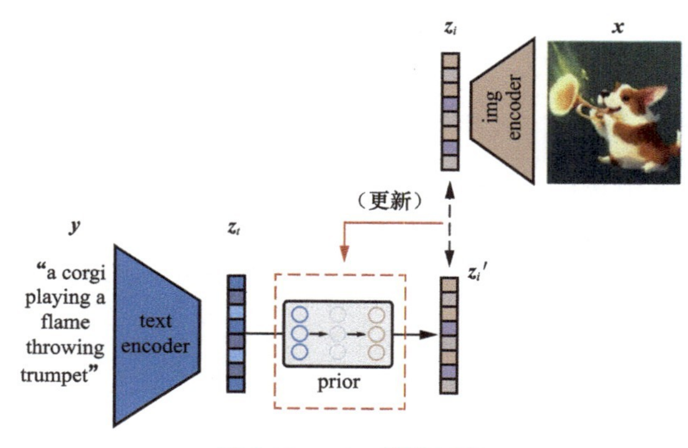

图 7-13　prior 模块示意

7.2.8　decoder模块

decoder 模块的作用是从图像特征z_i还原出真实的图像$\boldsymbol{x}$。如图 7-14 中的左图，这个过程与自编码器类似，从中间特征层还原出输入图像，但又不完全一样。如图 7-14 中的右图所示，生成的图像保持了原始图像的显著特征，这样便于多样化生成。具体来说，DALL-E 2 使用的是改进的 GLIDE 模型。它可以根据 CLIP 图像编码z_i还原出与$\boldsymbol{x}$有相同语义但不完全一致的图像。

图 7-14　decoder 模块及最终生成图像示意

7.2.9 DALL · E 2 推理过程

经过以上三个模块的训练，已完成 DALL · E 2 预训练模型的搭建。如图 7-15 所示，此时丢弃 CLIP 模块中的图像编码器，留下其中的文本编码器和训练好的 prior 以及 decoder 模块。这么一来推理过程就很清楚了：文本编码器对文本进行编码，再由 prior 将其转换为图像编码，最后由 decoder 进行解码生成图像。

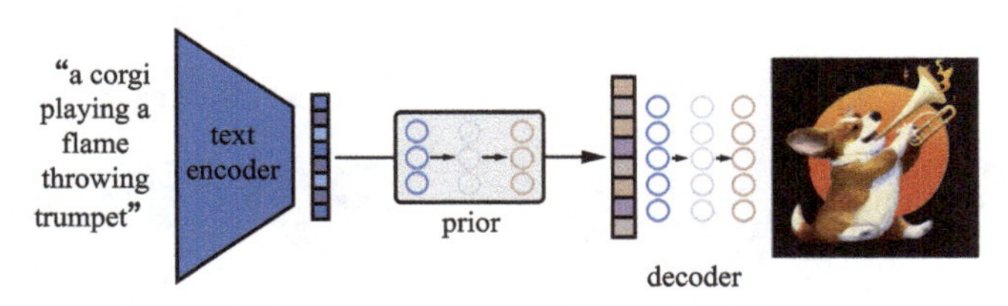

图 7-15 DALL · E 2 推理过程示意

7.2.10 模型效果

不得不说 DALL · E 2 的图像生成效果还是十分令人惊艳的（见图 7-16）。它不仅能够根据我们的描述生成图像，还能将不相干的物体以合理的方式组合在一起，哪怕这在现实中是不存在的。

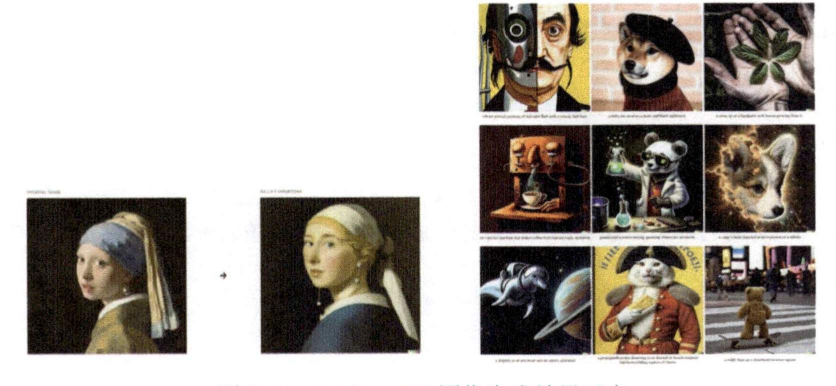

图 7-16 DALL · E 2 图像生成效果示意

除了初代的文本生成图像，DALL · E 2 还能进行图像修补，也就是给定一幅图像，然后说出你要修改的部分，它就自动帮你完成修改，生成对应修改后的图像。此外，它还能实现图像的风格迁移，也就是从一幅画迁移到另一幅画，这两幅画相似但不相同。

7.2.11 局限分析

不过任何事物都具有两面性，很难十全十美。DALL · E 2 的不足之处主要体现在下面三个方面。

- 容易将物体和属性混淆。比如在图 7-17 的右上图中，不容易将红色和蓝色分辨出来。

这可能来源于 CLIP 的 Embedding 过程没有将属性绑定到物体上，并且解码器的重建过程也经常混淆属性和物体。

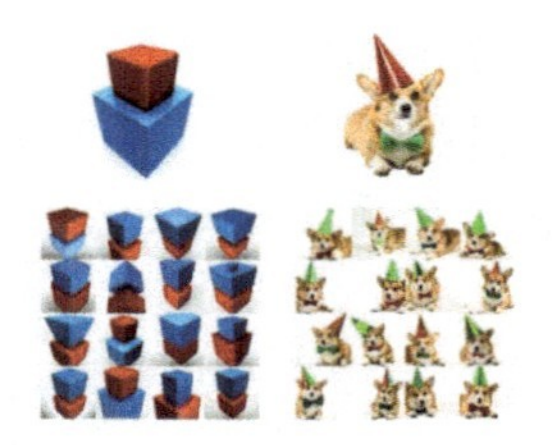

图 7-17　DALL · E 2 问题图像示意

- 对于将文本放入图像中的能力不足。比如，在图 7-17 的左图中，我们希望得到一个有“deep learning”的标志，而拼写却很离谱。这个问题可能来源于 CLIP 的 Embedding 不能精确地从输入文本中提取出“拼写”信息。
- DALL · E 2 在生成一些复杂场景的图像时。对细节的处理可能会有缺陷。比如图 7-17 右下角的图片。

小　白：未来 AI 会取代人绘画吗？

梗老师：一定程度上可以，但不可能完全取代。AI 绘画可以提高人类的创作效率，但艺术作品还需要艺术家亲自创作。人类的经历和观点可以赋予艺术品灵魂，这是现阶段 AI 所不具备的。

7.2.12　小结

在本节中，我们从模型结构、图像生成流程、模型效果到性能分析介绍了文本 - 图像生成领域最新的两个 DALL · E 模型。总的来说，目前公开的 DALL · E 在模型结构上并没有太多创新，而是充分利用了现有成熟的模型结构进行组合，并采用了一些工程技巧解决了遇到的问题，从而在大数据集上训练得到超大规模模型，取得了令人惊艳的效果。

尽管仍有一些局限，但 DALL · E 在深度学习能力边界探索的道路上无疑又向前迈进了一大步，再次展示了大数据和超大规模模型的魅力。这也使得 AI 在一些细分领域，从下棋、蛋白质结构预测（AlphaFold）到绘画设计，向人类发起越来越多的挑战成为可能。诚然，人类不可能被 AI 完全取代，但随着 AI 的快速发展，只有充分掌握这项技术和工具的人才能在职场立足，否则大量工作将会被 AI 替代。

7.3 InstructGPT模型

本节讲解 ChatGPT 的核心模型 InstructGPT 的原理。

7.3.1 GPT系列回顾

前面讲过，生成式预训练（generative pre-training，GPT）是 OpenAI 开发的一系列模型。GPT 是以 Transformer 为基础模型，使用预训练技术得到通用的文本模型，它使用的是 Transformer 中的多个解码器叠加并串联，如图 7-18 中的左图所示。

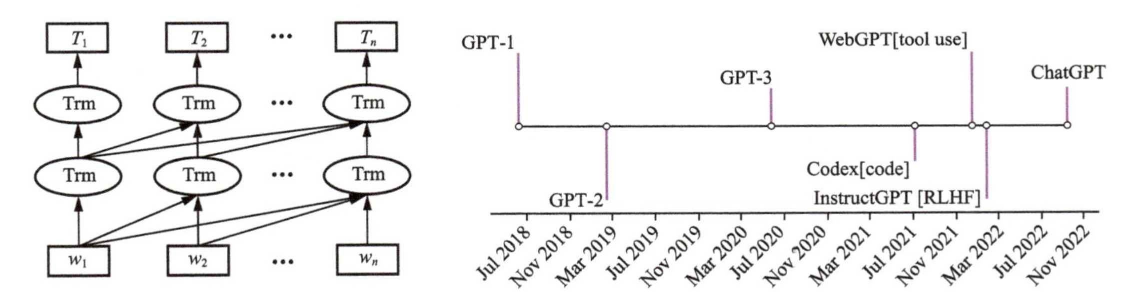

图 7-18 GPT 模型结构及系列模型演进示意

GPT 系列的发展历程包括文本预训练 GPT-1、GPT-2、GPT-3，如图 7-18 中的右图所示。GPT 的参数量从 1.17 亿到 1750 亿，越来越多；从生成式预训练、多任务到情景学习，效果越来越好，这些我们都介绍过。此外，还有专门由文本生成代码的 Codex 以及利用搜索引擎进行文档检索生成更长答案的 WebGPT 两个过渡版本。

本节我们要讲的 InstructGPT 和人人皆知的 ChatGPT 是 3.5 版，而 GPT-4 专注于多模态分析。

ChatGPT 和 InstructGPT 在模型结构、训练方式上完全一致，即都使用了指示学习和人工反馈强化学习来指导模型的训练，不同点仅是采集数据的方式有所差异。因此，要搞明白 ChatGPT，必须要先弄懂 InstructGPT。

7.3.2 指示学习和提示学习

先来看看什么是指示学习（instruct learning）和提示学习（prompt learning）。严格意义上，它们是两种相关但不同的学习方法，目的都是基于人类提供的指令或示范数据来训练模型。两种方法的不同点是，指示学习是通过给出明确的指令让模型做出正确的行动，而提示学习更加依赖模型自身的推断和推理能力以及少量的提示信息。

我们可以通过图 7-19 来理解微调、提示学习、指示学习之间的差别。微调需要大量的下游数据集样本，提示学习只需要很少量的下游数据集样本。而指示学习是先通过在各种不同的下游任务上进行学习之后，再在未知的任务上进行预测。

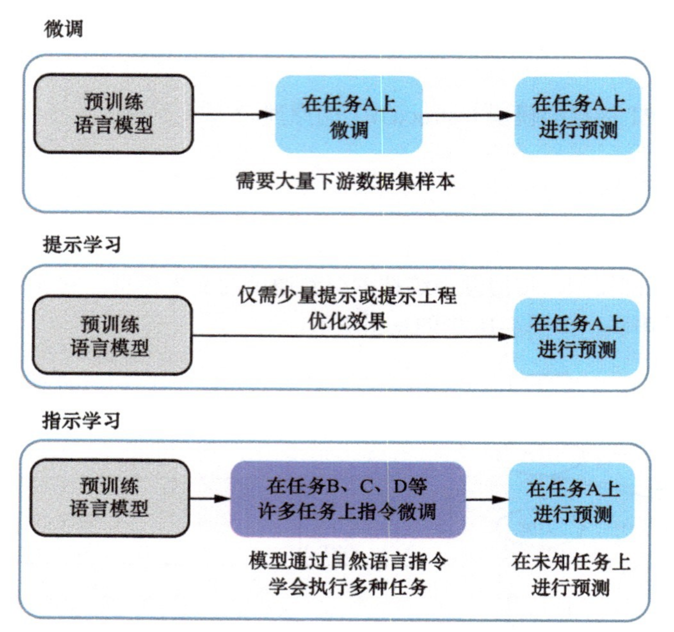

图 7-19　微调、提示学习、指示学习间差别示意

可以看到，指示学习和提示学习在某些情况下可能会有一些重叠，例如都需要人类提供信息和知识来训练模型，而仅在于应用场景和关注点有所不同，它们在 InstructGPT 算法中很多时候会混用，因此本节中我们将不再刻意区分二者的不同。

指示学习的历史可以追溯到 20 世纪 60 年代，当时人们开始探索如何通过人类提供的指令和示范数据来训练机器学习模型。近年来，深度学习的发展为指示学习带来了新的机会和挑战。相比于其他机器学习方法，指示学习的优势在于可以快速获得专业的知识和技能，使得机器学习模型能够更快地适应新的环境和任务，因此也成为大语言模型研究的热点领域之一。

7.3.3　人工反馈强化学习

再来看看人工反馈强化学习（reinforcement learning from human feedback，RLHF）。

为什么要使用这样一种算法呢？主要是因为词训练所得到的模型不可控，因为模型是训练集分布的一个拟合，当它用来生成内容的时候，训练数据的分布将极大地影响生成内容的质量。而我们希望模型不只受训练数据的影响，还是人为可控的，从而保证生成数据的有用性、真实性和无害性，因此就需要引入人类偏好这样一种反馈机制。

具体如何将这种反馈机制加入模型呢？这就需要强化学习（reinforcement learning，RL）了。如图 7-20 中的闭环所示，它是通过奖励（reward）机制来指导模型训练，实现与环境的互动。

奖励机制可以看作传统模型训练的损失函数，只是它的计算要比损失函数灵活多样，其代价是奖励的计算不可导，因此不能直接拿来反向传播。

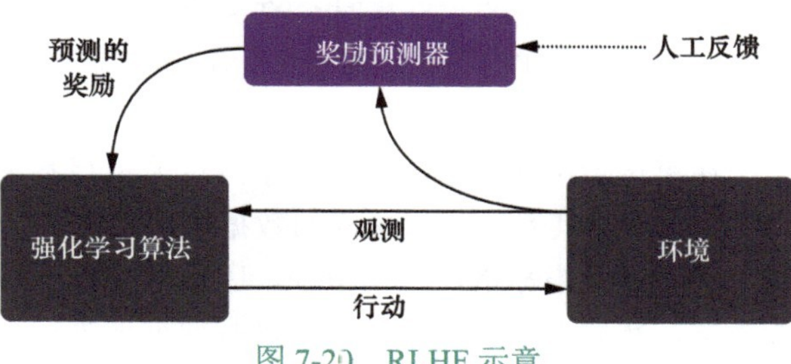

图 7-20 RLHF 示意

强化学习的思路是通过对奖励的大量采样来拟合损失函数，从而实现模型的训练。人工反馈也是不可导的，因此可以把它加入强化学习的奖励函数中，从而形成一种基于人工反馈的强化学习。

RLHF 最早可以追溯到谷歌在 2017 年的论文“Deep Reinforcement Learning from Human Preferences”，通过人工标注作为反馈，提升了强化学习在模拟机器人以及游戏上的表现效果。InstructGPT 和 ChatGPT 中还用到了强化学习中的一个经典算法：近端策略优化（proximal policy optimization，PPO）。它的具体内容在强化学习相关内容中有详细介绍，简单地说它就是一种优化后的强化学习算法。

7.3.4 训练流程

有了上面这些基础知识，我们来看看 InstructGPT 和 ChatGPT 的基本训练流程。它们都采用了 GPT-3 的模型结构，通过指示学习得到一个奖励模型，然后用它打分，指导强化学习模型的训练，如图 7-21 所示。

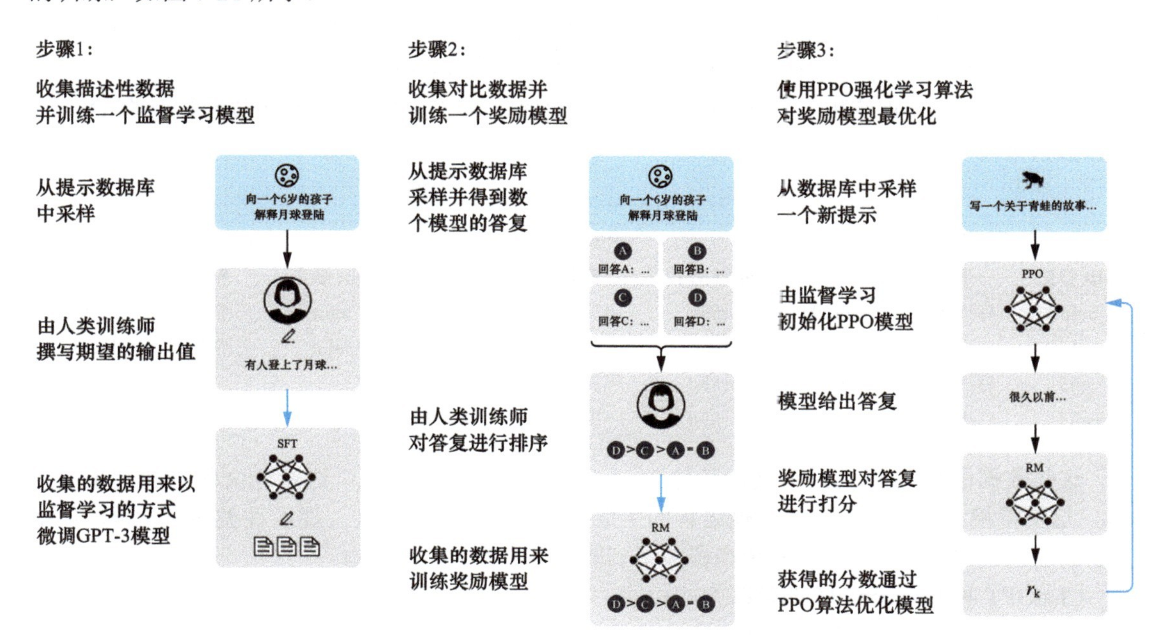

图 7-21 InstructGPT 训练流程示意

具体来说，整个训练流程分成如下 3 步。

- 根据收集的数据集对 GPT-3 进行监督微调（supervised fine-tune，SFT）。
- 收集人工标注的对比数据，训练奖励模型（reward model，RM）。
- 使用 RM 作为强化学习的优化目标，利用 PPO 算法进一步微调 SFT 模型。

在第一步中，先给出一些提示，再人工写答案，然后用这些提示加答复的成对数据来微调 GPT-3 模型。其实，如果这样的数据很多很全的话，仅靠监督学习就够了。但是这种标注过程费时费力，又很昂贵，数据量少，因此就想到一种替代方法。在第二步先用模型生成某个问题的答案，然后人工打分，进而用这些数据训练一个打分模型。第三步就是用这个打分模型作为奖励函数，通过 PPO 算法微调 GPT-3 模型。

7.3.5　数据集采集

下面来看看训练所使用的数据集。整个训练流程分为三步，每步所需的数据集有一些差异。

SFT 数据用来训练第一步有监督的模型，按照 GPT-3 的训练方式对 GPT-3 进行微调。因为 GPT-3 是一个基于提示学习的生成式模型，因此 SFT 数据集也是由提示 - 答复对组成的样本。SFT 数据一部分来自使用 OpenAI 的 PlayGround 的用户，另一部分来自 OpenAI 雇佣的 40 名标注人员（labeler）。

RM 数据用来训练第二步的 RM，具体来说先让模型生成一批候选文本，然后通过标注人员根据生成数据的质量对这些生成的内容进行排序。

PPO 数据则没有进行标注，它们均来自 GPT-3 的 API 用户，这些问题中占比高的包括生成类任务（45.6%）、问答（12.4%）、头脑风暴（11.2%）、对话（8.4%）等。

如表 7-1 所示，训练提示方面（train），SFT 数据总共接近 13k 个，RM 数据包含约 33k 个，PPO 数据集约 31k 个。

表 7-1　InstructGPT 数据集大小

SFT 数据			RM 数据			PPO 数据		
split 参数	**来源**	**大小**	**split 参数**	**来源**	**大小**	**split 参数**	**来源**	**大小**
train	标注人员	11295	train	标注人员	6623	train	用户	31,144
train	用户	1430	train	用户	26584	valid	用户	16,185
valid	标注人员	1550	valid	标注人员	3488			
valid	用户	103	valid	用户	14399			

这些数据中 96% 以上是英文，其他 20 个语种（如中文、法文、西班牙文等）加起来不到 4%，这使得模型虽然可以进行其他语种的生成，但效果远不如英文。提示种类共有 9 种，但绝大多数是生成类任务，可能会有模型覆盖不到的任务类型。

ChatGPT 和 InstructGPT 的训练方式相同，在数据采集上有两点不同：

- 提高了对话类任务的占比；
- 将提示的方式转换为问答的方式。

7.3.6 监督微调

接下来我们详细讲解一下训练方法。先来看监督微调（SFT）。这一步比较简单，训练方式和 GPT-3 一致，就是在预训练模型的基础上进行标准的监督学习。这个过程中模型即使过拟合也没关系，反倒可能有助于后面两步的训练。

7.3.7 奖励模型

奖励模型（RM）结构是将 SFT 训练后模型的最后嵌入层去掉后的模型。它的输入是提示和答复，输出是奖励值。因为训练 RM 的数据是标注人员根据生成结果排序的形式，所以它可以看作一个回归模型，其实就是标准的成对排序算法。

具体来讲，对于每个提示，InstructGPT/ChatGPT 会随机生成K个输出($4 \leqslant K \leqslant 9$)，然后它们向每个标注人员成对地展示输出结果，也就是每个提示共展示C_K^2个结果，然后从中选择效果更好的输出。

RM 的损失函数如下。这个损失函数的目标是最大化标注人员喜欢的答复和不喜欢答复的差值。其中$r()$是提示x和答复y在参数为θ的 RM 下的奖励值，y_w是标注人员更喜欢的答复，y_l是不喜欢的答复。D是整个训练集，分母是提示答复对的总数，当$K = 4$时是6，当$K = 9$时是36。

$$\text{loss}(\theta) = -\frac{1}{\binom{K}{2}} \mathrm{E}_{(x, y_w, y_l)\sim D}[\log(\sigma(r_\theta(x, y_w) - r_\theta(x, y_l)))]$$

7.3.8 强化学习

通过结合人工标注，将强化学习引入预训练语言模型是 PPO 算法最大的创新点，它的目标函数如下。

$$\text{objective}(\phi) = \mathrm{E}_{(x,y)\sim D_{\pi_\phi^{\text{RL}}}}[r_\theta(x, y) - \beta \log(\pi_\phi^{\text{RL}}(y|x) / \pi^{\text{SFT}}(y|x))] + \gamma \mathrm{E}_{x\sim D_{\text{pretrain}}}[\log(\pi_\phi^{\text{RL}}(x))]$$

其中$r()$还是奖励函数，由打分模型给出，x是提示，y是答复。π_ϕ^{RL}是强化学习的策略分布，π^{SFT}是第一步 SFT 的策略分布，二者之比再取$\log$就是 KL 散度，也就是求两个分布的相似度，前面有个负号作为惩罚项，起到的作用是使得强化学习的训练不能过于偏离 SFT 模型。目标函数的两部分都是对强化学习这个数据集求期望的。

小　白：为什么 PPO 的目标函数里还有预训练的损失？

梗老师：只用 PPO 模型进行训练的话，会导致模型在通用 NLP 任务上性能的大幅下降。为此在训练目标函数中又加入了后一项预训练损失。数据集是前面预训练数据集D_{pretrain}，这样能提高模型对多任务的通用性。

总体来说，这个目标函数就像个大杂烩，旨在不同因素之间寻求一种平衡。

7.3.9　优缺点分析

在引入人工标注之后，InstructGPT/ChatGPT 模型的“价值观”、正确程度和人类行为模式的“真实性”都大幅提升。具体看一下其优缺点。先来看优点。

- 首先，效果比 GPT-3 更加真实。这很好理解，GPT-3 本身就具有非常强的泛化能力和生成能力，再加上 InstructGPT 引入人工标注提示和生成结果排序，在 GPT-3 之上进一步微调，以 13 亿的参数取得了比 1750 亿参数更好的效果。
- 其次，在歧视、偏见等数据集上并没有明显提升，这是因为 GPT-3 本身就是一个效果非常好的模型，它生成带有有害、歧视、偏见等情况的有问题样本的概率本身就会很低。
- 最后，GPT-3 就具有很强的编码能力，通过编码相关的大量数据以及人工标注，训练出来的 InstructGPT/ChatGPT 具有非常强的编码能力也就不意外了。

缺点方面在前文已经讨论过，我们再来看一下。

- 模型在通用 NLP 任务上的效果可能会降低，虽然修改目标函数可以改善，但这个问题并没有得到彻底解决。
- InstructGPT 有时会给出一些荒谬的输出，最影响模型效果的还是有监督的语言模型任务，人类只是起到了纠正作用，所以很有可能受限于纠正数据的有限性，导致它生成内容的不真实。就像一个学生，虽然有老师对他指导，但也不能确定该学生可以学会所有知识点。
- 模型对指示非常敏感，对简单概念可能会过分解读，对一些有害的指示依然可能会输出有害的答复。

总体来说，瑕不掩瑜，InstructGPT 以及在此基础上的 ChatGPT 效果之好足以令人惊艳，为人工智能的发展开辟了一条新的光明大道。

7.3.10　小结

本节我们介绍了 GPT 系列的 InstructGPT 模型，它也是 ChatGPT 的核心算法。我们从 GPT 系列的回顾讲起，重点介绍了这个模型最有特色的两个核心技术：指示学习和人工反馈强化学习（RLHF）。然后详细介绍了整个训练流程，具体包括数据集以及三步训练：先是监督微调（SFT），然后是奖励模型（RM），最后是强化学习的 PPO 算法。从模型结构上看，InstructGPT 并没有太大的改变，还是基于 GPT-3 的模型，但是微调训练的方法和数据集都有比较大的改变。最后我们概括分析了 InstructGPT 的优缺点。

7.4　深度学习最新发展趋势分析

至此，本书的模型算法介绍就全部结束了，希望大家收获满满。深度学习是一门仍处于快速发展中的年轻学科，非常朝气蓬勃。本节我们就来帮你分析一下深度学习领域最新的发展趋势。

历史的发展往往在不断重演，如同天下大势合久必分一样，科技领域其实也是如此。最新技术的发展往往来自过往基础的积累，由量变到质变。比如 Transformer 网络来自于序列数据分析中的 Seq2Seq 问题，而现在最流行的很多生成式模型又脱胎于注意力机制、VAE 模型等。以史为鉴也更有助于我们认清学习的目标和方向，知道哪里是重点、难点，反过来更加有利于这门学科的学习。

7.4.1 趋势1：多模态融合

传统的 AI 模型多是单模态 AI 模型，而多模态技术的融合将逐渐成为热点。多模态技术指的是将不同模态的数据（如图像、语音、文本等）进行融合，以增强 AI 系统的感知能力和理解能力，如图 7-22 所示。随着 AI 技术的不断发展，多模态技术已经取得了长足的进步，并成为了 AI 发展的重要趋势。

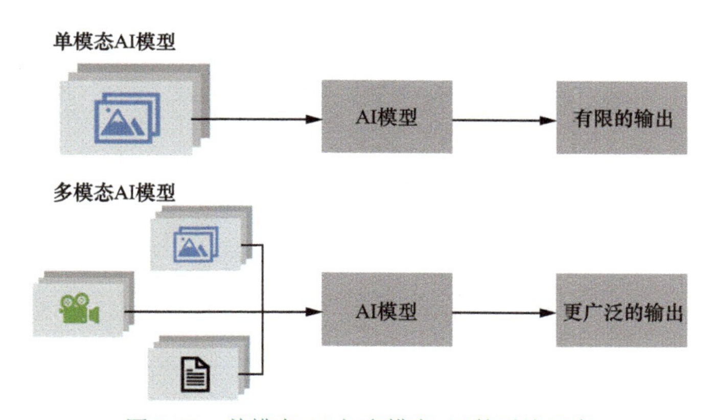

图 7-22 单模态 AI 与多模态 AI 的对比示意

首先，多模态技术可以帮助 AI 系统更加准确地理解真实世界。传统的单模态技术只能从一个角度分析数据，而多模态技术可以将不同角度的数据进行综合分析，更全面地反映真实世界的情况。例如，在语音识别中，使用多模态技术可以结合口型、面部表情和声音的信息，进而提高识别准确度。

其次，多模态技术可以扩展 AI 系统的应用场景。例如，基于视觉和声音的多模态识别技术可以应用于智能家居、医疗健康、安防等领域。文本和图像相结合在 AI 生成领域将大放异彩。

最后，多模态技术可以提高 AI 系统的交互性和人性化程度。AI 系统可以通过多模态技术感知人类的不同需求和行为，以更好地满足用户的需求。比如多模态技术可以结合语音、文字和图像等信息，提供更加自然、智能的交互体验。

本章介绍了多模态融合的最新模型 CLIP、DALL · E 系列，此外，比较典型的还有 DeepMind 团队的 Flamingo 模型，谷歌的 ALIGN 模型、微软的 Florence 模型等。随着技术的不断发展，我们有理由相信，多模态将为 AI 带来更广阔的应用前景和更多创新突破。

7.4.2　趋势2：AIGC大爆发

AIGC 将引领 AI 发展的新潮流。2022 年是 AIGC 爆火出圈的元年，典型事件包括 Stability AI 发布开源模型 Stable Diffusion、DALL · E 2、Midjourney 等模型引爆 AI 作画领域，年底 ChatGPT 刷爆网络。2023 年全球各大科技企业都在积极拥抱 AIGC，不断推出新的技术平台和应用。从某种程度上说，AIGC 已经代表了 AI 发展的最新趋势。

过去传统的 AI 偏向于分析能力。AIGC 实现了从感知理解世界到生成创造世界的跃迁，加速成为了 AI 发展的新领域。我们课程的后半部分也基本沿着从 Transformer、深度生成模型 VAE/GAN/Diffusion 到 GPT/CLIP/DALL · E 的介绍顺序，呼应了这个最新的发展趋势。表 7-2 罗列了常见的一些预训练模型供大家参考。

表 7-2　常见预训练模型

	预训练模型	应用	参数量	领域
谷歌	BERT	语言理解与生成	4810 亿	NLP
	LaMDA	对话系统		NLP
	PaLM	语言理解与生成、推理、代码生成	5400 亿	NLP
	Imagen	语言理解与图像生成	110 亿	多模态
	Parti	语言理解与图像生成	200 亿	多模态
微软	Florence	视觉识别	6.4 亿	计算机视觉
	Turing-NLG	语言理解、生成	170 亿	NLP
Facebook	OPT-175B	语言模型	1750 亿	NLP
	M2M-100	100 种语言互译	150 亿	NLP
DeepMind	Gato	多面手的智能体	12 亿	多模态
	Gopher	语言理解与生成	2800 亿	NLP
	AlphaCode	代码生成	414 亿	NLP
Open AI	GPT-3	语言理解与生成、推理等	1750 亿	NLP
	CLIP & DALL · E	图像生成、跨模态检索	120 亿	多模态
	Codex	代码生成	120 亿	NLP
	ChatGPT	语言理解与生成、推理等		NLP
英伟达	Megatron-Turing NLP	语言理解与生成、推理	5300 亿	NLP
Stability AI	Stable Diffusion	语言理解与图像生成		多模态

这轮 AIGC 的大发展首先得益于各种生成式算法模型的不断创新和突破，从 VAE、GAN 模型及其无数变体到各类 Transformer 的盛行，再到扩散模型的优秀表现，AI 技术完成了从感知到创造的迭代。

其次，预训练模型的出现引发了 AIGC 技术能力的质变，ChatGPT 显然是其中最典型的代表，从某种程度上说，它才是第一款达到消费级水准的 AI 产品。文本转换、语音－文本生成图片、AI 翻译、图片的风格化等越来越多普通人玩得起来的 AI 应用引起了社会各阶层人士的兴趣，使得深度学习技术不再局限于专业人士的小圈子，而是快速进入大家的生活之中。

图 7-23 给出了红杉资本对 AIGC 领域技术发展的预测，可以看出文本和代码都将迅速进入成熟可商用阶段，图像 - 视频生成也指日可待。因此，AI 时代实实在在地来临了，无论是工作、研究还是学习领域，AI 都大有机会。

	2020年之前	2020年	2022年	2023年	2025年?	2030年?
文本	垃圾邮件检测 翻译 基本的问答	基本的文案撰写 初稿	更长的文本 中间稿	垂直领域微调 取得好的效果 （科研论文等）	超越人类平均 水平	超越专业写作者
代码	单行自动补全	多行生成	更长的代码 更高的准确性	更多语言 更垂直	文本生成产品 （初级）	文本生成产品 （终极） 超越全职开发者
图像			艺术作品 logo 照片	模型（商品设计 建筑等）	终稿（商品设计 建筑等）	超越专业艺术家、 建筑师、摄影师
视频/ 3D/ 游戏			初步尝试 3D/视频模型	基本的3D/视频	中等的3D/视频	个性化的视频游戏 影片等

初步探索　基本实现　走向成熟

图 7-23　AIGC 领域技术发展预测示意

7.4.3　趋势3：大小模型分化

大小模型将沿着各自方向出现分化。大模型在深度学习领域的发展趋势越来越明显（见图 7-24），过去几年中，大模型成功地完成了较小模型不可能完成的任务，在 NLP 领域的 LLM 中尤为明显。随着规模的扩大，模型在更广泛的任务和基准测试中显示出性能最佳的效果。然而，值得注意的是，即使在最大的模型中，深度学习的一些基本问题仍待解决。

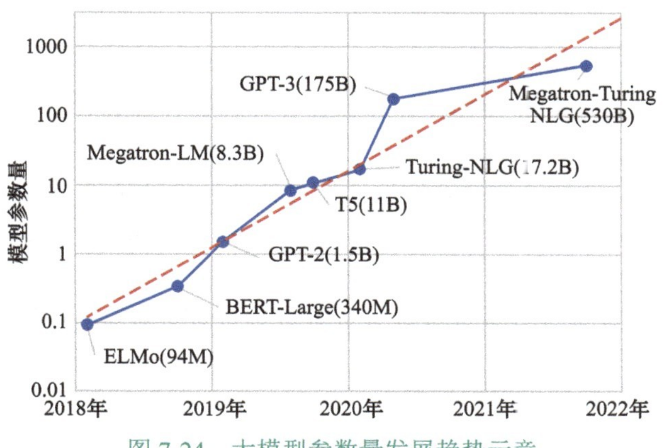

图 7-24　大模型参数量发展趋势示意

与此同时，小模型也受到了不少资深人士的高度重视，比如 Hinton 最近提出的前向－前向传播模型。无论什么事，永远不会只有同一种声音。在一些资源受限的场景下，对于一些实时应用，小模型凭借更高的效率和更快的推理速度能够更快地响应用户的请求，提升用户体验，在边缘设备上也具有更好的适应性。

7.4.4　趋势4：概率分布模型的大发展

从具体技术角度看，基于概率分布的模型将迎来更大发展。

在早期的深度学习中，通常使用大量数据和反向传播算法来训练神经网络模型，以提高模型的准确率和泛化能力。然而，这种方法并不能完全解决深度学习中的问题，例如过拟合和数据不完整等。

如图 7-25 所示，基于概率分布的模型能够在深度学习中引入先验，并对模型的不确定性进行建模，可以有效地解决过拟合和数据不完整的问题，同时提高模型的泛化能力和可解释性。

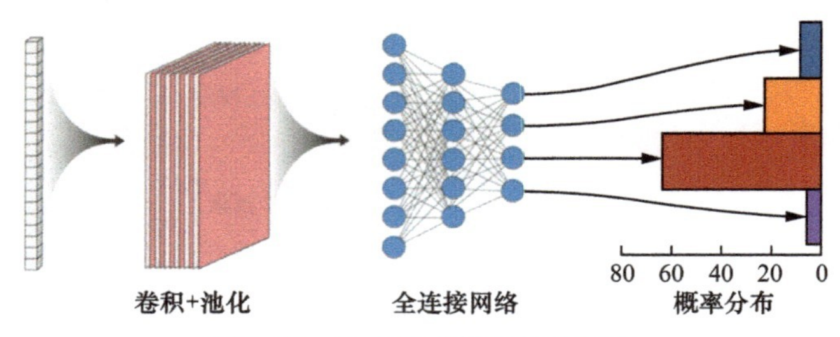

图 7-25　概率分布模型结构示意

近年来，诸多经典模型无不是沿着这个方向在前进，从 VAE、扩散模型到更加复杂的贝叶斯神经网络（BNN）。不过整体上看，很多研究还处在较早期阶段，建议大家一定要学好概率统计、数值分析、参数估计等基础知识，关注概率图模型、图神经网络等新兴细分领域。

7.4.5　趋势5：深度强化学习的春天

建议大家关注的第五个趋势是强化学习。如图 7-26 所示，与传统监督学习和无监督学习不同，强化学习中的智能体需要在不断试错中通过与环境的交互来获得奖励，并不断调整自己的行为，以达到最大化累计奖励的目标。

InstructGPT/ChatGPT 等模型的成功得益于大量应用了基于人类意图反馈的强化学习方法，一定程度上证明了强化学习是化解传统监督学习与昂贵的数据标注矛盾的有效办法。

不仅如此，强化学习有助于深度学习解决目标函数难以定义和高维空间搜索等难题，同时结合深度学习提供的强大特征提取能力和非线性建模能力，可以更好地描述环境和决策问题。

基于这种结合，深度强化学习在机器人、NLP、智能游戏、推荐系统、自动驾驶等领域中有着广泛的应用和前景。

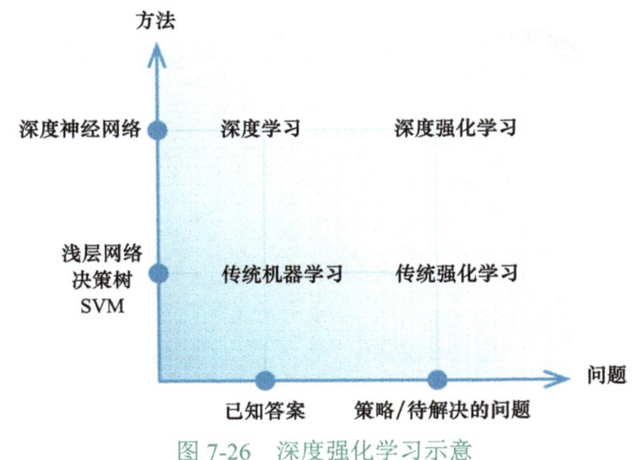

图 7-26 深度强化学习示意

7.4.6 更多展望

在本节中，我们就深度学习最新的发展趋势进行了简要分析，着重讲解了 5 个方面：多模态融合、AIGC 大爆发、大规模预训练模型与小模型分化、概率分布模型大发展，以及深度强化学习的蓬勃未来。

除了上述趋势，将整个学习过程（特征提取、模型训练和预测等）都包含在一个统一模型中的端到端学习、基于强化学习和演化算法的模型自动化设计方法、通过理解模型决策过程进而获得更高可信度的可解释性深度学习以及联邦学习、自监督和弱监督学习也都是深度学习发展的重要趋势，将推动深度学习技术在各个领域的发展和创新。

7.5 下一步学习的建议

恭喜你，坚持到了本书的结尾，也感谢你对我们的支持。希望一路走下来能有所收获。深度学习的学习虽然要结束了，但是在深度学习领域还有很多内容需要继续深入研究和学习。

7.5.1 动手实践

在本书中，我们掌握了深度学习从 20 世纪 90 年代至今的各种经典模型，但是不能仅停留在理论层面，而需要通过实践来检验自己的掌握情况。在实际应用中，可能会发现自己只是表面上理解了深度学习的基本原理，在具体使用时仍会遇到许多问题。

这里我们推荐使用 Kaggle 竞赛平台进行深度学习的实践。如图 7-27 所示，这个平台提供了大量的数据和学习资料，是学习深度学习的绝佳资源。在竞赛中，可以通过解决实际问题的方式来实践自己的深度学习技能，更加深入地理解各种深度学习模型的优劣以及如何选择和调整模型的参数，同时，也可以结合实际数据来优化自己的模型，提高模型的性能。

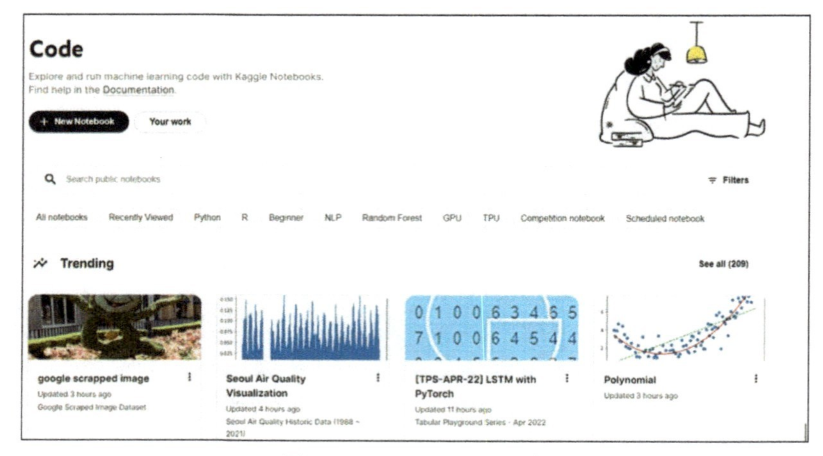

图 7-27　Kaggle 页面示意

在实践中，不可避免地会遇到各种问题和挑战，但这也是我们不断提高的机会。在遇到问题时要注意及时学习和积累经验，不断改进技能。除了竞赛，还可以参与各种深度学习社区和开源项目，与其他深度学习爱好者交流并学习经验，不断提高自己的水平。

7.5.2　PyTorch官方文档和课程

PyTorch 官方文档是学习 PyTorch 的绝佳资源，如图 7-28 所示，其中包含了丰富的教程、示例代码、API 文档和最佳实践指南，可以帮助你快速入门和深入掌握 PyTorch 的各个方面。

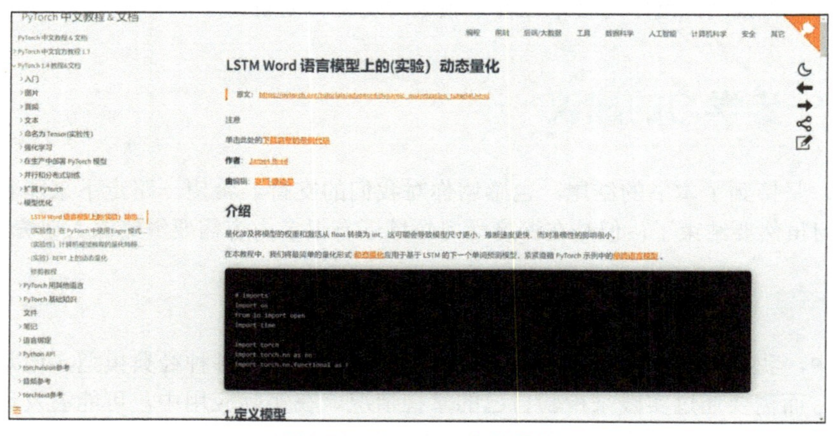

图 7-28　PyTorch 文档示意

7.5.3　推荐网站

最后推荐几个网站：

- 深度学习论文路线图；
- Papers With Code（收集了这个领域已经公开代码仓库的论文）；
- arXiv；
- ResearchGate。

大家还可以根据自己所处的具体领域去关注相关的顶级学术会议，比如 NIPS、ICML、ICLR、CVPR、ICCV、ECCV、iROS、ICRA 等。

7.5.4　多读论文

在深度学习的持续学习过程中，阅读论文是非常重要的。推荐大家使用 Connected Papers 官网查看（见图 7-29），这个领域的研究成果日新月异，每篇新论文都可能会提供一些新思路、方法或技术，帮助我们更好地理解和掌握这门学科的知识和技能。

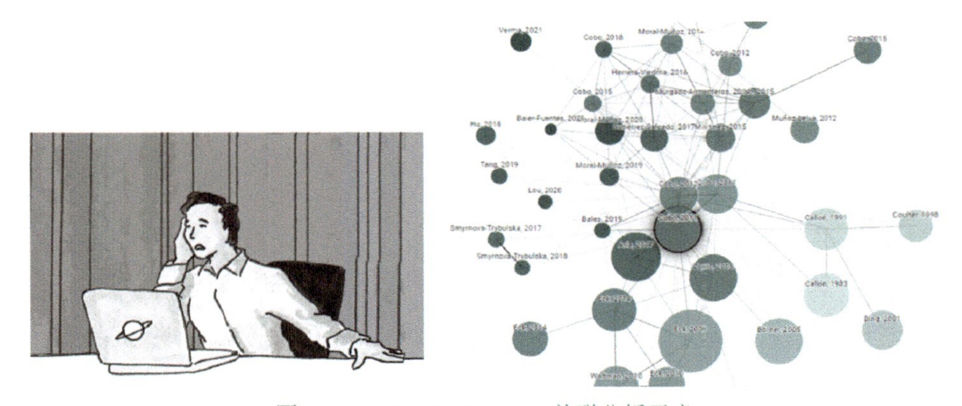

图 7-29　Connected Papers 关联分析示意

我们也将计划对更多最新的深度学习论文进行解读和分析，帮助大家更好地理解和掌握论文的内容和思路。欢迎持续关注我在 B 站和知乎的频道。

7.5.5　关于强化学习

我们同时推出了强化学习的课程，旨在为你提供全面、深入的学习体验，帮助你掌握强化学习的基础知识和高级技术。通过我们的课程，你将学习如何构建、训练和评估强化学习模型，以及如何将其应用于解决真实世界的复杂问题。我们将介绍深度强化学习、策略梯度、Q 学习等重要的强化学习算法和技术，帮助你深入了解它们的原理和应用场景（见图 7-30）。

本课程采用多种教学方式，包括视频讲解、编程实践、案例分析和论文阅读等，以帮助你更好地理解和掌握核心概念和方法。教研团队由多名资深的 AI 专家组成，他们在强化学习领域有着丰富的经验和深厚的研究背景，可以为你提供专业、实用的指导和帮助。

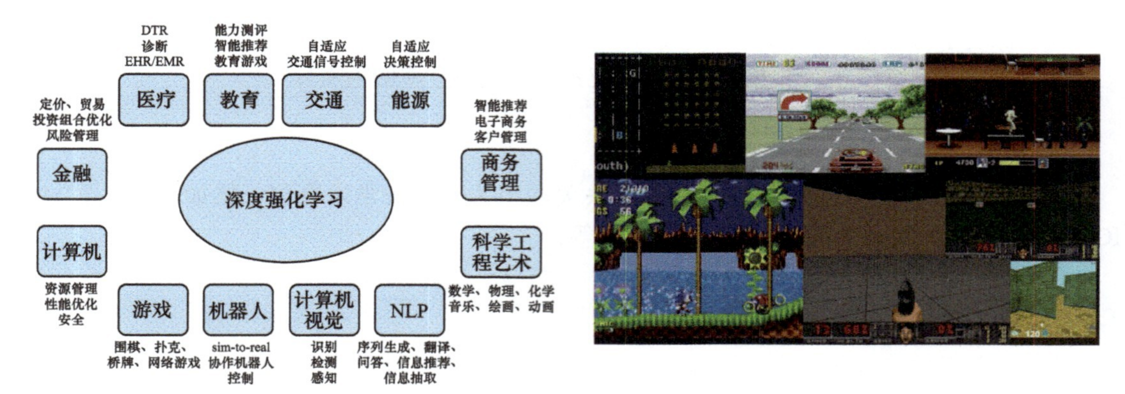

图 7-30　强化学习应用及示例场景示意

7.5.6　继续加油

至此，全书内容介绍完毕。我们衷心希望大家学习本书后，能够收获满满，在 AI 研究或者职业发展的道路上有所成就，更上一层楼。